多孔隙介质力学行为与流固耦合数值方法

黄林冲　马建军　著

科 学 出 版 社

北　京

内 容 简 介

本书基于宏观大尺度工程问题，将多孔隙岩石视为宏观各向同性介质，假设裂隙网络和孔隙结构均匀分布，应力-应变关系与时间和加载速率无关，在宏观层面上建立了偏微分控制方程组。通过定义双重孔隙介质有效应力建立了弹塑性损伤模型等本构模型中固体骨架变形和双重孔隙系统内液体体积变化的耦合关系，为书中控制方程和本构模型定义了一系列的模型参数。本书通过参考相关试验结果，对流固耦合数值模型进行了验证，并分析了其在工程实例中的应用。

本书研究内容丰富，囊括了深入浅出的理论推导和数值建模，可为广大力学科研工作者和隧道、海洋、资源开发等领域的工程技术人员提供参考。

图书在版编目（CIP）数据

多孔隙介质力学行为与流固耦合数值方法 / 黄林冲，马建军著. —北京：科学出版社，2023.8

ISBN 978-7-03-074869-0

Ⅰ. ①多…　Ⅱ. ①黄…　②马…　Ⅲ. ①多孔介质－岩石力学　Ⅳ. ①TU45

中国国家版本馆 CIP 数据核字（2023）第 028284 号

责任编辑：郭勇斌　邓新平　方昊圆 / 责任校对：杜子昂
责任印制：吴兆东 / 封面设计：众轩企划

科学出版社 出版
北京东黄城根北街 16 号
邮政编码：100717
http://www.sciencep.com
涿州市般润文化传播有限公司印刷
科学出版社发行　各地新华书店经销
*
2023 年 8 月第　一　版　开本：720 × 1000　1/16
2024 年10月第二次印刷　印张：10 1/4　插页：1
字数：197 000

定价：98.00 元

（如有印装质量问题，我社负责调换）

前　　言

多孔隙介质（如岩石）通常被描述为双重孔隙介质，包括孔隙结构和裂隙网络，前者主要为流体或者能量提供存储空间，后者主要为流体或者能量提供流动通道，孔隙结构和裂隙网络中的流体在压差下发生渗流和质量交换，因此，二者有所区别而又相互覆盖和统一。在传统岩土工程、油气工程和采矿工程中，流体介质（油、气、地下水或者多相流体等）的渗流与周围孔隙结构变形耦合，统一用流固耦合理论来解释，这已经成为学术界的共识。双重孔隙介质流固耦合过程涉及到复杂的应力-应变-渗流过程，特别是考虑到渗透率变化、损伤演化、孔隙结构和裂隙网络的体积变形、弹塑性变形等，因此建立在传统弹性理论基础上的流固耦合数值模型面临极大的困难和挑战。近些年来，国家加大对深部资源开发和基础建设的投资力度，例如，页岩气开采、清洁煤炭开采、海底油气资源开发、深部岩土工程建设、大型水电站、海底隧道、岛礁建设等，这对双重孔隙介质流固耦合计算和分析提出了更高的要求。

本书基于宏观大尺度工程问题，将多孔隙岩石视为宏观各向同性介质，假设裂隙网络和孔隙结构均匀分布，应力-应变关系与时间和加载速率无关，在宏观层面上建立了偏微分控制方程组。该控制方程组基于应力平衡、质量守恒和动量守恒，包含一个静力平衡控制方程和两个流体渗流方程，综合考虑了渗流过程、损伤演化、弹塑性变形、渗透率变化及整体介质流固耦合等过程。本书建立了弹塑性损伤模型、渗透率演化模型、流固耦合控制方程，其中固体骨架变形和双重孔隙系统内液体体积变化的关系通过定义双重孔隙介质有效应力建立。本书所提出的控制方程和本构模型定义了一系列的模型参数，这些参数均可通过基本物理力学试验进行标定，每个参数均具有明确的物理意义。

全书分为 7 章，第 1 章主要讲述研究现状，包括多孔隙介质力学行为特征、流固耦合理论、塑性模型、连续损伤力学、渗流理论等，并分析了各类常见模型的优缺点。第 2 章通过严谨的推理和逻辑运算，建立了双重孔隙介质的流固耦合控制方程和基本物理模型，特别是考虑了损伤演化、弹性变形和弹塑性损伤变形、双重孔隙介质有效应力理论等，并给出了模型参数的标定方法。第 3 章基于边界面塑性理论和连续损伤力学，提出了弹塑性损伤模型，并模拟了岩石静水压力试验和三轴剪切试验，验证了本构模型的有效性和实用性。第 4 章基于大量的物理力学试验，引入了渗透阻滞系数，建立了针对多孔隙介质的渗透率演化模型，并模拟了大量的力学及渗透试验，验证了渗透率演化模型的有效性。第 5 章基于有限元法和有限差分理论，介绍了多孔隙介质流固耦合数值模型、非线性本构模型数值解及数值模型误差分析方法。第 6 章为流固耦合数值模型的验证，主要内容包括基于显式正向欧拉格式的非线性本构模型计算、抽水试验、注水试验、水力致裂问题求解等。第 7 章为流固耦合数值模型的工程实例分析，主要包括一维固结计算、井壁稳定性问题、水力致裂分析等，诠释了本书所建立模型及理论的应用前景。

本书内容包括了作者近期从事的深部岩土工程项目和岩石损伤力学科研攻关项目的相关研究内容，本书研究得到了国家自然科学基金、中山大学“百人计划”科研启动基金及中央高校青年教师重点培育项目的资助，在此表示感谢。同时，作者也特别感谢中南大学隧道工程系彭立敏教授及澳大利亚新南威尔士大学 Nasser Khalili 教授，他们对流固耦合和连续损伤力学的独到见解，给本书研究提供了方向性指导；十分感谢天津大学赵高峰教授在本书撰写方面给予的指导和帮助。

由于作者知识水平有限，书中难免有不妥之处，恳请专家和读者批评指正。

黄林冲　马建军
中山大学
2022 年 7 月 22 日

目　　录

第1章　多孔隙介质力学行为及流固耦合研究现状

1.1　引　　言

自然界中的含裂隙岩石、大部分土壤、风化残积物、岛礁岩石、海洋底部沉积物等，内部均含有贯穿的渗流通道及存储流体介质的孔隙空间，这类物质一般可以称为多孔隙介质。多孔隙介质在土木工程建设、油气资源开采、水利工程、采矿工程、非常规能源开采、二氧化碳存储、深地热开采、地下空间工程、防护工程、海洋工程等领域是非常重要的研究对象；工程界和学术界所关注的主要研究内容包括但不限于：多孔隙介质的物理力学性质、强度、形变、渗流、多场耦合特征等。以油气资源开采为例，大部分化石能源以石油和天然气的形式储存在多孔隙介质中，例如，在石油开采过程中，油气的压力逐渐下降，地层有效应力增加，裂缝闭合，渗透率下降，导致开采压力不足，油气产量逐渐下降。为了提升采油效率，一般会人为制造水平裂缝，并且在裂缝中注入含砂的高压液体，增加渗流通道数目，并同时保证渗流通道的畅通。在该过程中，涉及岩层的塑性变形、岩石损伤演化、流固耦合、水力致裂、渗透率演化等物理过程，需要通过专门的力学理论进行分析，以便更好地服务生产。

本章简要总结了多孔隙介质（主要为岩石）的力学行为、变形机理、本构模型、渗流模型等方面的研究进展。

1.2　不同围压下岩石的力学行为及其变形机理

1.2.1　不同围压下岩石的力学行为

不同类型的岩石呈现出不同的力学行为，例如孔隙率高、风化严重的岩石，一般被认为属于软弱岩石，这类岩石在不同的围压下，其力学特性呈现弹塑性，其非线性特征或者软塑性特征接近软土的力学特性。然而，对于低孔隙率岩石或者含裂隙较少的硬质岩石，其力学特性与混凝土材料和陶瓷材料一样，呈现出脆性或者准脆性。因此，大部分完整岩石（相对损伤较少）的力学特性介于软土和混凝土（或者陶瓷）之间。大部分软质岩石（如高孔隙率粉砂岩）和硬质岩石（如花岗岩、大理岩、凝灰岩）都呈现出围压相关性的特征，即随着围压的增大，岩石的屈服强度和破坏强度均有所提升，同时力学特性也逐渐从脆性破坏过渡到延性破坏。日本学者 Mogi（2007）认为，岩石的抗压强度可以表示为围压的正相关函数；图 1.1 展示了三轴试验下 Dunham dolomite 岩石的偏应力-轴应变关系曲线（a）以及延性指标与围压（σ_3）的关系曲线（b）。岩石的延性指标（%）定义为在岩石发生损伤尚未形成主裂缝时，所出现的最大不可恢复变形。因此，Mogi（2007）总结了三类典型的岩石力学行为：低围压下的脆性破坏、中围压下的脆性-延性破坏过渡，以及高围压下的延性破坏，如图 1.2 所示。

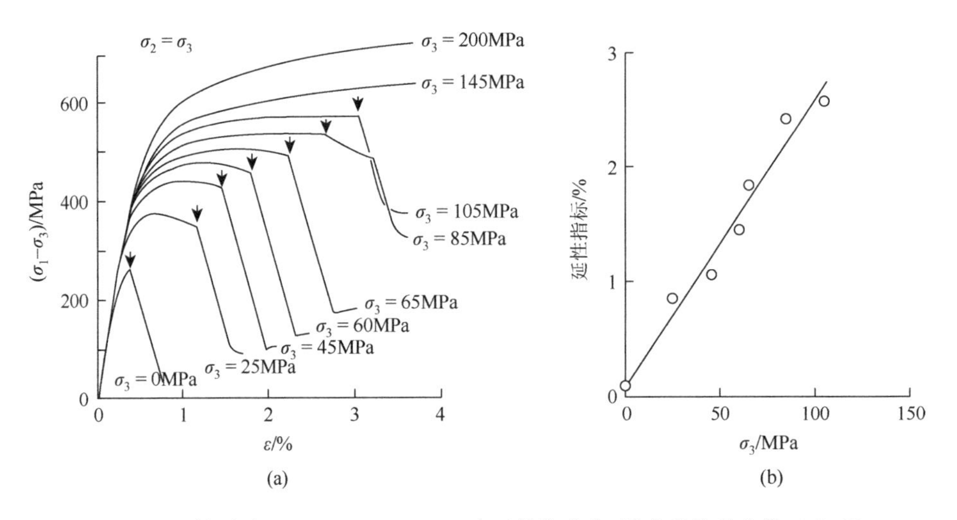

图 1.1　三轴试验下 Dunham dolomite 岩石的偏应力-轴应变关系曲线（a）及延性指标-围压（σ_3）关系曲线（b）（Mogi，2007）

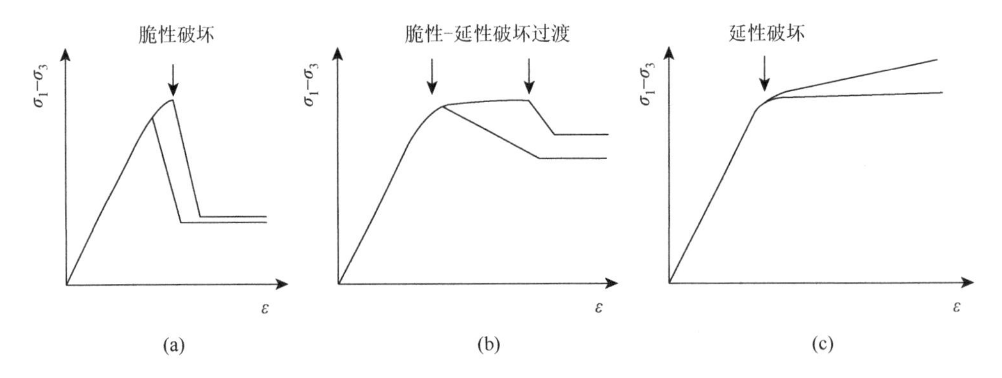

图 1.2　低围压下的脆性破坏（a）、中围压下的脆性-延性破坏过渡（b），以及高围压下的延性破坏特征（c）（Mogi，2007）

1.2.2　岩石在不同围压下的变形破坏机理浅析

在细观尺度上，岩石的损伤破坏过程包含了微裂纹萌生、发展、交织成核、扩展、最终形成主裂纹及断裂面等。在宏观尺度上，岩石的破坏过程伴随着弹性变形、弹塑性变形、杨氏模量（又称弹性模量）弱化、整体强度劣化等过程和物理现象（Ofoegbu and Curran，1992）。进一步研究表明，随着围压的逐渐升高，岩石的屈服强度及其极限强度均有所增加，有些岩石的增加幅度高达50%～70%；同时，在中围压条件下，也可以观测到脆性-延性破坏的过渡阶段（Sheorey，1997；Wawersik and Fairhurst，1970；Wong et al.，1997）。在低围压下，随着岩石体积变形由压缩转为膨胀，试样沿着斜面形成一道或者两道主要裂缝，随后主要裂缝迅速贯通整个试样，同时也伴随着声发射，可以听到噼里啪啦的岩石碎裂声音，这种现象在孔隙率低的脆性岩石（如大理岩和花岗岩）中较为常见（Fredrich et al.，1989；Shimada，2000；Wawersik and Fairhurst，1970）。然而，在高围压条件下，并没有出现微裂纹萌生的征兆，岩石呈现塑性和延性破坏（Khan et al.，1991；Shimada，2000）。同时，在高围压下，岩石呈现较高的屈服强度，其主要原因可能是岩石内部的微裂纹或者缺陷受到围压的抑制作用，无法正常扩展和开口（Chen et al.，2006）。在多孔隙介质中，塑性流动和损伤同步发展，并且相互耦合，具体哪种机制占据重要位置，取决于应力水平和围压的大小（Mohamad-Hussein and Shao，2007）。

在静水压力作用下，岩石的应力-应变响应特征曲线主要分为两个类型：准弹性区域和非弹性区域。在准弹性区域内，随着加载应力水平的提高，孔隙水压力逐渐升高，有效应力相应降低，如果孔隙水压力超过了第三主应力，可能导致水力致裂现象；在此过程中岩石发生膨胀形变，体积膨胀同时也会降低孔隙水压力，抑制水力裂纹的扩展（Brace and Martin，1968；Lockner and Stanchits，2002）。在非弹性区域内，应力-应变响应特征主要包含两个亚型：低孔隙率岩石的膨胀硬化响应（Brace and Martin，1968；Martin，1980）和高孔隙率岩石的压缩软化响应（Olsson，1999）。一般情况下，低孔隙率岩石渗透系数较小，应力作用下的膨胀形变速率远远超过流体渗入孔隙结构和裂隙网络的速率，导致岩石的孔隙水压力降低，使得岩石的峰后强度得到进一步的加强（Brace and Martin，1968；Martin，1980）。相反，高孔隙率岩石呈现出孔隙结构破碎和体积压缩现象，导致孔隙水压力升高，进一步降低了有效应力，使得岩石呈现压缩软化响应（Olsson，1999；Yuan and Harrison，2006）。综上所述，多孔隙岩石在应力-水力耦合作用下的力学响应受岩石材料物理特征（如孔隙率、渗透率）、加载条件、应力路径等影响，呈现复杂的塑性-损伤力学行为，例如，破碎、微裂纹扩展、永久变形等（Ma，2014，2018；Ma and Zhao，2018）。

1.3　岩石的本构模型

1.3.1　概述

在岩石力学领域，岩石的本构模型一般可以分为两类：基于实际生产经验总结的纯经验模型和基于力学实验及力学原理推导的力学模型。前者一般基于实际生产经验，通过曲线拟合，总结出相应的经验公式或曲线来描述岩石的应力-应变关系，一般不考虑力学机理和变形机制，不具备广泛推广的价值（Ofoegbu and Curran，1992）。后者基于力学实验及力学原理推导，通过综合考虑弹塑性力学原理、连续损伤力学原理，在描述材料形变和强度方面更具科学性和推广性。

在早期研究中，岩石的本构模型一般基于经典力学原理，例如，弹性理论、理想弹塑性模型、非线弹性模型等，通过线段或者不连续曲线描述岩石的非线性特征（Zhu and Tang，2004）。但是，这类模型受到一系列假设条件的限制，无法模拟实际发生的复杂应力-应变过程。近些年来，基于微观力学、连续损伤力学和断裂力学等原理构建的本构模型显现出独特的适用性，这类模型可以很好地模拟岩石的一系列损伤和破坏现象，受到学术界的持续关注（Bobet and Einstein，1998；Curran et al.，1993；Golshani et al.，2006；Ren et al.，2008；Vinet and Priou，1997；Wang and Kemeny，1993；Wong et al.，2006；Zhou and Yang，2007；Zhu et al.，2008a，2008b）。基于微观力学模型，岩石的破坏失效过程（微裂纹萌生、扩展、裂纹贯穿、形成破坏主裂纹、岩石失去自身强度等），可被较为精确且有效地描述（Bobet and Einstein，1998；Zhu and Tang，2004）。显然，微观力学模型需要精确定义裂纹类型和裂纹分布特征，这些方面的建模需要大量的物理力学参数，如此一来其使用范围和规模一直较为有限。但近些年来，数值方法和计算机技术的高速发展为其大规模使用提供了新的可能性（Ma et al.，2019，2020）。通过必要的简化和数值处理，部分微观力学模型也可以模拟真实岩石的力学试验过程。例如，Fang 和 Harrison（2001）提出了岩石强度退化指标，用来综合考虑岩石脆性和形变特征（Fang and Harrison，2002a，2002b；Ozturk，2003）。随着连续损伤力学的快速发展，新的岩石本构模型逐渐向塑性-损伤耦合方向发展。这类模型主要通过引入损伤因子，基于连续损伤力学原理和弹塑性力学原理，在塑性硬化、塑性流和弹性强度参数中，综合考虑了损伤和塑性的耦合作用（Chen et al.，2010；Chiarelli et al.，2003；Conil et al.，2004；Mohamad-Hussein and Shao，2007；Mortazavi and Molladavoodi，2010；Shao et al.，2006；

Shen et al.，2001；Zhang and Valliappan，1998）。现有研究表明，塑性-损伤耦合模型可以很好地模拟岩石主要形变和劣化现象，并可以对实际工程问题进行大规模的数值分析（Ma，2014；Ma et al.，2019）。

1.3.2 塑性模型

塑性模型主要包括三个方面：①屈服面，定义应力状态的边界；②塑性硬化准则，反映屈服面的演化规律；③流动法则，定义塑性势（又称塑性势函数）及塑性应变发展。

经典塑性模型通常假定一个屈服面（包括形状和位置），当应力状态在屈服面内时，物体处于弹性状态，力学特性表现为弹性（线弹性、非线弹性）；当应力状态在屈服面上时，物体开始发生塑性变形，并可以通过塑性硬化准则来描述塑性软化或者硬化现象。一般来说，通过流动法则可以求得塑性应变，然而早期的本构模型一般假定材料服从关联流动法则，即塑性势函数同屈服函数保持一致，这种假设显然不适合大部分岩石的力学变形规律（Ma，2014）。

随着深部采矿，非常规能源开发，大坝、隧道、公路和铁路建设的蓬勃发展（Ma et al.，2016a，2016b，2019，2021；Ma and Zhao，2018），岩石塑性模型发展极为迅速，例如，Fossum 和 Fredrich（2000）提出的帽子模型（图 1.3）；Sinha 等（2010）、Khoei 等（2004）（图 1.4）、Dolarevic 和 Ibrahimbegovic（2007）（图 1.5）等提出的修正帽子模型；Shah（1997）、Bigoni 和 Piccolroaz（2004）提出岩石的剑桥模型；Zhou 和 Zhu（2010）提出的双屈服面模型（图 1.6）；Mortara（2009）（图 1.7）建立的分叉树枝模型；Lü 等（2004）、Montáns（2000）、Guo 和 Wan（1998）建立的边界面塑性模型（图 1.8）；以及 Arslan（2007）和 Chiarelli 等（2003）等提出的修正 Drucker-Prager 模型。这些模型在岩石宏观力学特性的模拟方面取得了很大的成功，部分模型可以同时模拟高围压和低围压下岩石的力学响应过程。但是，大部分模型都以某一类岩石力学特征为基础，不具有普遍的意义。例如，岩石的剑桥模型和双屈服面模型通常被用来模拟软岩在高围压下的响应，修正帽子模型和修正 Drucker-Prager 模型通常局限于准脆性岩石（孔隙率通常不高）。此外，这些模型还存在一个重要缺陷——弹性区域假设，即认为岩石的弹性变形仅仅发生在屈服面以内，忽略了岩石在加载过程中一直存在不可恢复变形的事实，极易导致弹性区域和塑性区域间出现非光滑过渡。因此，这种假设既是非必须的，也是不符合实际情况的（Ma et al.，2016a；Ma and Zhao，2018）。

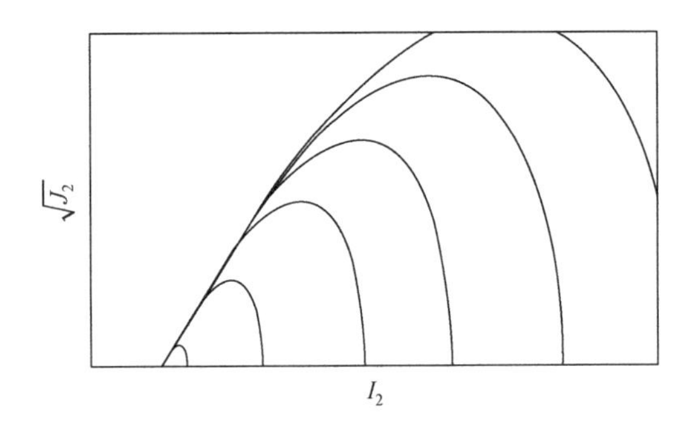

图 1.3 帽子模型（Fossum and Fredrich，2000）

J_2 表示第二偏应力不变量，I_2 表示第二应力不变量

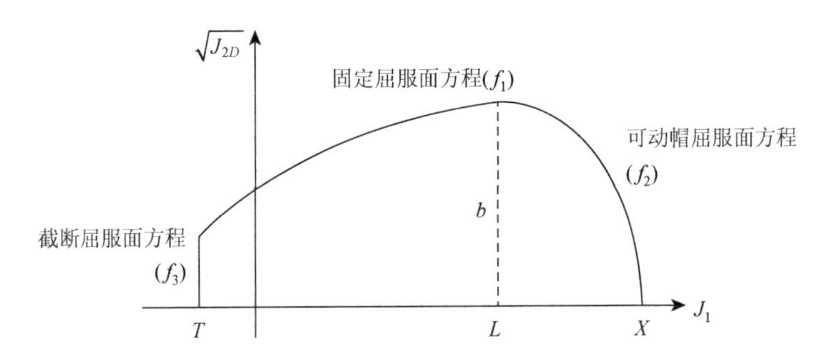

图 1.4 修正帽子模型（Khoei et al.，2004）

J_2 表示静水压力，$\sqrt{J_{2D}}$ 表示偏应力，T、L、X 分别表示拉伸强度、固定屈服面与可动帽屈服面边界应力、可动帽静水压边界强度；b 表示固定屈服面的最大偏应力

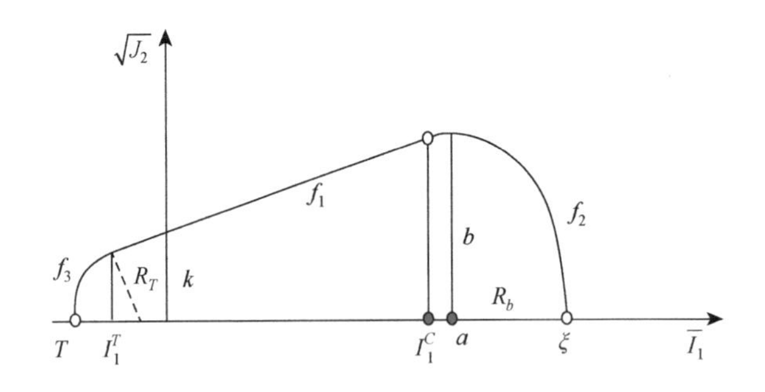

图 1.5 修正帽子模型（Dolarevic and Ibrahimbegovic，2007）

f_1 表示线性屈服面方程；f_2 表示可动帽屈服面方程（椭圆中心为 a，短轴半径为 R_b，长轴半径为 b）；f_3 表示拉伸屈服面方程（圆半径为 R_T）$\bar{I}_1$ 表示静水压力，$\sqrt{J_2}$ 表示偏应力，T、k、ξ 分别表示拉伸强度、塑性参数、可动帽静水压边界强度；I_1^T 和 I_1^C 分别表示三个屈服面的边界

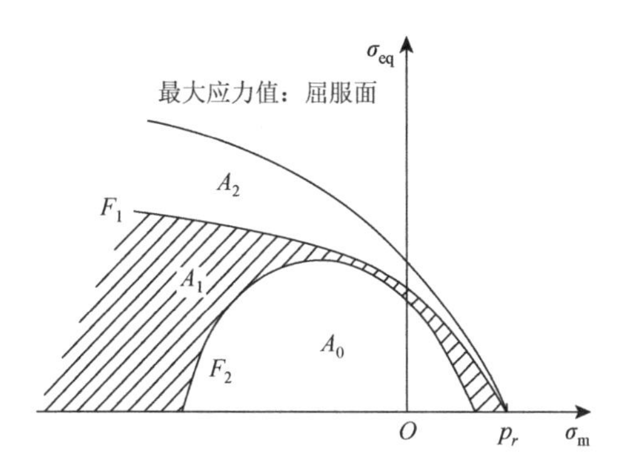

图1.6 双屈服面模型（Zhou and Zhu，2010）

p_r 表示拉伸强度极限值；F_1 和 F_2 分别表示摩擦屈服面及孔隙破碎屈服面；σ_m 和 σ_{eq} 分别表示静水压力及有效应力；A_0、A_1 和 A_2 分别表示弹性区、孔隙破碎塑性区及一般塑性区（包括孔隙破碎塑性变形和摩擦塑性变形）

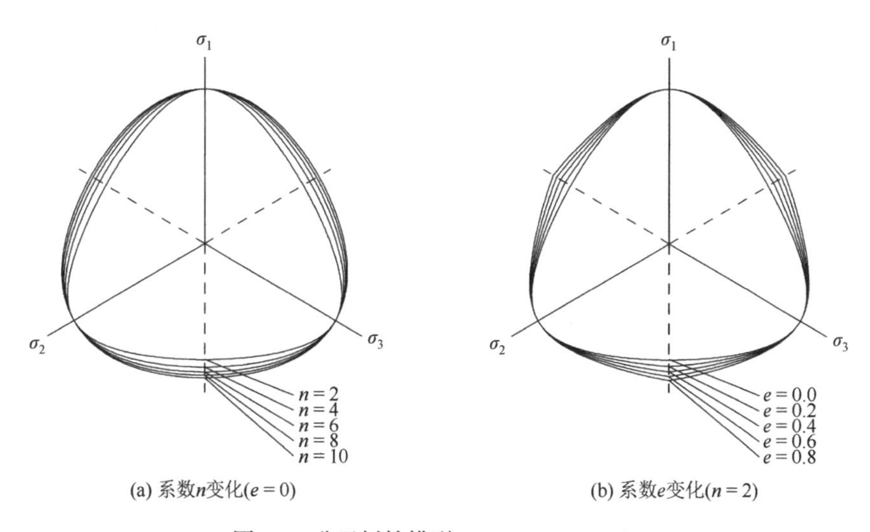

图1.7 分叉树枝模型（Mortara，2009）

σ_1、σ_2 和 σ_3 分别表示第一主应力、第二主应力及第三主应力；e 和 n 均为模型参数

考虑到经典塑性模型的上述缺陷与不足，特别是其不必要的假设和不符合实际情况的预测，学术界提出了边界面塑性模型（Ma，2014）（图1.8）这一解决方案。边界面塑性模型存在以下假定：在应力空间不存在纯弹性区域，所有的应力-应变过程都伴随着弹性应变和塑性应变（Habte，2006；Ma，2014；Ma et al.，2016a）；因此，可保证弹塑性应变曲线的光滑过渡。边界面塑性模型具有如下要素（Dafalias and Herrmann，1980）。

①边界面：界定应力的状态边界。

②加载面：当前应力状态所在曲面。

③与塑性势相关联的流动法则：用于确定塑性变形的大小和方向。

④塑性硬化规则和映射规则：用于控制边界面的演变（尺寸和位置），从而确定加载面的当前真实应力状态（加载面上的应力）和边界面对应的应力（边界面上的投射虚拟应力）之间的距离。

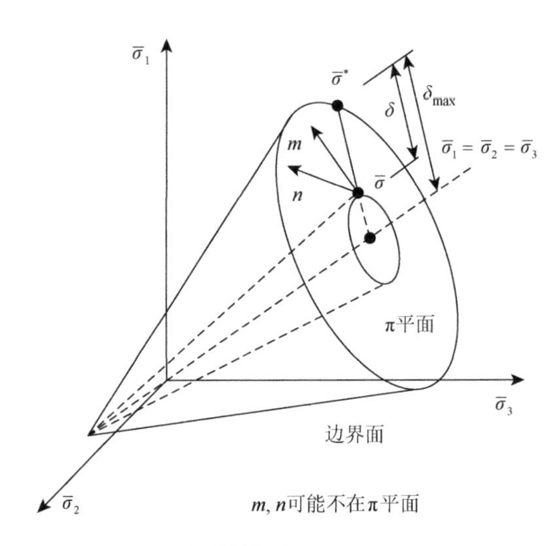

图 1.8　边界面塑性模型（Guo and Wan，1998）

$\bar{\sigma}_1$、$\bar{\sigma}_2$ 和 $\bar{\sigma}_3$ 分别表示第一主应力、第二主应力及第三主应力；$\bar{\sigma}$ 表示任意应力，$\bar{\sigma}^*$ 表示任意应力点对应的边界面应力；δ 表示应力和其边界面应力之间的距离，δ_{max} 表示最大应力距离；m 和 n 分别表示塑性流方向向量及加载方向向量

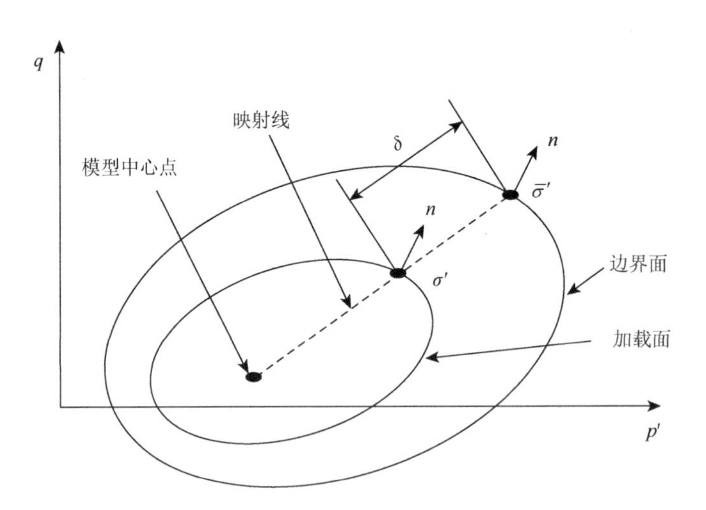

图 1.9　边界面塑性模型示意图（Ma，2014）

q 和 p' 分别表示偏应力及有效静水压力；n 表示加载方向向量；σ' 表示任意有效应力，$\bar{\sigma}'$ 表示任意应力点对应的边界面有效应力；δ 表示应力 σ' 和其边界面有效应力 $\bar{\sigma}'$ 之间的距离

为模拟金属在复杂加载条件下的力学特性，Dafalias 和 Popov（1975）最先提出了边界面塑性模型。该模型提出后便在金属材料领域成功得到了大规模的应用，产生了较大的影响，此后逐渐被推广到岩土力学领域（Dafalias and Herrmann，1986；Dafalias，1981；Dafalias and Herrmann，1980），特别是对单调和循环荷载作用下的砂土或颗粒材料的力学模拟（Bardet，1986；Khalili et al.，2005；Wang et al.，1990）。Fardis 等（1983）首先将边界面概念应用于混凝土材料研究，其他研究（Ameur-Moussa and Buyukozturk，1990；Chen and Buyukozturk，1985；Fardis and Chen，1986；Han and Chen，1985；Li et al.，2002；Voyiadjis and Abu-Lebdeh，1993）则利用边界面塑性理论对现有的混凝土塑性模型和损伤模型进行了修正。Guo 和 Wan（1998）最早将边界面塑性模型应用于岩石力学领域，经过理论推导建立了专门针对岩石材料的边界面塑性模型（图 1.8）。由于岩石材料的力学行为与软土和混凝土等力学行为有一定的相似之处（1.2.1 节），并且考虑到边界面塑性理论对软土、砂和混凝土材料都非常适合，因此它也可以被推广到岩石材料（Ma，2014；Ma and Wang，2016）。

1.3.3　连续损伤模型

Kachanov（1958）首先提出连续损伤力学的概念。后来，Lemaitre（1971）在热力学框架下建立了损伤模型，并研究了金属能量耗散和低周疲劳问题。随后，许多学者研究了材料力学行为与损伤的耦合效应，包括损伤和蠕变耦合（Hayhurst et al.，1980；Hult，1974）、循环疲劳（Chaboche，1977）、蠕变和疲劳以及塑性损伤效应（Lemaitre，1985）等。连续介质损伤力学（continuum damage mechanics，CDM）的概念最早被 Dougill 和 Lea（1976）在研究脆性材料（岩石和混凝土）的力学行为时提出；此后，Krajcinovic 和 Fonseka（1981）采用损伤变量发展了各向异性损伤热力学理论框架，详细阐述了脆性材料和蠕变材料的损伤过程。

一般来说，损伤模型可主要分为基于微观力学的损伤模型和基于宏观力学的损伤模型两类。基于微观力学的损伤模型建立在微观层次上，通过分析裂纹密度的演化或单个裂纹的扩展，进而将发生损伤后材料的微观结构状态与其宏观力学响应联系起来。该方法的关键技术之一是“均匀化技术”（或称为“微观-宏观转变”），它将材料的非均匀性质（由微观缺陷的存在和演化引起）均匀化为与实际材料具有相同宏观响应的等效连续体（Charlez，1997；Yuan and Harrison，2006；Pensee and Kondo，2003；Ma et al.，2019），从而建立关联关系。目前，基于微观力学的损伤模型已经得到了很大的发展，而且日趋成熟；其主要包括微裂纹摩擦滑动模型（Halm and Dragon，1998；Basista and Gross，1998）、微裂纹闭合模型（Pensee and Kondo，2003）、各向异性损伤模型（Pensee and Kondo，2003；Halm and Dragon，1998）、微裂纹扩容模型（Nemat-Nasser and Obata，1988）和考虑微裂纹密度和方向的修正模型（Shao and Rudnicki，2000）以及其他基于微观力学的损伤模型（Zhou and Yang，2007；Abou-Chakra Guéry et al.，2008；Ren，2008；Zhu et al.，2008a，2008b；Wu and Huang，2009；Zhang et al.，2009；朱其志等，2015，2018；刘文博等，2021；韩心星，2019；曹文贵等，2017；王子娟，2016；张吉宏和刘红岩，2013；刘红岩等，2013；张振南和葛修润，2012）。

由此可见，基于微观力学的损伤模型可描述裂纹密度的演化或单个裂纹的扩展，但这种损伤演化的影响在代表性体积单元（representative volume element，RVE）上通常是平均化的（Yuan and Harrison，2006）。因此，这类模型能够更好地解决定义明确的裂纹或裂纹系统在微观尺度上的力学响应，但是，其使用的前提是裂纹的几何特征和力学性能必须要预先设定。然而，由于难以量化天然岩石内部缺陷的微观性质，导致这些模型的预测结果可能不符合实际情况。而通过“均匀化技术”来量化微观缺陷演化引起的非均匀性影响，在一定程度上依赖于经验。此外，由于忽略了一些宏观参数，如围压和孔隙率，这些模型可能不适用于解决一些宏观问题，如脆塑性转变和延性破坏。Fang 和 Harrison（2002b）提出了针对这些模型的一些修改和替代方案，引入了与围压相关的材料强度和刚度的退化指数（Fang and Harrison，2001，2002a，2002b；Ozturk，2003）。可以预见，退化指数使得该模型能够捕捉应变软化行为；然而，退化指数选取机制缺乏足够的力学证据。其他学者，例如，朱其志等（2015，2018）进一步采取优化参数和平均化关联关系等措施，在岩石损伤本构领域做出了突出的贡献，使得模型的精度不断提升，使用范围也在不断扩大。

唯象模型一般基于材料损伤响应特征，在宏观力学基础上，考虑了裂纹演化对材料宏观行为的平均影响（Charlez，1997）。该类模型引入损伤变量作为状态算子，量化损伤材料的刚度、强度等宏观力学性能变化（Yuan and Harrison，2006），其典型代表是 Lemaitre（1971）提出的连续损伤模型。Lemaitre 在热力学框架下建立了连续损伤模型，并在理论上给出了严谨而完整的推导。著名的唯象模型包括 Dragon 和 Mróz（1979）及 Frantziskonis 和 Desai（1987）的应变软化弹塑性模型，Desai 和 Salami（1987）的二元模型（弹塑性本构部分和损伤部分），Yazdchi 等（1996）的连续各向异性损伤模型，Guo 和 Wan（1998）的边界面塑性模型，以及 Shao 等（2006）、Mohamad-Hussein 和 Shao（2007）、Chen 等（2010）、Ma（2014）、Ma 等（2016b）的弹塑性损伤模型。这些模型在中低围压下脆性或半脆性岩石的数值模拟中取得了很好的效果。

综上所述，在不考虑单个微裂纹演化的情况下，唯象模型通过平均整个材料上的微缺陷效应，可以以最少的参数描述材料的宏观劣化特征。此外，唯象模型为研究材料在多种荷载作用下的复杂破坏过程提供了一种有效的方法。因此，该模型对各种材料，如金属、陶瓷、混凝土和岩石等非常适合（Ma，2014，2018；

Ma et al.，2016a，2016b）。下面将讨论唯象模型的基本要素，即损伤变量、损伤假设、损伤准则、损伤演化方程和本构关系。

1. 损伤变量

损伤变量的概念是建立在岩石两相假设的基础上，即岩石材料包含两相：完整相（或者原始相）和损伤相（Voyiadjis and Kattan，2005）。损伤变量定义为一个代表性体积单元中损伤相的体积或者面积与代表性单元的总体积或者面积的比率。因此，损伤变量的物理意义是量化裂纹或缺陷对岩石材料整体强度和变形特征的影响，并伴随裂纹产生、孔隙坍塌、裂缝滑动等破坏模式进一步发展（Ma，2014，2018）。

损伤变量可分别表达为各向同性损伤标量和各向异性损伤张量。然而，根据 Lemaitre（1984）的研究，在实践中，即使岩土体材料中出现了各向异性损伤，各向同性损伤的假设也往往能够给出足够精度的预测。此外，与各向异性损伤模型的复杂性相比，采用各向同性损伤变量可以简化本构模型、数值应用和参数识别，且模型的精度损失较小（Ma et al.，2016b；Ma and Zhao，2018）。因此，本书主要关注各向同性损伤，但必要时也可扩展到各向异性损伤。

2. 损伤假设

基于连续介质损伤力学，损伤假设可分为两类，一类是应变等效假设（Lemaitre and Chaboche，1975），另一类是互补能量等效假设（Zhang and Valliappan，1998；Valliappan et al.，1990；Han and Chen，1985；Sidoroff，1981）。目前，使用最广泛的是应变等效假设，即在荷载作用下，材料处于损伤状态的应变等效于在有效应力下的未损伤状态材料的应变。然而，Valliappan 等（1990）认为，应变等效假设仅适用于各向同性损伤材料，其示意图如图 1.10 所示。

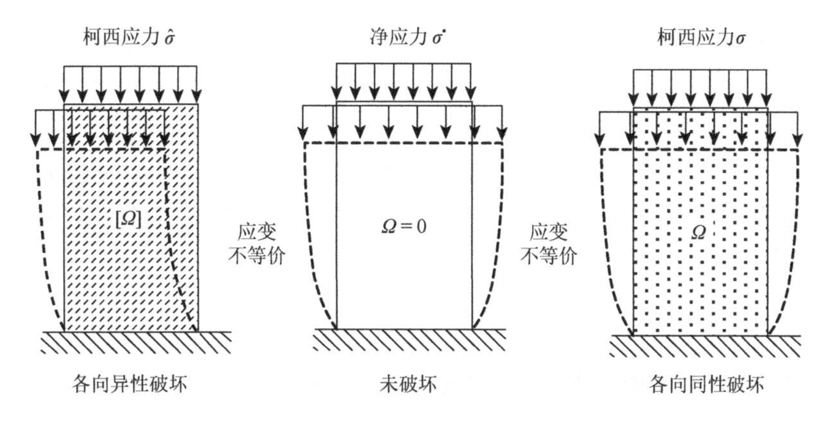

图 1.10　应变等效假设示意图（Valliappan et al.，1990）

$[\Omega]$ 表示损伤张量；Ω 表示损伤标量

互补能量等效假设结合弹塑性本构理论，可建立统一的损伤模型，使其既适用于各向同性状态，也适用于各向异性状态（Sidoroff，1981；Han and Chen，1985；Valliappan et al.，1990）。这一假设可以表达为在有效应力荷载下，材料在损伤状态下的余能等于未损伤状态下的余能（Zhang and Valliappan，1998；Valliappan et al.，1990）。

3. 损伤准则

损伤准则通常用损伤驱动参数（可以是应力、应变或与损伤相关的热力学动力参数）来表示。在损伤模型中，通常会定义一个阈值，若损伤驱动参数超过阈值，损伤变量便会增加；损伤演化阈值通常被定义为当前应力-应变和损伤状态的函数（Chen et al.，2010；Mohamad-Hussein and Shao，2007；Ma et al.，2016b），也可根据试验数据确定固定损伤阈值（Fahrenthold，1991；Lemaitre，1984；Lemaitre，1985；Yazdchi et al.，1996）。对于单轴试验或疲劳试验，通常直接采用固定损伤阈值，而不考虑损伤材料的硬化或软化。

4. 损伤演化方程

损伤演化方程是建立损伤模型的一个重要内容。一般可分为三类：自定义损伤演化方程（Chen et al.，2006；Fahrenthold，1991；Guo and Wan，1998；Ju，1989；Wan and Guo，1997；Yazdchi et al.，1996）、基于损伤一致性法则的损伤演化方程（Chen et al.，2010；Salari et al.，2004；Shao et al.，2006；Zhou and Zhu，2010）和基于能量耗散势法的损伤演化方程（Hayakawa and Murakami，1997；Lemaitre，1985；Mohamad-Hussein and Shao，2007；Zhang and Valliappan，1998）。自定义损伤演化方程通过将各参数与材料的相关力学性能联系起来，在实际应用中给出准确的预测，所采用的参数具有明确的物理意义，易于通过实验测试进行校准。另外两类方程是基于逻辑推导的，这使得模型参数的推导和辨识更加严谨。在理论上，自定义损伤演化方程的模型应该考虑到材料的各种应力状态，并且在应力-应变空间中，损伤准则和损伤演化也应该与实验结果一致（Nguyen，2005）。尽管自定义损伤演化方程有一定的局限性，但由于简单实用，自定义损伤演化方程仍然受到许多学者的青睐（Ma，2014）。

5. 本构关系

一般情况下，在弹性理论框架下建立的连续损伤模型，只能反映准脆性材料的应变软化效应。但是，这种模型不能捕捉到不可恢复变形，特别是面临卸载-再加载循环时，这种缺陷累积愈发严重。此外，这类模型通常假定能量耗散仅与损伤演化有关，这对于模拟材料在不同加载空间中的宏观响应是不正确的（Ma，2014；Ma et al.，2016b）。因此，在工程应用中，大多数损伤模型都与弹塑性模型相结合，实现应力-应变-损伤的精确描述。

1.3.4　弹塑性损伤模型

弹塑性损伤模型以损伤分析为基础，结合了塑性理论、材料刚度退化以及不可恢复变形等基本理论。从连续介质力学的观点出发，以应力、应变和损伤为内变量，本构方程描述微裂纹的演化过程（颗粒的脱黏和裂纹表面的滑动）、压缩或剪胀等宏观现象，以及不可恢复变形和最终加载阶段的残余状态。

根据Lemaitre（1992）提出的理论，损伤与塑性变形之间的耦合有两种途径：直接耦合和间接耦合。直接耦合基于损伤劣化效应的观察结果，定义损伤准则和屈服函数；直接耦合模型的典型特征是有效应力（不同于太沙基有效应力）或纯应力的应用，即将材料刚度定义为损伤变量的递减函数，通过损伤变量的增加来解决材料强度退化问题，并用有效应力代替名义应力来表示损伤准则和屈服函数（Chen et al.，2010；Guo and Wan，1998；Ju，1989；Salari et al.，2004；Zhou and Zhu，2010）。Lemaitre（1992）指出，在屈服函数和损伤准则的公式中应用有效应力，与在材料退化模型中使用名义应力是等价的。然而，这种方法虽然捕捉到了损伤材料的软化行为，但是没有考虑损伤和塑性之间的相互作用，即塑性应变和损伤并不直接相互影响（Nguyen，2005），这与试验现象并非完全一致。

另一种描述损伤与塑性变形之间的耦合方法是间接耦合，即损伤和塑性应变分别由损伤模型和塑性模型导出。该方法也可分为两类：一类基于完全统一的耗散势函数，另一类建立在相互独立的损伤演化函数和塑性演化函数的基础上。完全统一的耗散势函数是塑性和损伤能量耗散的组合函数，从中可以导出损伤和塑性应变增量或诱导塑性硬化参数的统一流动规律（Zhang and Valliappan，1998；Lemaitre，1985；Mashayekhi et al.，2005）。这种方法比两个单独的损伤演化函数和塑性演化函数更简单。然而，它在模拟损伤和塑性变形耦合时存在许多局限性，特别是在模型参数的识别方面，这可能会限制其应用。另外一种方法是，分别设定独立的损伤演化函数和塑性演化函数，损伤增量由损伤演化规律表示，塑性应变由与塑性势相关联的流动法则表示（Chen et al.，2010；Chiarelli et al.，2003；Hayakawa and Murakami，1997；Mohamad-Hussein and Shao，2007；Shao et al.，2006；Shen et al.，2001）。这种方法在确定损伤演化规律和屈服函数时更加自由。尽管弹塑性模型与连续介质损伤模型的耦合较为复杂，但在工程中仍然得到了广泛的应用（Ma and Zhao，2018）。

1.4 渗 流 模 型

对于多孔隙介质中的渗流问题，早期的模型基于单孔隙介质的概念，粗略地将裂隙网络和孔隙结构统一作为单一代表性单元基本结构，均匀分布于单元内部。研究表明，单孔隙介质理论与试验结果相矛盾，即该模型不能很好地模拟多孔隙介质的渗流行为（Ma，2014，2015；Ma and Wang，2016；Ma et al.，2016a）。因此，它只能适用于大尺度流场，而无法考虑裂隙网络渗流对多孔隙介质的影响（Long et al.，1982；Wilson and Aifantis，1982；Wilson et al.，1983；Khalili et al.，2008）。Barenblatt 等（1960）、Warren 和 Root（1963）提出了双重孔隙介质概念，并建立了刚性介质渗流模型。双重孔隙介质包括两个相互连通而又相互影响的区域，即为流体或者能量提供储存空间的低渗透率孔隙结构和为流体或者能量提供流动通道的高渗透率裂隙网络，以及在裂隙网络和孔隙结构之间的流体交换参数。但是，该模型在形变方面存在诸多限制，这些限制在许多情况下并不适用于实际工程。Duguid 和 Lee（1977）将双重孔隙介质理论推广到可变形多孔隙介质。此后，Aifantis（1977，1979，1980）基于混合理论，提出了一种双重孔隙介质模型来研究多孔隙介质的渗流变形耦合效应。其他研究工作，包括 Wilson 和 Aifantis（1982）、Khaled 等（1984）、Valliappan 和 Khalili-Naghadeh（1990）、Khalili-Naghadeh 和 Valliappan（1991）、Bai 等（1993）都对 Aifantis 提出的模型进行了修正和优化。Khalili 和 Valliappan（1996）基于达西定律、有效应力原理、质量守恒定律、动量守恒定律和孔隙弹性变形假设，提出了更为严格和完整的流固耦合数值模型，该模型包含三个部分：一种流体（水/液体）、两个孔隙（孔隙结构和裂隙网络）和固体骨架。通过引入贝蒂互易定理，Khalili 和 Valliappan（1996）推导了孔隙结构和裂隙网络体积变化之间的内在相容性公式，并讨论了耦合和非耦合的模型形式。Lewis 和 Ghafouri（1997）、Loret 和 Khalili（2000）、Pao 和 Lewis（2002），以及 Khalili 等（2008）对该公式进行了扩展，即渗流模型可考虑两种或两种以上的流体。然而，这些模型一般基于孔隙弹性理论；在此基础上，Ma（2014）、Ma 等（2016a）、Ma 和 Zhao（2018）建立了考虑固体骨架弹塑性损伤响应的双重孔隙介质渗流形变耦合模型。

1.5 渗透率演化模型

地下储层的运移特性在很大程度上取决于裂隙网络的渗透性，因此裂隙网络在二氧化碳的封存、能源开发，以及危险废物和放射性废物的隔离方面具有重要的研究意义。渗透率一般定义为介质允许流体通过的能力（Friedman，1976）。在岩石中，它通常是地应力、固体基体的内部微观结构、流体流动和固体骨架体积变化，以及损伤程度的函数（Ma，2015）。

物理实验是研究岩石渗透性随损伤变化的主要途径。目前该领域的工作主要局限于室内实验，以及一些现场调查，即通过室内三轴压缩试验、三轴拉伸试验和混合试验，研究静水压力和偏应力对岩体损伤及渗流的影响。以 Berea 砂岩为例，在室内三轴压缩试验、三轴拉伸试验和混合试验中（Zhu et al.，2007），不同加载路径下的力学行为和渗透性演变呈现相似的规律。试验中，孔隙率和渗透率均随平均有效应力的增大而减小，在发生颗粒破碎和孔隙坍塌后，渗透率的衰减最为显著。在不同加载条件下，Berea 砂岩渗透率与孔隙率呈正相关。Zhu 等（2007）指出，这背后的机制是非静水压力下的剪切增强压实和静水压力引起的压实效应。研究表明，渗透率对损伤引起的变形非常敏感，但其影响机制非常复杂。荷载作用下的损伤可能导致孔隙坍塌或产生新的裂纹（Lyakhovsky and Hamiel，2007；Oda et al.，2002）。前者会显著降低岩石渗透率，而后者会导致渗透率增强。

为了描述渗透率随损伤的演变，学者们进行了许多理论研究（Morris et al.，2003；Zhu and Wong，1997；Ma and Wang，2016）。Sulem 和 Ouffroukh（2006）认为，多孔隙介质的渗透率受初始孔隙率、应力水平、变形过程（应变硬化-压实、应变软化-剪胀）、孔隙空间和颗粒结构几何形状的影响。实验研究也表明，渗透率和孔隙率变化具有很强的一致性；因此，学者们提出了许多有关渗透率和孔隙率关联的本构模型（Hu et al.，2010；Zhang et al.，1994；Zhu et al.，2007；Zhu and Wong，1997）。Friedman（1976）和 Zhu 等（2007）强调，渗透率随荷载的演化只需要考虑有效“互相连通部分”孔隙率的变化，而不需要考虑总孔隙率的变化（Zhu et al.，2007）。然而，在模拟渗透率演化时，很难处理这样的“有效”孔隙率；因此，在模拟渗透率演化时，为了方便，总孔隙率仍然是研究和工程应用中的首选参数（Ma，2015）。

近些年来，为了预测不同加载空间下裂隙网络的渗透率演化，众多学者建立了多种渗透率演化模型，包括 Zhu 等（1995）、Pan 等（2010）提出的网络模型，Lee 等（2007）、Pan 等（2010）提出的离散模型，以及 Pride 和 Berryman（1998）、Boutéca 等（2000）、Rudnicki（2001）、Crawford 和 Yale（2002）、Yale（2002）、Morris 等（2003）、Gessner（2009）提出的本构模型。然而，对于工程应用来说，这些模型不是过于简单就是过于复杂。例如，Zhu 等（1995）和 Pan 等（2010）提出的网络模型，其裂隙空间的形状和大小高度理想化，以至于它可能无法捕捉裂隙对流体流动的真实响应。目前，应用最广泛的本构模型是广义幂律，该模型描述了渗透率-孔隙率在对数（渗透率）-对数（孔隙率）空间和半对数空间的关系（Zhu et al.，2007；Morris et al.，2003；Bernabé et al.，2003）。例如，David 等（1994）提出了用指数定律来模拟压实导致的渗透率降低现象。Zhu 和 Walsh

(2006)、Zhu 等（2007）也采用了该指数函数来说明剪切增强压实或剪胀发生前渗透率与平均应力之间的关系。然而，这些模型大多根据试验数据曲线拟合得出，没有考虑损伤引起的孔隙坍塌和新裂纹的形成。因此，指数模型不能准确地捕捉不同加载空间中的渗透率演化规律。例如，在低围压至中围压条件下，该模型不适用于峰后岩石样品剪胀的渗透率演化过程（Ma and Wang，2016）。国内值得借鉴的试验和理论研究工作可以参考很多文献（何峰，2010；盛金昌等，2017；王睿，2018；王闫超等，2019；韦立德，2003；徐卫亚等，2006；阎岩，2009；赵延林，2009；于永江等，2019），这些研究工作大多基于大型水电工程项目和国家重点基建工程项目，具有很好的工程参考意义。综上所述，目前还没有统一的模型可描述不同加载路径、围压和损伤下的渗透率演化过程（Ma，2015）。

1.6 弹塑性损伤本构方程的数值实现

弹塑性损伤本构方程的数值实现必须有效地解决边值问题、积分问题和非线性问题。非线性有限元法的主要挑战是误差控制，这是由于计算中采用有限加载步长造成的。一般来说，在高斯点上求解非线性本构方程有两种方法：隐式（或迭代）格式和显式（或增量）格式。

隐式格式，也称为返回映射算法，是基于算子分步和最近点投影的概念。它对控制方程进行非线性处理，并通过迭代求解这些方程，直到屈服面的漂移足够小（Crisfield，1997；Ortiz and Simo，1986；Sloan et al.，2001；Ma，2014）。由于计算出的应力状态能够自动满足屈服条件，因此该方法很有吸引力。当应力状态由弹性变为弹塑性时，不需要计算与屈服面的交点；因此，众多研究者也讨论了求解弹塑性模型的隐式格式（Amorosi et al.，2008；Borja，1991；Borja and Andrade，2006；Borja and Lee，1990；Crisfield，1997；Ortiz and Simo，1986；Sloan et al.，2001）。在岩土力学领域，Ortiz 和 Simo（1986），以及 Crisfield（1997）建议，对简单塑性模型采用隐式格式；对于临界状态土模型，Britto 和 Gunn（1987）、Borja 和 Lee（1990）、Borja（2004）、Amorosi 等（2008）也建议采用隐式格式。然而，当隐式格式应用于复杂本构模型时，对屈服函数和塑性势函数的二阶导数提出完备性要求，增加了求解复杂本构方程的难度（Habte，2006；Sloan et al.，2001）。

显式格式一般基于先前已知应力点，近似描述非线性应力-应变响应，该格式的主要特点是，其计算效率和精度依赖于加载步长的大小。因此，只要有足够小的加载步长，显式解就能满足精度要求。显式格式的主要缺点是，在每一步增量后，由不平衡力累积而导致屈服面漂移。然而，通过采用自动子步法，将累积误差限制在规定公差以内，就可以提高精度和效率（Abbo and Sloan，1996）。传统塑性模型（Abbo and Sloan，1996；Zhao et al.，2005；Sloan et al.，2001；Wissmann and Hauck，1983）和边界面塑性模型（Habte，2006；Andrianopoulos et al.，2010）的显式格式求解精度证明，增量方法非常稳健，适用于复杂本构模型的数值计算。

综上所述，隐式格式更适用于简单的弹塑性模型，而显式格式更适用于对精度要求较高的复杂本构模型。对于复杂本构模型，显式格式计算应力简单，不涉及复杂的求解过程。因此，将显示格式与自动子步及误差控制相结合，可以显著提高算法的精度和效率。

参 考 文 献

曹文贵，张超，贺敏，等，2017. 岩石空隙变化及其变形全过程的统计损伤模拟方法[J]. 湖南大学学报（自然科学版），44（9）：100-106.

韩心星，2019. 岩石非均匀变形破坏演化及统计损伤本构模型研究[D]. 北京：中国矿业大学.

何峰，2010. 岩石蠕变-渗流耦合作用规律研究[D]. 阜新：辽宁工程技术大学.

姜鹏，潘鹏志，赵善坤，等，2018. 基于应变能的岩石黏弹塑性损伤耦合蠕变本构模型及应用[J]. 煤炭学报，43（11）：2967-2979.

刘红岩，吕淑然，丹增卓玛，等，2013. 节理岩体宏微观损伤耦合的三维本构模型研究[J]. 水利与建筑工程学报，11（3）：85-88.

刘文博，孙博一，陈雷，等，2021. 一种基于弹性能释放率的岩石新型统计损伤本构模型[J]. 水文地质工程地质，48（1）：88-95.

刘新喜，童庆闯，侯勇，等，2018. 高应力泥质粉砂岩非线性蠕变损伤模型研究[J]. 中国公路学报，31（2）：280-288.

盛金昌，张肖肖，贾春兰，等，2017. 温变条件下石灰岩裂隙渗透特性实验研究[J]. 岩石力学与工程学报，36：1832-1840.

王睿，2018. 渗流条件下花岗岩蠕变及本构模型研究[D]. 北京：中国矿业大学.

王闫超，晏鄂川，丛璐，等，2019. 巴东组泥岩非线性流变本构模型研究[J]. 岩石力学与工程学报，38（S2）：3362-3373.

王子娟，2016. 干湿循环作用下砂岩的宏细观损伤演化及本构模型研究[D]. 重庆：重庆大学.

韦立德，2003. 岩石力学损伤和流变本构模型研究[D]. 南京：河海大学.

徐卫亚，杨圣奇，褚卫江，2006. 岩石非线性黏弹塑性流变模型（河海模型）及其应用[J]. 岩石力学与工程学报，25（3）：433-447.

阎岩，2009. 渗流作用下岩石蠕变试验与变参数蠕变方程的研究[D]. 北京：清华大学.

于永江，刘峰，张伟，等，2019. 富水软岩流变扰动效应实验及本构模型研究[J]. 振动与冲击，38（12）：199-205.

张吉宏，2014. 综合考虑宏细观缺陷的岩体损伤本构模型及破坏机理研究[D]. 西安：长安大学.

张吉宏，刘红岩. 2013. 综合考虑宏微观复合损伤的节理岩体本构模型[J]. 煤田地质与勘探，41（6）：49-52.

张振南，葛修润，2012. 一种新的岩石多尺度本构模型：增强虚内键本构理论及其应用[C]//第十二次全国岩石力学与工程学术大会，南京.

赵延林，2009. 裂隙岩体渗流-损伤-断裂耦合理论及应用研究[D]. 长沙：中南大学.

朱其志，刘海旭，王伟，等，2015. 北山花岗岩细观损伤力学本构模型研究[J]. 岩石力学与工程学报，34（3）：433-439.

朱其志，王岩岩，仇晶晶，等，2018. 准脆性岩石水力耦合不排水多尺度本构模型[J]. 河海大学学报（自然科学版），46（2）：165-170.

Abbo A J，Sloan S W，1996. An automatic load stepping algorithm with error control[J]. International Journal for Numerical Methods in Engineering，39（10）：1737-1759.

Abou-Chakra Guéry A，Cormery F，Su K，et al.，2008. A micromechanical model for the elasto-viscoplastic and damage behavior of a cohesive geomaterial[J]. Physics and Chemistry of the Earth，33：S416-S421.

Aifantis E C，1977. Introducing a multiporous medium[J]. Developments in Mechanics，8：209.

Aifantis E C，1979. On the response of fractured rocks[J]. Developments in Mechanics，10：249.

Aifantis E C，1980. On the problem of diffusion in solids[J]. Acta Mechanica，37：265-296.

Ameur-Moussa R，Buyukozturk O，1990. A bounding surface model for concrete[J]. Nuclear Engineering and Design，121（1）：113-125.

Amorosi A，Boldini D，Germano V，2008. Implicit integration of a mixed isotropic-kinematic hardening plasticity model for structured clays[J]. International Journal for Numerical and Analytical Methods in Geomechanics，32（10）：1173-1203.

Andrianopoulos K I，Papadimitriou A G，Bouckovalas G D，2010. Explicit integration of bounding surface model for the analysis of earthquake soil liquefaction[J]. International Journal for Numerical and Analytical Methods in Geomechanics，34（15）：1586-1614.

Arslan G，2007. Sensitivity study of the Drucker-Prager modeling parameters in the prediction of the nonlinear response of reinforced concrete structures[J]. Materials and Design，28（10）：2596-2603.

Bai M，Elsworth D，Roegiers J C，1993. Modeling of naturally fractured reservoirs using deformation dependent flow mechanism[J]. International Journal of Rock Mechanics and Mining Sciences and Geomechanics Abstracts，30（7）：1185-1191.

Bardet J P，1986. Bounding surface plasticity model for sands[J]. Journal of Engineering Mechanics，112（11）：1198-1217.

Barenblatt G I，Zheltov I P，Kochina I N，1960. Basic concepts in the theory of seepage of homogeneous liquids in fissured rocks [strata][J]. Journal of Applied Mathematics and Mechanics，24（5）：1286-1303.

Basista M，Gross D，1998. The sliding crack model of brittle deformation：An internal variable approach[J]. International Journal of Solids and Structures，35（5-6）：487-509.

Bernabé Y，1991. Pore geometry and pressure dependence of the transport properties in sandstones[J]. Geophysics，56：436-446.

Bernabé Y，Mok U，Evans B，2003. Permeability-porosity relationships in rocks subjected to various evolution processes[J]. Pure and Applied Geophysic，160（5-6）：937-960.

Bigoni D，Piccolroaz A，2004. Yield criteria for quasibrittle and frictional materials[J]. International Journal of Solids and Structures，41（11-12）：2855-2878.

Bobet A，Einstein H H，1998. Fracture coalescence in rock-type materials under uniaxial and biaxial compression[J]. International Journal of Rock Mechanics and Mining Sciences，35（7）：863-888.

Borja R I，1991. Cam-Clay plasticity，Part Ⅱ：Implicit integration of constitutive equation based on a nonlinear elastic stress predictor[J]. Computer Methods in Applied Mechanics and Engineering，88（2）：225-240.

Borja R I，2004. Cam-Clay plasticity，Part Ⅴ：A mathematical framework for three-phase deformation and strain localization analyses of partially saturated porous media[J]. Computer Methods in Applied Mechanics and Engineering，193（48-51）：5301-5338.

Borja R I，Andrade J E，2006. Critical state plasticity. Part Ⅵ：Meso-scale finite element simulation of strain localization in discrete granular materials[J]. Computer Methods in Applied Mechanics and Engineering，195（37-40）：5115-5140.

Borja R I，Lee S R，1990. Cam-Clay plasticity，Part Ⅰ：Implicit integration of elasto-plastic constitutive relations[J]. Computer Methods in Applied Mechanics and Engineering，78（1）：49-72.

Boutéca M J，Sarda J P，Vincké O，2000. Constitutive law for permeability evolution of sandstones during depletion[C]// SPE International Symposium on Formation Damage Control，Lafayette.

Brace W F，Martin R J，1968. A test of the law of effective stress for crystalline rocks of low porosity[J]. International Journal of Rock Mechanics and Mining Science and Geomechanics Abstracts，5（5）：415-426.

Britto A M，Gunn M J，1987. Critical state soil mechanics via finite element[M]. New York：Halsted Press.

Chaboche J L，1977. Viscoplastic constitutive equations for the description of cyclic and anisotropic behaviour of metals[C]// The 17th Polish Conference on Mechanics of Solids，Szczyrk.

Charlez P A，1997. Rock mechanics，vol2：Petroleum applications[M]. Paris：Editions Technip.

Chen E S，Buyukozturk O，1985. Constitutive model for concrete in cyclic compression[J]. Journal of Engineering Mechanics，111（6）：797-814.

Chen L，Shao，J F，Huang H W，2010. Coupled elastoplastic damage modeling of anisotropic rocks[J]. Computers and Geotechnics，37（1-2）：187-194.

Chen Z H，Tham L G，Yeung M R，et al.，2006. Confinement effects for damage and failure of brittle rocks[J]. International Journal of Rock Mechanics and Mining Sciences，43（8）：1262-1269.

Chiarelli A S，Shao J F，Hoteit N，2003. Modeling of elastoplastic damage behavior of a claystone[J]. International Journal of Plasticity，19（1）：23-45.

Conil N，Djeran-Maigre I，Cabrillac R，et al.，2004. Poroplastic damage model for claystones[J]. Applied Clay Science，26（1-4）：473-487.

Crawford B R，Yale D P，2002. Constitutive modeling of deformation and permeability：Relationships between critical state and micromechanics[C]//SPE/ISRM Rock Mechanics in Petroleum Engineering Conference，Irving.

Crisfield M A，1997. Non-linear finite element analysis of solids and structure[M]. New York：John Wiley & Sons，Inc.

Curran D R，Seaman L，Cooper T，et al.，1993. Micromechanical model for comminution and granular flow of brittle material under high strain rate application to penetration of ceramic targets[J]. International Journal of Impact Engineering，13（1）：53-83.

Dafalias Y F，1981. Novel bounding surface constitutive law for the monotonic and cyclic hardening response of metals[C]//Structural Mechanic in Reactor Technology，Pairs.

Dafalias Y F，Herrmann L R，1980. A bounding surface soil plasticity model[C]//International Symposium on Soils under Cyclic Transient Loading，Swansea.

Dafalias Y F，Herrmann L R，1986. Bounding surface plasticity. Ⅱ：Application to isotropic cohesive soils[J]. Journal of Engineering Mechanics，112（12）：1263-1291.

Dafalias Y F，Popov E P，1975. A model of nonlinearly hardening materials for complex loading[J]. Acta Mechanica，21（3）：173-192.

David C，Wong T F，Zhu W L，et al.，1994. Laboratory measurement of compaction-induced permeability change in porous rocks：Implications for the generation and maintenance of pore pressure excess in the crust[J]. Pure and Applied Geophysics，143（1）：425-456.

Desai C S，Salami M R，1987. A constitutive model and associated testing for soft rock[J]. International Journal of Rock Mechanics and Mining Sciences and Geomechanics Abstracts，24（5）：299-307.

Dolarevic S，Ibrahimbegovic A，2007. A modified three-surface elasto-plastic cap model and its numerical implementation[J]. Computers and Structures，85（7-8）：419-430.

Dougill J W，Lea J C，1976. Mechanics in engineering[C]//ASCE Conference，Waterloo.

Dragon A，Mróz Z，1979. A continuum model for plastic-brittle behaviour of rock and concrete[J]. International Journal of Engineering Science，17（2）：121-137.

Duguid J O，Lee P C Y，1977. Flow in fractured porous media[J]. Water Resources Research，13（3）：558-566.

Fahrenthold E P，1991. Continuum damage model for fracture of brittle solids under dynamic loading[J]. Journal of Applied Mechanics，58（4）：904-909.

Fang Z，Harrison J P，2001. A mechanical degradation index for rock[J]. International Journal of Rock Mechanics and Mining Sciences，38（8）：1193-1199.

Fang Z，Harrison J P，2002a. Application of a local degradation model to the analysis of brittle fracture of laboratory scale rock specimens under triaxial conditions[J]. International Journal of Rock Mechanics and Mining Sciences，39（4）：459-476.

Fang Z，Harrison J P，2002b. Development of a local degradation approach to the modelling of brittle fracture in heterogeneous rocks[J]. International Journal of Rock Mechanics and Mining Sciences，39（4）：443-457.

Fardis M N，Alibe B，Tassoulas J L，1983. Monotonic and cyclic constitutive law for concrete[J]. Journal of Engineering Mechanics，109（2）：516-536.

Fardis M N，Chen E S，1986. A cyclic multiaxial model for concrete[J]. Computational Mechanics，1（4）：301-315.

Fossum A F，Fredrich J T，2000. Cap plasticity models and compactive and dilatant pre-failure deformation[C]//The 4th North American Rock Mechanics Symposium，Albuquerque.

Frantziskonis G，Desai C S，1987. Constitutive model with strain softening[J]. International Journal of Solids and Structures，23（6）：733-750.

Fredrich J T，Evans B，Wong T F，1989. Micromechanics of the brittle to plastic transition in Carrara marble[J]. Journal of Geophysical Research：Solid Earth，94：4129-4145.

Friedman M，1976. Porosity，permeability，and rock mechanics：A review[C]//The 17th U.S. Symposium on Rock Mechanics（USRMS），Snow Bird.

Gessner K，2009. Coupled models of brittle-plastic deformation and fluid flow：Approaches，methods，and application to mesoproterozoic mineralisation at mount Isa，Australia[J]. Surveys in Geophysics：An International Review Journal of Geophysics and Planetary Sciences，30（3）：211-232.

Golshani A，Okui Y，Oda M，et al.，2006. A micromechanical model for brittle failure of rock and its relation to crack growth observed in triaxial compression tests of granite[J]. Mechanics of Materials，38（4）：287-303.

Guo P J，Wan R G，1998. Modelling the cyclic behaviour of brittle materials using a bounding surface plasticity-damage model[J]. International Journal of Rock Mechanics and Mining Sciences，35（4-5）：437-438.

Habte A M，2006. Numerical and constitutive modelling of monotonic and cyclic loading in variably saturated soils[D]. Sydney：Unversity of New South Wales.

Halm D，Dragon A，1998. An anisotropic model of damage and frictional sliding for brittle materials[J]. European Journal of Mechanics - A/Solids，17（3）：439-460.

Han D J，Chen W F，1985. A nonuniform hardening plasticity model for concrete materials[J]. Mechanics of Materials，4（3-4）：283-302.

Hayakawa K，Murakami S，1997. Thermodynamical modeling of elastic-plastic damage and experimental validation of damage potential[J]. International Journal of Damage Mechanics，6（4）：333-363.

Hayhurst D R，Trampczynski W A，Leckie F A，1980. Creep rupture under non-proportional loading[J]. Acta Metallurgica，28（9）：1171-1183.

Hu D W，Zhou H，Zhang F，et al.，2010. Evolution of poroelastic properties and permeability in damaged sandstone[J]. International Journal of Rock Mechanics and Mining Sciences，47（6）：962-973.

Hult J，1974. Creep in continua and structures[C]//Topics in Applied Continuum Mechanics，Vienna.

Ju J W，1989. On energy-based coupled elastoplastic damage theories：Constitutive modeling and computational aspects[J]. International Journal of Solids and Structures，25（7）：803-833.

Kachanov L M，1958. Time of the rupture process under creep conditions[J]. Izvestiia Akademii Nauk SSSR，Otdelenie Teckhnicheskikh Nauk，23：26-31.

Khaled M Y，Beskos D E，Aifantis E C，1984. On the theory of consolidation with double porosity-III：A finite element formulation[J]. International Journal for Numerical and Analytical Methods in Geomechanics，8（2）：101-123.

Khalili N，Habte M A，Valliappan S，2005. A bounding surface plasticity model for cyclic loading of granular soils[J]. International Journal for Numerical Methods in Engineering，63（14）：1939-1960.

Khalili N，Habte M A，Zargarbashi S，2008. A fully coupled flow deformation model for cyclic analysis of unsaturated soils including hydraulic and mechanical hystereses[J]. Computers and Geotechnics，35（6）：872-889.

Khalili N，Valliappan S，1996. Unified theory of flow and deformation in double porous media[J]. European Journal of Mechanics - A/Solids，15（2）：321-336.

Khalili-Naghadeh N，Valliappan S，1991. Flow through fissured porous-media with deformable matrix：Implicit formulation[J]. Water Resources Research，27：1703-1709.

Khan A S，Xiang Y，Huang S J，1991. Behavior of Berea sandstone under confining pressure part I：Yield and failure surfaces，and nonlinear elastic response[J]. International Journal of Plasticity，7（6）：607-624.

Khoei A R，Azami A R，Haeri S M，2004. Implementation of plasticity based models in dynamic analysis of earth and rockfill dams：A comparison of Pastor-Zienkiewicz and cap models[J]. Computers and Geotechnics，31（5）：384-409.

Krajcinovic D，Fonseka G U，1981. The continuous damage theory of brittle materials，part 1：General theory[J]. Applied Mechanics，48（4）：809-815.

Lee C H，Lee C C，Lin B S，2007. The estimation of dispersion behavior in discrete fractured networks of andesite in Lan-Yu Island，Taiwan[J]. Environmental Geology，52：1297-1306.

Lee H，Peng K，Wang J，1985. An anisotropic damage criterion for deformation instability and its application to forming limit analysis of metal plates[J]. Engineering Fracture Mechanics，21（5）：1031-1054.

Lemaitre J，1971. Evaluation of dissipation and damage in metals submitted to dynamic loading[C]// International Conference of Mechanical Behavior of Materials，Kyoto.

Lemaitre J，1984. How to use damage mechanics[J]. Nuclear Engineering and Design，80（2）：233-245.

Lemaitre J，1985. A continuous damage mechanics model for ductile fracture[J]. Journal of Engineering Materials and Technology，107（1）：83-89.

Lemaitre J，1992. A course on damage mechanics[M]. Berlin：Springer.

Lemaitre J，Chaboche J L，1975. A nonlinear model of creep-fatigue damage cumulation and interaction[C]//Mechanics of Visco-elastic Media and Bodies，Berlin.

Lewis R W，Ghafouri H R，1997. A novel finite element double porosity model for multiphase flow through deformable fractured porous media[J]. International Journal for Numerical and Analytical Methods in Geomechanics，21（11）：789-816.

Li Q B，Zhang L X，Ansari F，2002. Damage constitutive for high strength concrete in triaxial cyclic compression[J].

International Journal of Solids and Structures，39（15）：4013-4025.

Lockner D A，Stanchits S A，2002. Undrained poroelastic response of sandstones to deviatoric stress change[J]. Journal of Geophysical Research Solid Earth，107（B12）：1-14.

Long J C S，Remer J S，Wilson C R，et al.，1982. Porous-media equivalents for networks of discontinuous fractures[J]. Water Resources Research，18（3）：645-658.

Loret B，Khalili N，2000. A three-phase model for unsaturated soils[J]. International Journal for Numerical and Analytical Methods in Geomechanics，24（11）：893-927.

Lü P Y，Li Q B，Song Y P，2004. Damage constitutive of concrete under uniaxial alternate tension-compression fatigue loading based on double bounding surfaces[J]. International Journal of Solids and Structures，41（11-12）：3151-3166.

Lyakhovsky V，Hamiel Y，2007. Damage evolution and fluid flow in poroelastic rock[J]. Izvestiya Physics of the Solid Earth，43（1）：13-23.

Ma J J，2014. Coupled flow deformation analysis of fractured porous media subject to elasto-plastic damage[D]. Sydney：The University of New South Wales.

Ma J J，2015. Review of permeability evolution model for fractured porous media[J]. Journal of Rock Mechanics and Geotechnical Engineering，7（3）：351-357.

Ma J J，2018. Wetting collapse analysis on partially saturated oil chalks by a modified cam clay model based on effective stress[J]. Journal of Petroleum Science and Engineering，167：44-53.

Ma J J，Guan J W，Duan J F，et al.，2021. Stability analysis on tunnels with karst caves using the distinct lattice spring model[J]. Underground Space，6（4）：469-481.

Ma J J，Wang J，2016. A stress-induced permeability evolution model for fissured porous media[J]. Rock Mechanics and Rock Engineering，49（2）：477-485.

Ma J J，Yin P J，Huang L C，et al.，2019. The application of distinct lattice spring model to study the mechanism of zonal disintegration within deep rock masses[J]. Tunneling and Underground Space Technology，90：144-161.

Ma J J，Zhao G F，2018. Borehole stability analysis in fractured porous media associated with elastoplastic damage response[J]. International Journal of Geomechanics，18（5）：04018022.

Ma J J，Zhao G F，Khalili N，2016a. A fully coupled flow deformation model for elasto-plastic damage analysis in saturated fractured porous media[J]. International Journal of Plasticity，76：29-50.

Ma J J，Zhao G F，Khalili N，2016b. An elastoplastic damage model for fractured porous media[J]. Mechanics of Materials，100：41-54.

Martin R J，1980. Pore pressure stabilization of failure in westerly granite[J]. Geophysical Research Letters，7（5）：404-406.

Mashayekhi M，Ziaei-Rad S，Parvizian J，et al.，2005. Numerical analysis of damage evolution in ductile solids[J]. Structural Durability & Health Monitoring，1（1）：67-82.

Mogi K，2007. Experimental rock mechanics[M]. London：Taylor & Francis.

Mohamad-Hussein A，Shao J F，2007. An elastoplastic damage model for semi-brittle rocks[J]. Geomechanics and Geoengineering，2（4）：253-267.

Montáns F J，2000. Bounding surface plasticity model with extended Masing behavior[J]. Computer Methods in Applied Mechanics and Engineering，182（1-2）：135-162.

Mortara G，2009. A hierarchical single yield surface for frictional materials[J]. Computers and Geotechnics，36（6）：960-967.

Mortazavi A，Molladavoodi H，2010. Development of a damage-based constitutive model for brittle rocks[C]//The 44th

US Rock Mechanics Symposium and 5th U.S.-Canada Rock Mechanics Symposium，Salt Lake City.

Morris J P，Lomov I N，Glenn L A，2003. A constitutive model for stress-induced permeability and porosity evolution of Berea sandstone[J]. Journal of Geophysical Research：Solid Earth，108（B10）：2485-2496.

Nemat-Nasser S，Obata M，1988. A microcrack model of dilatancy in brittle materials[J]. Journal of Applied Mechanics，55（1）：24-35.

Nguyen G D，2005. A thermodynamic approach to constitutive modelling of concrete using damage mechanics and plasticity theory[D]. Oxford：University of Oxford.

Oda M，Takemura T，Aoki T，2002. Damage growth and permeability change in triaxial compression tests of Inada granite[J]. Mechanics of Materials，34：313-331.

Ofoegbu G I，Curran J H，1992. Deformability of intact rock[J]. International Journal of Rock Mechanics and Mining Sciences & Geomechanics Abstracts，29（1）：35-48.

Olsson W A，1999. Theoretical and experimental investigation of compaction bands in porous rock[J]. Journal of Geophysical Research：Solid Earth，104（B4）：7219-7228.

Ortiz M，Simo J C，1986. An analysis of a new class of integration algorithms for elastoplastic constitutive relations[J]. International Journal for Numerical Methods in Engineering，23（3）：353-366.

Ozturk H，2003. Development of a local degradation approach to the modelling of brittle fracture in heterogeneous rocks[J]. International Journal of Rock Mechanics and Mining Sciences，40（2）：277-278.

Pan J B，Lee C C，Lee C H，et al.，2010. Application of fracture network model with crack permeability tensor on flow and transport in fractured rock[J]. Engineering Geology，116（1-2）：166-177.

Pao W K S，Lewis R W，2002. Three-dimensional finite element simulation of three-phase flow in a deforming fissured reservoir[J]. Computer Methods in Applied Mechanics and Engineering，191（23-24）：2631-2659.

Pensee V，Kondo D，2003. Micromechanics of anisotropic brittle damage：Comparative analysis between a stress based and a strain based formulation[J]. Mechanics of Materials，35（8）：747-761.

Pride S R，Berryman J G，1998. Connecting theory to experiment in poroelasticity[J]. Journal of the Mechanics and Physics of Solids，46（4）：719-747.

Ren Z，Peng X，Yang C，2008. Micromechanical damage model for rocks and concretes subjected to coupled tensile and shear stresses[J]. Acta Mechanica Solida Sinica，21（3）：232-240.

Rudnicki J W，2001. Coupled deformation-diffusion effects in the mechanics of faulting and failure of geomaterials[J]. Applied Mechanics Reviews，54（6）：483-502.

Salari M R，Saeb S，Willam K J，et al.，2004. A coupled elastoplastic damage model for geomaterials[J]. Computer Methods in Applied Mechanics and Engineering，193（27-29）：2625-2643.

Shah K R，1997. An elasto-plastic constitutive model for brittle-ductile transition in porous rocks[J]. International Journal of Rock Mechanics and Mining Sciences，34（3-4）：283.e1-283.e13.

Shao J F，Jia Y，Kondo D，et al.，2006. A coupled elastoplastic damage model for semi-brittle materials and extension to unsaturated conditions[J]. Mechanics of Materials，38（3）：218-232.

Shao J F，Rudnicki J W，2000. A microcrack-based continuous damage model for brittle geomaterials[J]. Mechanics of Materials，32（10）：607-619.

Shen X P，Mroz Z，Xu B Y，2001. Constitutive theory of plasticity coupled with orthotropic damage for geomaterials[J]. Applied Mathematics and Mechanics，22（9）：1028-1034.

Sheorey P R，1997. Empirical rock failure criteria[M]. Rotterdam：A. A. Balkema Publishers.

Shimada M，2000. Mechanical behavior of rocks under high pressure conditions[M]. Rotterdam：A. A. Balkema

Publishers.

Sidoroff F，1981. Description of anisotropic damage application to elasticity[C]// International Union of Theoretical and Applied Mechanics，Berlin.

Sinha T，Curtis J S，Hancock B C，et al.，2010. A study on the sensitivity of Drucker-Prager Cap model parameters during the decompression phase of powder compaction simulations[J]. Powder Technology，198（3）：315-324.

Sloan S W，Abbo A J，Sheng D C，2001. Refined explicit integration of elastoplastic models with automatic error control[J]. Elastoplastic Models，18（1/2）：121-154.

Sulem J，Ouffroukh H，2006. Shear banding in drained and undrained triaxial tests on a saturated sandstone：Porosity and permeability evolution[J]. International Journal of Rock Mechanics and Mining Sciences，43：292-310.

Valliappan S，Khalili-Naghadh N，1990. Flow through fissured porous-media with deformable matrix[J]. International Journal for Numerical Methods in Engineering，29（5）：1079-1094.

Valliappan S，Murti V，Wohua，Z，1990. Finite element analysis of anisotropic damage mechanics problems[J]. Engineering Fracture Mechanics，35：1061-1071.

Vinet C，Priou P，1997. Micromechanical damage model taking loading-induced anisotropy into account[J]. Aerospace Science and Technology，1：65-76.

Voyiadjis G Z，Abu-Lebdeh T M，1993. Damage model for concrete using bounding surface concept[J]. Journal of Engineering Mechanics，119：1865-1885.

Voyiadjis G Z，Kattan P I，2005. Damage mechanics[M]. Berlin：Springer.

Wan R G，Guo P J，1997. Description of brittle-ductile behaviour of rocks using a dilatancy damage model[C]// Proceedings of the Canadian Society of Civil Engineering Annual Conference，Sherbrooke.

Wang R，Kemeny J M，1993. Micromechanical modeling of tuffaceous rock for application in nuclear waste storage[J]. International Journal of Rock Mechanics and Mining Sciences and Geomechanics Abstracts，30：1351-1357.

Wang Z L，Dafalias Y F，Shen C K，1990. Bounding surface hypoplasticity model for sand[J]. Journal of Engineering Mechanics，116：983-1001.

Warren J E，Root P J，1963. The behavior of naturally fractured reservoirs[J]. Transactions of the Society of Petroleum Engineers of Aime，228：245-255.

Wawersik W R，Fairhurst C，1970. A study of brittle rock fracture in laboratory compression experiments[J]. International Journal of Rock Mechanics and Mining Sciences & Geomechanics Abstracts，7（5）：561-575.

Wilson C R，Witherspoon P A，Long J C S，et al.，1983. Large-scale hydraulic conductivity measurements in fractured granite[J]. International Journal of Rock Mechanics and Mining Sciences & Geomechanics Abstracts，20：269-276.

Wilson R K，Aifantis E C，1982. On the theory of consolidation with double porosity[J]. International Journal of Engineering Science，20（9）：1009-1035.

Wissmann J W，Hauck C，1983. Efficient elastic-plastic finite element analysis with higher order stress-point algorithms[J]. Computers and Structures，17：89-95.

Wong T F，Christian D，Zhu W，1997. The transition from brittle faulting to cataclastic flow in porous sandston：Mechanical deformation[J]. Journal of Geophysical Research：Solid Earth，102：3009-3025.

Wong T F，Wong R H C，Chau K T，et al.，2006. Microcrack statistics，weibull distribution and micromechanical modeling of compressive failure in rock[J]. Mechanics of Materials，38：664-681.

Wu Y Q，Huang F L，2009. A micromechanical model for predicting combined damage of particles and interface debonding in PBX explosives[J]. Mechanics of Materials，41：27-47.

Yale D P，2002. Coupled geomechanics-fluid flow modeling：Effects of plasticity and permeability alteration[C]//SPE/ISRM Rock Mechanics Conference，Irving.

Yazdchi M，Valliappan S，Zhang W，1996. A continuum model for dynamic damage evolution of anisotropic brittle materials[J]. International Journal for Numerical Methods in Engineering，39：1555-1583.

Yuan S C，Harrison J P，2006. A review of the state of the art in modelling progressive mechanical breakdown and associated fluid flow in intact heterogeneous rocks[J]. International Journal of Rock Mechanics and Mining Sciences，43：1001-1022.

Zhang P，Li N，Li X B，et al.，2009. Compressive failure model for bittle rocks by shear faulting and its evolution of strength components[J]. International Journal of Rock Mechanics and Mining Sciences，46：830-841.

Zhang S，Paterson M S，Cox S F，1994. Porosity and permeability evolution during hot isostatic pressing of calcite aggregates[J]. Journal of Geophysical Research，99：15741-15760.

Zhang W，Valliappan S，1998. Continuum damage mechanics theory and application-part Ⅰ：Theory[J]. International Journal of Damage Mechanics，7：250-273.

Zhao J，Sheng D，Rouainia M，et al.，2005. Explicit stress integration of complex soil models[J]. International Journal for Numerical and Analytical Methods in Geomechanics，29：1209-1229.

Zhou C Y，Zhu F X，2010. An elasto-plastic damage constitutive model with double yield surfaces for saturated soft rock[J]. International Journal of Rock Mechanics and Mining Sciences，47：385-395.

Zhou X P，Yang H Q，2007. Micromechanical modeling of dynamic compressive responses of mesoscopic heterogenous brittle rock[J]. Theoretical and Applied Fracture Mechanics，48：1-20.

Zhu Q Z，Kondo D，Shao J F，et al.，2008a. Micromechanical modelling of anisotropic damage in brittle rocks and application[J]. International Journal of Rock Mechanics and Mining Sciences，45（4）：467-477.

Zhu Q Z，Kondo D，Shao J F，2008b. Micromechanical analysis of coupling between anisotropic damage and friction in quasi brittle materials：Role of the homogenization scheme[J]. International Journal of Solids and Structures，45：1385-1405.

Zhu W，Walsh J B，2006. A new model for analyzing the effect of fractures on triaxial deformation[J]. International Journal of Rock Mechanics and Mining Sciences，43：1241-1255.

Zhu W C，Tang C A，2004. Micromechanical model for simulating the fracture process of rock[J]. Rock Mechanics and Rock Engineering，37：25-56.

Zhu W L，David C，Wong T F，1995. Network modeling of permeability evolution during cementation and hot isostatic pressing[J]. Journal of Geophysical Research：Solid Earth，100（B8）：15451-15464.

Zhu W L，Montési L G J，Wong T F，2007. A probabilistic damage model of stress-induced permeability anisotropy during cataclastic flow[J]. Journal of Geophysical Research：Solid Earth，112：B10207.

Zhu W L，Wong T F，1996. Permeability reduction in a dilating rock：Network modeling of damage and tortuosity[J]. Geophysical Research Letters，23（22）：3099-3102.

Zhu W L，Wong T F，1997. The transition from brittle faulting to cataclastic flow：Permeability evolution[J]. Journal of Geophysical Research：Solid Earth，102：3027-3041.

第 2 章　双重孔隙介质流固耦合数值模型

2.1　引　　言

双重孔隙介质理论一般假定岩石等多孔隙介质含有两种渗透率差异较大的渗流通道，即裂隙网络和孔隙结构；其中，裂隙网络提供了渗流的主要通道，而孔隙结构则提供了大量的流体介质存储空间。例如，在城市地铁建设中，经常会遇到隧道围岩的渗水问题，这些渗流通道位置不一，主要分布在大裂隙及水压力较大的区域，这说明裂隙作为渗流的主要通道，在工程建设中必须加以重视。同时，我们在工程建设中也发现，裂隙和孔隙在很多情况下相互重叠，在压差作用下也发生存储流体交换，一直到两种介质中的存储流体达到压力平衡。典型的问题就是含裂隙软岩或者软土的固结问题，两种介质的固结时间并非一致，如果采用传统的单孔隙介质理论求解，很难解释两种介质内的孔隙压力变化和固结特征。此外，在工程建设中也发现，多孔隙介质中存在着复杂的渗流-形变耦合作用，即孔隙压力的升降会影响介质的强度、形变、损伤演化等，反之亦然。因此，在隧道和地下空间建设、油气资源开采、采矿工程等领域，必须考虑双重孔隙介质的流固耦合，才能准确预测油气产量，科学设计井壁或者隧道支护结构，科学防水堵漏，保证生产安全。因此，渗流理论、弹塑性损伤理论、流固耦合理论、双重孔隙介质理论是本章讨论的重点。

本章在宏观尺度上，基于质量守恒定律和动量守恒定律的微分控制方程，引入有效应力概念，并结合相容性和一致性条件，建立了考虑损伤和塑性变形的流固耦合数值模型。在该模型中，孔隙水压力、裂隙水压力、损伤变量和固体骨架位移矢量为微分控制方程的主要变量；在形变模型中，综合考虑了材料弹性和弹塑性状态，提出了材料损伤的控制方程。流固耦合数值模型中所有参数均可根据实际物理实验来确定，第 6 章对模型进行了验证，第 7 章探索了该模型的工程应用潜力和价值。

2.2　符 号 规 定

本章采用连续介质力学符号表达惯例，以压缩（应力和应变）为负，以拉伸（或者膨胀）为正。平均静水压力（p）和体积应变（ε_v）的定义分别为$p=-(\sigma_1+\sigma_2+\sigma_3)/3$、

$\varepsilon_v = -(\varepsilon_1 + \varepsilon_2 + \varepsilon_3)$。同样，水压力以压缩为正，张力和吸力为负。本章采用紧凑的矩阵-向量表示法，用粗体符号和字母表示矩阵和向量，其中，$\nabla(\cdot) = \partial(\cdot)/\partial x$ 为空间梯度，$\mathrm{div}(\cdot) = \nabla\cdot(\cdot)$ 为散度算子，单位向量定义为 $\boldsymbol{\delta} = \{1 \quad 1 \quad 1 \quad 0 \quad 0 \quad 0\}^{\mathrm{T}}$。

2.3 基本概念

在 Khalili 和 Valliappan（1996）提出的完全饱和多孔隙介质渗流形变理论基础上，本章提出了更为严格和完整的流固耦合数值模型。从材料的细观尺度出发，在代表性单元体积内可识别出三种介质：固体骨架、孔隙结构和裂隙网络（图 2.1）。代表性单元中的主要相为固相（s）和液相（w），其中液相位于孔隙结构（V_1）和裂隙网络（V_2）两种渗流通道中。每个物理介质都可以看作一个独立的个体，即每个介质具有对应的运动控制方程、质量和动量。在每个介质点上都存在孔隙水压力（p_1）和裂隙水压力（p_2）两种压力。固体和流体均可轻微压缩，在特殊规定的情况下，流体也可为不可压缩介质。假定裂隙网络天然存在，并且具有一定的强度，可视为连续介质。在流固耦合过程中，裂隙网络的张开和闭合遵循一定的力学规律（Ma，2014；Ma et al.，2016a）。本书第 3 章提出了多孔隙介质弹塑性损伤模型，可用来描述由损伤引起的裂隙网络整体数量的增加或者新裂纹的形成。

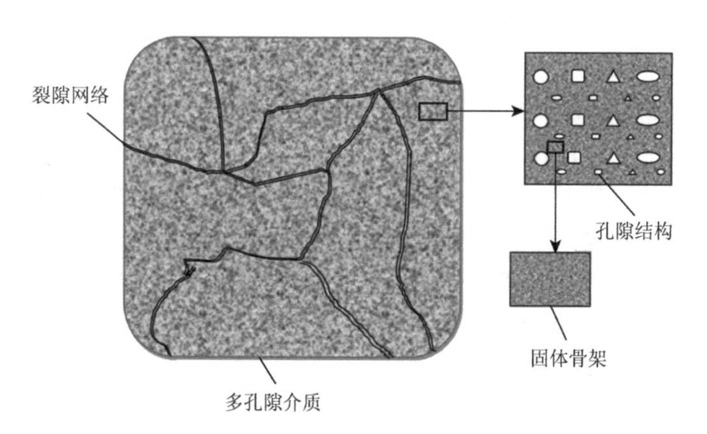

图 2.1　不同尺度下的多孔隙介质示意图（Ma，2014）

多孔隙介质的总体积 V_{total} 和总质量 M_{total} 可表达如下：

$$\begin{cases} V_{\text{total}} = V_{\mathrm{s}} + V_1 + V_2 \\ M_{\text{total}} = M_{\mathrm{s}} + M_{\mathrm{w}}^1 + M_{\mathrm{w}}^2 \end{cases} \tag{2.1}$$

使用下标定义本征量，使用上标定义表观量；相的体积分数 φ_α（$\alpha = \mathrm{s}, \mathrm{w}, 1, 2$，分

别代表固体、液体、孔隙水和裂隙水）如下式：

$$\varphi_\alpha = V_\alpha / V_{\text{total}} \tag{2.2}$$

表观相的体积分数满足：

$$\varphi_s + \varphi_1 + \varphi_2 = 1 \tag{2.3}$$

本征质量密度可表示为

$$\rho_\alpha = M_\alpha / V_\alpha \tag{2.4}$$

表观质量密度可定义为

$$\rho^\alpha = M_\alpha / V_{\text{total}} \tag{2.5}$$

两种密度的关系如下：

$$\rho^\alpha = \varphi_\alpha \rho_\alpha \tag{2.6}$$

2.4　有效应力概念

在多孔隙介质中，有效应力是一个十分重要的地质力学概念，用于表示固体骨架的本构关系。同时，有效应力还可作为一个桥梁，将固体骨架的变形与双重孔隙系统内液体体积变化关联起来。因此，有效应力定义为：孔隙结构和裂隙网络中的水压力对固体骨架应力的贡献。根据 Khalili 和 Valliappan（1996）的流固耦合理论框架，有效应力（$\dot{\boldsymbol{\sigma}}'$）方程的增量形式为

$$\dot{\boldsymbol{\sigma}}' = \dot{\boldsymbol{\sigma}} - \alpha_1 \dot{p}_1 \boldsymbol{\delta} - \alpha_2 \dot{p}_2 \boldsymbol{\delta} \tag{2.7}$$

式中，$\dot{\boldsymbol{\sigma}}$ 为总应力增量，$\boldsymbol{\delta}$ 为克罗内克运算符，$\dot{p}_1$ 为孔隙结构流体压力增量，$\dot{p}_2$ 为裂隙网络流体压力增量。α_1 和 α_2 为有效应力参数，可以通过 $\alpha_1 = c_p/c - c_s/c$ 和 $\alpha_2 = 1 - c_p/c$ 计算。其中，c_p，c_s 和 c 分别为孔隙结构、固体骨架和多孔隙介质的排水切线弹性压缩系数。若忽略固体骨架的压缩性，$\alpha_1 = c_p/c$，$\alpha_2 = 1 - c_p/c = 1 - \alpha_1$。因此，式（2.7）可简化为 Barenblatt 等（1960）提出的方程，该方程假定多孔隙介质为刚体。在 Tuncay 和 Corapcioglu（1995）提出的模型中，也可以找到类似的双重孔隙介质有效应力方程。

2.5　损伤变量和真实应力概念

损伤变量（D）是连续介质热力学框架下量化微裂纹影响的内部变量，它是各向同性介质在力学过程中的损伤标量，也是各向异性介质在力学过程的损伤张量。应力（σ）定义为作用于完整材料单位面积上的内力。而对于损伤材料，在各向同性变形假设下，应力（σ）是作用于损伤材料单位面积上的内力。基于互

补能量等效假设，将损伤变量与损伤状态的真实应力（σ^{t}）及未损伤状态下对应的潜在应力（σ）关联（Ma，2014；Ma et al.，2016b）：

$$\sigma^{t} = \frac{\sigma}{1-D} \tag{2.8}$$

损伤变量的初始值（D_0）可以通过破碎面积占总面积的比例来估计，即随着损伤的发展，材料经历了劣化过程，材料的宏观力学性能随着微裂纹的积累而降低。

2.6 控制方程

2.6.1 模型框架结构

流固耦合数值模型框架由两个相互独立但又重叠的模型组成，即形变模型和渗流模型。本章基于弹塑性损伤模型建立形变模型，该模型满足总应力平衡、相容性和一致性条件。渗流模型建立在达西定律、有效应力原理、质量守恒定律和动量守恒定律以及弹塑性理论的基础之上；同时，该模型假定存在两个相互作用的流体流动区域，即水在孔隙结构中的流动和水在裂隙网络中的流动，这两个渗流通道通过一个控制流体质量交互耦合项，描述孔隙结构中的流体流入裂隙网络，反之亦然。假定任何一点的流体传输速率取决于孔隙结构与裂隙网络之间的液体压差、孔隙结构的渗透率和裂隙尺度。值得注意的是，应力引起的渗透率变化可通过第 4 章提出的渗透率演化模型来描述。基于有效应力概念、质量平衡方程、固体和液体体积变形相容性条件等，实现了渗流模型和形变模型之间的耦合；流固耦合数值模型的主要变量为孔隙水压力、裂隙水压力和固体骨架位移矢量（Ma，2014；Ma et al.，2016a）。

2.6.2 形变模型

考察一个代表性体积单元，该单元被可压缩流体完全饱和填充，不考虑内力作用，整个单元的力学平衡方程可表示为

$$\mathrm{div}\boldsymbol{\sigma} + \boldsymbol{F} = \boldsymbol{0} \tag{2.9}$$

其中，$\boldsymbol{\sigma}$ 是总外应力，$\boldsymbol{F}$ 是单位体积力。

有效应力（$\dot{\boldsymbol{\sigma}}'$）方程的增量形式可以表达为

$$\dot{\boldsymbol{\sigma}}' = \dot{\boldsymbol{\sigma}} - \alpha_1 \dot{p}_1 \boldsymbol{\delta} - \alpha_2 \dot{p}_2 \boldsymbol{\delta} \tag{2.10}$$

应力-应变增量关系表示为

$$\dot{\boldsymbol{\sigma}}' = \left[\boldsymbol{C}(D)\right]\dot{\boldsymbol{\varepsilon}} \tag{2.11}$$

式中，$\boldsymbol{C}(D)$ 为损伤材料的排水切线刚度，$\dot{\boldsymbol{\varepsilon}}$ 为固体骨架的应变增量。考虑小变形时，总应变可表达为

$$\boldsymbol{\varepsilon}=\frac{1}{2}(\nabla\boldsymbol{u}+\boldsymbol{u}\nabla)=\nabla_{\text{sym}}\boldsymbol{u} \tag{2.12}$$

其中，$\boldsymbol{u}$ 表示固体骨架的位移矢量。结合式（2.9）～式（2.12）可得出形变模型的控制方程式（Ma，2014；Ma et al.，2016a）：

$$\operatorname{div}\left[\left[\boldsymbol{C}(D)\right]\left(\nabla_{\text{sym}}\dot{\boldsymbol{u}}\right)+\alpha_1\dot{p}_1\boldsymbol{\delta}+\alpha_2\dot{p}_2\boldsymbol{\delta}\right]+\dot{\boldsymbol{F}}=\boldsymbol{0} \tag{2.13}$$

值得注意的是，如果忽略荷载导致的损伤及裂纹扩展情况，形变模型控制方程式（2.13）可以简化为 Khalili 等（2008）提出的纯弹性形变模型。

2.6.3　渗流模型

基于达西定律与流体质量平衡方程，可描述多孔隙介质中的液体流动；假设不考虑流体的黏聚力，达西定律的数学表达式为

$$\boldsymbol{v}_\alpha^{\mathrm{r}}=-\frac{k_\alpha}{\mu}\left(\nabla p_\alpha+\rho_{\mathrm{f}}\boldsymbol{g}\right),\quad \alpha=1,2 \tag{2.14}$$

其中，$\boldsymbol{v}_\alpha^{\mathrm{r}}$ 是流体的相对速度矢量，μ 是流体的动态黏度，k_α 是平均渗透率，p_α 是流体压力，ρ_{f} 是流体的密度，$\boldsymbol{g}$ 是重力加速度矢量。注意，$\alpha=1$ 代表孔隙结构，$\alpha=2$ 代表裂隙网络。流体相对于移动的固体骨架的相对速度定义为（Ma，2014；Ma et al.，2016a）

$$\boldsymbol{v}_\alpha^{\mathrm{r}}=\varphi_\alpha(\boldsymbol{v}_\alpha-\boldsymbol{v}_{\mathrm{s}}) \tag{2.15}$$

其中，φ_α 为孔隙率，$\boldsymbol{v}_\alpha$ 为流体的绝对速度，$\boldsymbol{v}_{\mathrm{s}}$ 为固体骨架绝对速度。

流体和固体骨架的绝对速度描述为

$$\boldsymbol{v}_\alpha=\frac{\partial\boldsymbol{u}_\alpha}{\partial t},\quad \boldsymbol{v}_{\mathrm{s}}=\frac{\partial\boldsymbol{u}}{\partial t} \tag{2.16}$$

式中，$\boldsymbol{u}_\alpha$、$\boldsymbol{u}$ 分别为流体和固体骨架的位移矢量。

考虑孔隙结构与裂隙网络之间的流体交换，两种渗流通道中流体的质量平衡方程为（Ma，2014；Ma et al.，2016a）

$$\operatorname{div}(\varphi_\alpha\rho_{\mathrm{f}}\boldsymbol{v}_\alpha)+\frac{\partial}{\partial t}(\varphi_\alpha\rho_{\mathrm{f}})+(-1)^\alpha\varOmega=0 \tag{2.17}$$

其中，$\varOmega$ 为两种渗流通道中流体质量的交互耦合项，可以定义为流体从孔隙结构到裂隙网络的流动速率，反之亦然。

将式（2.15）代入式（2.17）可得

$$-\operatorname{div}(\varphi_\alpha\rho_{\mathrm{f}}\boldsymbol{v}_{\mathrm{s}})-\operatorname{div}(\rho_{\mathrm{f}}\boldsymbol{v}_\alpha^{\mathrm{r}})=\frac{\partial}{\partial t}(\varphi_\alpha\rho_{\mathrm{f}})+(-1)^\alpha\varOmega \tag{2.18}$$

基于移动的固体骨架的拉格朗日全导数$\mathrm{d}_{\mathrm{s}}(\bullet)/\mathrm{d}t=\partial(\bullet)/\partial t+\nabla(\bullet)\cdot\boldsymbol{v}_{\mathrm{s}}$和移动的流体的拉格朗日全导数$\mathrm{d}_{\alpha}(\bullet)/\mathrm{d}t=\partial(\bullet)/\partial t+\nabla(\bullet)\cdot\boldsymbol{v}_{\alpha}$，使用向量单位矩阵，$\mathrm{div}\left[(\bullet)\boldsymbol{v}_{\alpha}\right]=(\bullet)\mathrm{div}(\boldsymbol{v}_{\alpha})+\nabla(\bullet)\cdot\boldsymbol{v}_{\alpha}$，式（2.18）可以重新表达为（Ma，2014；Ma et al.，2016a）

$$-\rho_{\mathrm{f}}\mathrm{div}(\boldsymbol{v}_{\alpha}^{\mathrm{r}})=\varphi_{\alpha}\frac{\mathrm{d}_{\alpha}\rho_{\mathrm{f}}}{\mathrm{d}t}+\rho_{\mathrm{f}}\frac{\mathrm{d}_{\mathrm{s}}\varphi_{\alpha}}{\mathrm{d}t}+\varphi_{\alpha}\rho_{\mathrm{f}}\mathrm{div}(\boldsymbol{v}_{\mathrm{s}})+(-1)^{\alpha}\Omega \tag{2.19}$$

流体压缩系数（c_{f}）由其定义和孔隙率得到

$$\frac{\mathrm{d}_{\alpha}\rho_{\mathrm{f}}}{\mathrm{d}t}=\rho_{\mathrm{f}}c_{\mathrm{f}}\frac{\mathrm{d}_{\alpha}p_{\alpha}}{\mathrm{d}t} \tag{2.20}$$

考虑孔隙率的定义$\varphi_{\alpha}=V_{\alpha}/V_{\mathrm{total}}$，有

$$\frac{\mathrm{d}_{\mathrm{s}}\varphi_{\alpha}}{\mathrm{d}t}=\frac{1}{V_{\mathrm{total}}}\left(\frac{\mathrm{d}_{\mathrm{s}}V_{\alpha}}{\mathrm{d}t}-\varphi_{\alpha}\frac{\mathrm{d}_{\mathrm{s}}V_{\mathrm{total}}}{\mathrm{d}t}\right) \tag{2.21}$$

式中，V_{α}为孔隙结构体积（$\alpha=1$）和裂隙网络体积（$\alpha=2$），V_{total}为多孔隙介质的总体积。需要注意的是

$$\frac{1}{V_{\mathrm{total}}}\frac{\mathrm{d}_{\mathrm{s}}V_{\mathrm{total}}}{\mathrm{d}t}=\mathrm{div}(\boldsymbol{v}_{\mathrm{s}}) \tag{2.22}$$

因此，将式（2.14）、式（2.20）～式（2.22）代入式（2.19）可得流体通过完全饱和可变形多孔隙介质的控制方程

$$\mathrm{div}\left[\frac{\boldsymbol{k}_{\alpha}}{\mu}(\nabla p_{\alpha}+\rho_{\mathrm{f}}\boldsymbol{g})\right]=\varphi_{\alpha}c_{\mathrm{f}}\frac{\mathrm{d}_{\alpha}p_{\alpha}}{\mathrm{d}t}+\frac{1}{V_{\mathrm{total}}}\frac{\mathrm{d}_{\mathrm{s}}V_{\alpha}}{\mathrm{d}t}+(-1)^{\alpha}\frac{1}{\rho_{\mathrm{f}}}\Omega \tag{2.23}$$

2.6.4　本构关系

本节提出了两类本构关系：固体骨架的应力-应变响应、孔隙结构/裂隙网络的应力-应变体积变形，同时在其中考虑了弹性变形和弹塑性损伤变形。

1. 热力学框架下的应力-应变关系

根据连续损伤力学（Kachanov，1958；Lemaitre，1984），不可恢复能量耗散包括两部分：弹性损伤部分φ_{e}和塑性损伤部分φ_{p}。在等温条件下，取自由能φ为热力学势函数：

$$\varphi=\varphi_{\mathrm{e}}(\boldsymbol{\varepsilon}^{\mathrm{e}},D)+\varphi_{\mathrm{p}} \tag{2.24}$$

或者

$$\varphi=\frac{1}{2}\left[\boldsymbol{\varepsilon}^{\mathrm{e}}\right]^{\mathrm{T}}\left[\boldsymbol{C}^{\mathrm{e}}(D)\right]\left[\boldsymbol{\varepsilon}^{\mathrm{e}}\right]+\varphi_{\mathrm{p}} \tag{2.25}$$

其中，$\boldsymbol{\varepsilon}^{\mathrm{e}}$为弹性应变，$D$为损伤变量，$\boldsymbol{C}^{\mathrm{e}}(D)$为损伤变量的弹性刚度张量。

基于弹性应变的热力学势函数，推导得到应力的状态方程为（Ma，2014；Ma et al.，2016b）

$$\boldsymbol{\sigma}' = \frac{\partial \varphi}{\partial \boldsymbol{\varepsilon}^{\mathrm{e}}} = \left[\boldsymbol{C}^{\mathrm{e}}(D)\right]\left[\boldsymbol{\varepsilon}^{\mathrm{e}}\right] \tag{2.26}$$

因此，弹性应力增量可以通过式（2.26）的偏微分计算：

$$\dot{\boldsymbol{\sigma}}' = \frac{\partial\left[\boldsymbol{C}^{\mathrm{e}}(D)\right]}{\partial D} : (\boldsymbol{\varepsilon}^{\mathrm{e}}) \cdot \dot{D} + \left[\boldsymbol{C}^{\mathrm{e}}(D)\right] : \dot{\boldsymbol{\varepsilon}}^{\mathrm{e}} \tag{2.27}$$

考虑互补能量等效假设，损伤变量的弹性刚度张量为

$$\boldsymbol{C}^{\mathrm{e}}(D) = (1-D)^2 \boldsymbol{C}^{\mathrm{e}} \tag{2.28}$$

其中，$\boldsymbol{C}^{\mathrm{e}}$ 为完整材料的弹性刚度张量。

将式（2.28）代入式（2.27）得到

$$\dot{\boldsymbol{\sigma}}' = -\frac{2\dot{D}}{1-D}\left[\boldsymbol{C}^{\mathrm{e}}(D)\right] : \boldsymbol{\varepsilon}^{\mathrm{e}} + \left[\boldsymbol{C}^{\mathrm{e}}(D)\right] : \dot{\boldsymbol{\varepsilon}}^{\mathrm{e}} \tag{2.29}$$

或者

$$\dot{\boldsymbol{\sigma}}' = \left[\boldsymbol{C}^{\mathrm{e}}(D)\right] : \dot{\boldsymbol{\varepsilon}}_d^{\mathrm{e}} \tag{2.30}$$

$$\dot{\boldsymbol{\varepsilon}}_d^{\mathrm{e}} = \dot{\boldsymbol{\varepsilon}}^{\mathrm{e}} - \frac{2\dot{D}}{1-D}\boldsymbol{\varepsilon}^{\mathrm{e}} \tag{2.31}$$

对于未损伤的材料，弹性应力增量可记为式（2.27），忽略损伤参数后可表示为

$$\dot{\boldsymbol{\sigma}}' = \boldsymbol{C}^{\mathrm{e}} : \dot{\boldsymbol{\varepsilon}}^{\mathrm{e}} \tag{2.32}$$

2. 弹性本构方程

利用贝蒂互易定理（Khalili and Valliappan，1996）可以得到完全饱和多孔隙介质的弹性本构方程，弹性应变分量（$\dot{\boldsymbol{\varepsilon}}^{\mathrm{e}}$，$-\dot{V}_\alpha^{\mathrm{e}}/V_{\mathrm{total}}$）与弹性应力分量（$\dot{\boldsymbol{\sigma}}$，$\dot{p}_\alpha$）之间的关系可表示为（Ma，2014；Ma et al.，2016a）

$$\dot{\boldsymbol{\varepsilon}}^{\mathrm{e}} = \dot{\boldsymbol{\varepsilon}}_d^{\mathrm{e}} + \frac{2\dot{D}}{1-D}\boldsymbol{\varepsilon}^{\mathrm{e}} = \left[\boldsymbol{C}^{\mathrm{e}}(D)\right]^{-1}(\dot{\boldsymbol{\sigma}} - \alpha_1 \dot{p}_1 \boldsymbol{\delta} - \alpha_2 \dot{p}_2 \boldsymbol{\delta}) + \frac{2\dot{D}}{1-D}\boldsymbol{\varepsilon}^{\mathrm{e}} \tag{2.33a}$$

$$-\frac{\dot{V}_1^{\mathrm{e}}}{V_{\mathrm{total}}} = \alpha_1 \dot{\varepsilon}_{\mathrm{v}}^{\mathrm{e}} - a_{11}^{\mathrm{e}} \dot{p}_1 + a_{12}^{\mathrm{e}}(\dot{p}_2 - \dot{p}_1) \tag{2.33b}$$

$$-\frac{\dot{V}_2^{\mathrm{e}}}{V_{\mathrm{total}}} = \alpha_2 \dot{\varepsilon}_{\mathrm{v}}^{\mathrm{e}} - a_{22}^{\mathrm{e}} \dot{p}_2 + a_{21}^{\mathrm{e}}(\dot{p}_1 - \dot{p}_2) \tag{2.33c}$$

其中，a_{11}^{e}，a_{22}^{e}，a_{12}^{e} 和 a_{21}^{e} 为多孔隙介质变形和流体压力变化相关的弹性系数，$\dot{\varepsilon}_{\mathrm{v}}^{\mathrm{e}}$ 为弹性体积应变率，$\boldsymbol{C}^{\mathrm{e}}(D)$ 为损伤变量的弹性刚度张量。对于未损伤材料，$\boldsymbol{C}^{\mathrm{e}}(D)$ 则用固有弹性刚度张量代替。弹性刚度张量 $\boldsymbol{C}^{\mathrm{e}}(D)$ 可以通过线性弹性假设得到（Khalili and Valliappan，1996）：

$$a_{11}^{\mathrm{e}} = \varphi_1 c_{\mathrm{f}} + a_{12}^{\mathrm{e}} \tag{2.34a}$$

$$a_{22}^{\mathrm{e}} = \varphi_2 c_{\mathrm{f}} + a_{21}^{\mathrm{e}} \tag{2.34b}$$

$$a_{12}^{\mathrm{e}} = a_{21}^{\mathrm{e}} = \left(\alpha_1 \alpha_2 - \frac{\varphi_1 \varphi_2}{\varphi_1 + \varphi_2} \right) c \tag{2.34c}$$

其中，c_{f} 为流体压缩系数，c 为固体压缩系数。

对于未损伤材料，弹性应力-应变关系为（Ma，2014；Ma et al.，2016a）

$$\dot{\boldsymbol{\varepsilon}}^{\mathrm{e}} = \boldsymbol{C}^{\mathrm{e}-1}(\dot{\boldsymbol{\sigma}} - \alpha_1 \dot{p}_1 \boldsymbol{\delta} - \alpha_2 \dot{p}_2 \boldsymbol{\delta}) \tag{2.35a}$$

$$-\frac{\dot{V}_1^{\mathrm{e}}}{V_{\mathrm{total}}} = \alpha_1 \dot{\varepsilon}_{\mathrm{v}}^{\mathrm{e}} - a_{11}^{\mathrm{e}} \dot{p}_1 + a_{12}^{\mathrm{e}} (\dot{p}_2 - \dot{p}_1) \tag{2.35b}$$

$$-\frac{\dot{V}_2^{\mathrm{e}}}{V_{\mathrm{total}}} = \alpha_2 \dot{\varepsilon}_{\mathrm{v}}^{\mathrm{e}} - a_{22}^{\mathrm{e}} \dot{p}_2 + a_{21}^{\mathrm{e}} (\dot{p}_1 - \dot{p}_2) \tag{2.35c}$$

因此，在不考虑损伤的情况下，式（2.34）和式（2.35）可简化为 Khalili 和 Valliappan（1996）的纯弹性多孔隙介质本构方程。

3. 弹塑性本构方程

基于 Khalili 等（2008）的研究，假定塑性来自于多孔隙介质固体骨架，孔隙结构和裂隙网络中的流体均为线性可压缩正压流体。本章在有效应力空间内建立弹塑性损伤模型，将屈服面定义为塑性硬化参数和损伤参数的函数。对于固体骨架，有效应力增量与弹性应变的关系可以表达为（Ma，2014；Ma et al.，2016a）

$$\dot{\boldsymbol{\sigma}}' = \frac{\partial \left[\boldsymbol{C}^{\mathrm{e}}(D) \right]}{\partial D} : (\boldsymbol{\varepsilon}^{\mathrm{e}}) \dot{D} + \left[\boldsymbol{C}^{\mathrm{e}}(D) \right] : \dot{\boldsymbol{\varepsilon}}^{\mathrm{e}} \tag{2.36}$$

固体骨架的应变总增量和流体体积变化率均由弹性（上标“e”）和塑性部分（上标“p”）组成：

$$\dot{\boldsymbol{\varepsilon}} = \dot{\boldsymbol{\varepsilon}}^{\mathrm{e}} + \dot{\boldsymbol{\varepsilon}}^{\mathrm{p}} \tag{2.37a}$$

$$\frac{\dot{V}_\alpha}{V_{\mathrm{total}}} = \frac{\dot{V}_\alpha^{\mathrm{e}}}{V_{\mathrm{total}}} + \frac{\dot{V}_\alpha^{\mathrm{p}}}{V_{\mathrm{total}}} \tag{2.37b}$$

基于塑性理论和几何塑性流动规律，可推导出塑性变形：

$$\dot{\boldsymbol{\varepsilon}}^{\mathrm{p}} = \dot{\lambda} \frac{\partial g}{\partial \boldsymbol{\sigma}'} \tag{2.38}$$

$$\frac{\dot{V}_\alpha^{\mathrm{p}}}{V_{\mathrm{total}}} = \dot{\lambda} \frac{\partial g}{\partial p_\alpha} \tag{2.39}$$

式中，$\dot{\lambda}$ 和 g 分别为塑性比例系数和塑性势函数。考虑有效应力的定义，式（2.35a）和式（2.35b）可分别表达为（Ma，2014；Ma et al.，2016a）

$$\dot{\boldsymbol{\varepsilon}}^{\mathrm{p}} = \dot{\lambda} \frac{\partial g}{\partial \boldsymbol{\sigma}'} \tag{2.40}$$

$$\frac{\dot{V}_{\alpha}^{\mathrm{p}}}{V_{\mathrm{total}}}=\dot{\lambda}\frac{\partial g}{\partial p_{\alpha}}=\dot{\lambda}\frac{\partial g}{\partial \boldsymbol{\sigma}'}\frac{\partial \boldsymbol{\sigma}'}{\partial p_{\alpha}}=-\alpha_{\alpha}\dot{\lambda}\boldsymbol{\delta}^{\mathrm{T}}\frac{\partial g}{\partial \boldsymbol{\sigma}'} \tag{2.41}$$

因此，孔隙结构和裂隙网络中的液体因固体骨架塑性变形而产生的变形可表达为

$$-\frac{\dot{V}_{1}^{\mathrm{p}}}{V_{\mathrm{total}}}=\alpha_{1}\dot{\varepsilon}_{\mathrm{v}}^{\mathrm{p}} \tag{2.42a}$$

$$-\frac{\dot{V}_{2}^{\mathrm{p}}}{V_{\mathrm{total}}}=\alpha_{2}\dot{\varepsilon}_{\mathrm{v}}^{\mathrm{p}} \tag{2.42b}$$

屈服面可定义为损伤参数和塑性硬化参数的函数，其中，塑性硬化参数 p_{c}' 控制屈服面的尺寸，p_{c}' 是塑性体积应变和损伤的函数（Ma，2014；Ma et al.，2016a）。屈服函数表示为

$$f\left(\boldsymbol{\sigma}', p_{\mathrm{c}}'(\varepsilon_{\mathrm{v}}^{\mathrm{p}}, D)\right)=0 \tag{2.43}$$

屈服面一致性条件表示为

$$\dot{f}=\left(\frac{\partial f}{\partial \boldsymbol{\sigma}'}\right)^{\mathrm{T}}\dot{\boldsymbol{\sigma}}'+\frac{\partial f}{\partial p_{\mathrm{c}}'}\left(\frac{\partial p_{\mathrm{c}}'}{\partial \varepsilon_{\mathrm{v}}^{\mathrm{p}}}\dot{\varepsilon}_{\mathrm{v}}^{\mathrm{p}}+\frac{\partial p_{\mathrm{c}}'}{\partial D}\dot{D}\right)=0 \tag{2.44}$$

应用式（2.38），塑性体积应变率为

$$\dot{\varepsilon}_{\mathrm{v}}^{\mathrm{p}}=\dot{\lambda}\frac{\partial g}{\partial p'} \tag{2.45}$$

其中，p' 为平均有效应力（静水压力）。将式（2.45）代入式（2.44），引入硬化模量 h，一致性条件可以重新表达为（Ma，2014，2015，2018；Ma et al.，2016a）

$$\dot{f}=\left(\frac{\partial f}{\partial \boldsymbol{\sigma}'}\right)^{\mathrm{T}}\dot{\boldsymbol{\sigma}}'-\dot{\lambda}h=0 \tag{2.46}$$

因此，对于损伤材料，将式（2.36）～式（2.38）本构关系代入式（2.44）中，得到塑性比例系数

$$\dot{\lambda}=\frac{1}{H}\left(\frac{\partial f}{\partial \boldsymbol{\sigma}'}\right)^{\mathrm{T}}\left[\boldsymbol{C}^{\mathrm{e}}(D)\right]\dot{\boldsymbol{\varepsilon}}_{d} \tag{2.47}$$

其中，

$$\dot{\boldsymbol{\varepsilon}}_{d}=\dot{\boldsymbol{\varepsilon}}-\frac{2\dot{D}}{1-D}\boldsymbol{\varepsilon}^{\mathrm{e}} \tag{2.48a}$$

定义材料的强度模量 $H=H(D)$，那么，

$$H=h+\left(\frac{\partial f}{\partial \boldsymbol{\sigma}'}\right)^{\mathrm{T}}\left[\boldsymbol{C}^{\mathrm{e}}(D)\right]\left(\frac{\partial g}{\partial \boldsymbol{\sigma}'}\right) \tag{2.48b}$$

硬化模量 h 可定义为

$$h = -\frac{\partial f}{\partial p_c'}\frac{\partial g}{\partial p'}\left(\frac{\partial p_c'}{\partial \varepsilon_v^p} + \frac{\partial p_c'}{\partial D}\frac{\dot{D}}{\dot{\varepsilon}_v^p}\right) \tag{2.48c}$$

将式（2.34a）、式（2.35a）、式（2.43）代入式（2.33），得到固体骨架变形弹塑性损伤本构方程：

$$\dot{\boldsymbol{\sigma}}' = \boldsymbol{C}^{eDp}\dot{\boldsymbol{\varepsilon}}_d = \left(\left[\boldsymbol{C}^e(D)\right] - \frac{1}{H}\left[\boldsymbol{C}^e(D)\right]\left(\frac{\partial g}{\partial \boldsymbol{\sigma}'}\right)\left(\frac{\partial f}{\partial \boldsymbol{\sigma}'}\right)^T\left[\boldsymbol{C}^e(D)\right]\right)\dot{\boldsymbol{\varepsilon}}_d \tag{2.49}$$

其中，$\boldsymbol{C}^{eDp}$ 为排水条件下损伤材料的弹塑性刚度。因此，对于损伤材料，固体骨架的弹塑性损伤应力-应变增量关系可以表达为（Ma，2014；Ma et al.，2016a）

$$\dot{\boldsymbol{\sigma}} = \boldsymbol{C}^{eDp}\dot{\boldsymbol{\varepsilon}}_d + \alpha_1\dot{p}_1\boldsymbol{\delta} + \alpha_2\dot{p}_2\boldsymbol{\delta} \tag{2.50}$$

对于未损伤材料，固体骨架变形弹塑性本构方程为

$$\dot{\boldsymbol{\sigma}}' = \boldsymbol{C}^{ep}\dot{\boldsymbol{\varepsilon}} = \left(\boldsymbol{C}^e - \frac{1}{H}\boldsymbol{C}^e\left(\frac{\partial g}{\partial \boldsymbol{\sigma}'}\right)\left(\frac{\partial f}{\partial \boldsymbol{\sigma}'}\right)^T\boldsymbol{C}^e\right)\dot{\boldsymbol{\varepsilon}} \tag{2.51}$$

式中，$\boldsymbol{C}^{ep}$ 为排水条件下未损伤材料的弹塑性刚度；材料的强度模量 H 和硬化模量 h 可以简写为（Ma，2014；Ma et al.，2016a）

$$H = h + \left(\frac{\partial f}{\partial \boldsymbol{\sigma}'}\right)^T\left[\boldsymbol{C}^e\right]\left(\frac{\partial g}{\partial \boldsymbol{\sigma}'}\right) \tag{2.52a}$$

$$h = -\frac{\partial f}{\partial p_c'}\frac{\partial g}{\partial p'}\frac{\partial p_c'}{\partial \varepsilon_v^p} \tag{2.52b}$$

与 H、h 一样，通过减小损伤参数，得到未损伤材料中固体骨架的弹塑性本构方程：

$$\dot{\boldsymbol{\sigma}} = \boldsymbol{C}^{ep}\dot{\boldsymbol{\varepsilon}} + \alpha_1\dot{p}_1\boldsymbol{\delta} + \alpha_2\dot{p}_2\boldsymbol{\delta} \tag{2.53}$$

结合式（2.32）、式（2.36）、式（2.38）得到孔隙结构和裂隙网络中流体的总体积变化：

$$-\frac{\dot{V}_1}{V_{total}} = \alpha_1\dot{\varepsilon}_v + (-a_{11}^e - a_{12}^e)\dot{p}_1 + a_{12}^e\dot{p}_2 \tag{2.54a}$$

$$-\frac{\dot{V}_2}{V_{total}} = \alpha_2\dot{\varepsilon}_v + a_{21}^e\dot{p}_1 + (-a_{22}^e - a_{21}^e)\dot{p}_2 \tag{2.54b}$$

2.6.5 完全耦合方程

将形变模型的控制方程式（2.13）和式（2.23），以及本构方程（2.54）相结合，得到完全耦合方程：

$$\operatorname{div}\left[\frac{\boldsymbol{k}_1}{\mu}(\nabla p_1+\rho_{\mathrm{f}}\boldsymbol{g})\right]=\varphi_1 c_{\mathrm{f}}\frac{\mathrm{d}_1 p_1}{\mathrm{d}t}+\alpha_1\frac{\mathrm{d}_{\mathrm{s}}\varepsilon_{\mathrm{v}}}{\mathrm{d}t}-a_{11}^{\mathrm{e}}\frac{\mathrm{d}_{\mathrm{s}}p_1}{\mathrm{d}t}-a_{12}^{\mathrm{e}}\frac{\mathrm{d}_{\mathrm{s}}p_2}{\mathrm{d}t}+\gamma(p_1-p_2) \tag{2.55a}$$

$$\operatorname{div}\left[\frac{\boldsymbol{k}_2}{\mu}(\nabla p_2+\rho_{\mathrm{f}}\boldsymbol{g})\right]=\varphi_2 c_{\mathrm{f}}\frac{\mathrm{d}_2 p_2}{\mathrm{d}t}+\alpha_2\frac{\mathrm{d}_{\mathrm{s}}\varepsilon_{\mathrm{v}}}{\mathrm{d}t}-a_{22}^{\mathrm{e}}\frac{\mathrm{d}_{\mathrm{s}}p_2}{\mathrm{d}t}-a_{21}^{\mathrm{e}}\frac{\mathrm{d}_{\mathrm{s}}p_1}{\mathrm{d}t}+\gamma(p_2-p_1) \tag{2.55b}$$

其中，γ 为两种孔隙介质之间的流体交换参数，可定义为：$\gamma=\dfrac{\Omega}{\rho_{\mathrm{f}}(p_2-p_1)}$（Khalili and Valliappan，1996）。

考虑到 $\varepsilon_{\mathrm{v}}=-\boldsymbol{\delta}^{\mathrm{T}}\boldsymbol{\varepsilon}=-\operatorname{div}\boldsymbol{u}$，$\mathrm{d}_{\alpha}(\bullet)/\mathrm{d}t\approx\partial(\bullet)/\partial t$ 和 $\nabla(\bullet)\cdot\boldsymbol{v}_{\mathrm{s}}\ll\partial(\bullet)/\partial t$，多孔隙介质渗流形变的完全耦合方程可以简化为（Ma，2014；Ma et al.，2016a）

$$\operatorname{div}\left[\frac{\boldsymbol{k}_1}{\mu}(\nabla p_1+\rho_{\mathrm{f}}\boldsymbol{g})\right]=-\alpha_1\operatorname{div}\dot{\boldsymbol{u}}+a_{11}\dot{p}_1-a_{12}\dot{p}_2+\gamma(p_1-p_2) \tag{2.56a}$$

$$\operatorname{div}\left[\frac{\boldsymbol{k}_2}{\mu}(\nabla p_2+\rho_{\mathrm{f}}\boldsymbol{g})\right]=-\alpha_2\operatorname{div}\dot{\boldsymbol{u}}+a_{22}\dot{p}_2-a_{21}\dot{p}_1+\gamma(p_2-p_1) \tag{2.56b}$$

其中，

$$a_{11}=\varphi_1 c_{\mathrm{f}}-a_{11}^{\mathrm{e}} \tag{2.57a}$$

$$a_{22}=\varphi_2 c_{\mathrm{f}}-a_{22}^{\mathrm{e}} \tag{2.57b}$$

$$a_{12}=a_{12}^{\mathrm{e}} \tag{2.57c}$$

$$a_{21}=a_{21}^{\mathrm{e}} \tag{2.57d}$$

将 $\boldsymbol{C}^{\mathrm{eDp}}$［式（2.49）］代入形变模型的控制方程式（2.13），得到（Ma，2014；Ma et al.，2016a）：

$$\operatorname{div}\left[\boldsymbol{C}^{\mathrm{eDp}}\nabla_{\mathrm{sym}}\dot{\boldsymbol{u}}_d+\alpha_1\dot{p}_1\boldsymbol{\delta}+\alpha_2\dot{p}_2\boldsymbol{\delta}\right]+\dot{\boldsymbol{F}}=\boldsymbol{0} \tag{2.58a}$$

其中，

$$\nabla_{\mathrm{sym}}\dot{\boldsymbol{u}}_d=\dot{\boldsymbol{\varepsilon}}_d=\dot{\boldsymbol{\varepsilon}}-\frac{2\dot{D}}{1-D}\boldsymbol{\varepsilon}=\nabla_{\mathrm{sym}}\dot{\boldsymbol{u}}-\frac{2\dot{D}}{1-D}\nabla_{\mathrm{sym}}\boldsymbol{u} \tag{2.58b}$$

如果忽略式（2.58）中的损伤效应，则可得到未损伤材料平衡微分方程

$$\operatorname{div}\left[\boldsymbol{C}^{\mathrm{ep}}\nabla_{\mathrm{sym}}\dot{\boldsymbol{u}}+\alpha_1\dot{p}_1\boldsymbol{\delta}+\alpha_2\dot{p}_2\boldsymbol{\delta}\right]+\dot{\boldsymbol{F}}=\boldsymbol{0} \tag{2.59}$$

式（2.56）和式（2.58）为完全饱和多孔隙介质渗流与形变的耦合控制方程。值得注意的是，这些方程可以简化为该领域其他简单状态下的控制方程。例如，如果裂隙网络或孔隙结构减少到零，就可以得到单孔隙介质的流固耦合控制方程。如果不考虑固体骨架的变形，可以得到固结解耦理论（Ma，2014；Ma et al.，

2016a）。此外，在不考虑塑性变形的情况下，这些方程可以简化为基于弹性变形的双重孔隙介质流固耦合理论（Khalili and Valliappan，1996）；如果进一步忽略新裂纹的形成，则可以简化为 Khalili 等（2008）的弹塑性变形流固耦合数值模型。

2.7 模 型 参 数

本章所提出的双重孔隙介质流固耦合数值模型，主要参数包括孔隙率、有效应力参数、压缩系数、渗透率、流体动态黏度、孔隙介质流体交换参数和排水条件下固体骨架的弹塑性刚度等。孔隙率分为两种：孔隙结构部分 φ_1 和裂隙网络部分 φ_2。有效应力参数（α_1，α_2）用于将固体骨架的变形与孔隙结构和裂缝网络中液体体积变化耦合在一起，依赖于孔隙结构和裂隙网络的压缩系数（2.4 节）。材料压缩系数主要包括多孔隙介质的排水切线弹性压缩系数 c、孔隙结构的排水切线弹性压缩系数 c_{p}、固体骨架的排水切线弹性压缩系数 c_{s} 以及流体压缩系数 c_{f}，基于这些压缩系数和孔隙率，可推导出本构参数 a_{11}，a_{12}，a_{22} 和 a_{21}。渗透率（k_1，k_2）和流体动态黏度（μ）是渗流模型的基本材料参数，其值可以从材料物理性质手册中得到。流体交换参数 γ 控制着孔隙结构与裂隙网络之间的流体交换。针对损伤和弹塑性参数，可利用第 3 章提出的弹塑性损伤模型，推导排水条件下固体骨架的弹塑性刚度 $\boldsymbol{C}^{\mathrm{eDp}}$（Ma，2014；Ma et al.，2016a）。

2.7.1　压缩系数

多孔隙介质的排水切线弹性压缩系数等于排水条件下固体骨架体积模量（K_u）的倒数（Ma，2014；Ma et al.，2016a）：

$$c=\frac{1}{K_u} \tag{2.60}$$

在 υ-$\ln p'$ 平面上（具体可以参考剑桥模型中关于体积-应力平面的论述），损伤材料的体积模量可近似表示为

$$K_u=\frac{\upsilon p'}{\kappa(D)} \tag{2.61}$$

其中，$\upsilon=1+e$ 为比体积，$e=(\varphi_1+\varphi_2)\upsilon$ 为孔隙比，p' 为平均有效应力，$\kappa(D)$ 为损伤状态下 υ-$\ln p'$ 平面上弹性加载-卸载线的斜率。

对于未损伤材料，排水条件下的体积模量近似为

$$K_u=\frac{\upsilon p'}{\kappa} \tag{2.62}$$

式中，κ 为未损伤材料的弹性加载-卸载线的斜率（υ-$\ln p'$）。

流体压缩系数c_{f}、孔隙结构的排水切线弹性压缩系数c_{p}、固体骨架的排水切线弹性压缩系数c_{s}、孔隙结构孔隙率φ_1、裂隙网络孔隙率φ_2，都可以通过多种直接和间接的物理力学试验来测量（Bear，1972；Khalili and Valliappan，1996；Ma et al.，2016a；Ma and Zhao，2018）。

2.7.2　流体交换参数

用 Warren 和 Root（1963）提出的一种简单方法，可获得两种孔隙介质之间流体交换参数。假定两种孔隙介质间的流动条件为准稳态，通过一维分析得

$$\gamma = \frac{\hat{A}k_1}{\mu} \tag{2.63}$$

其中，$\hat{A}$定义为

$$\hat{A} = \frac{4\varpi(\varpi+2)}{l^2} \tag{2.64}$$

式中，$\varpi=1,\ 2,\ 3$为正常裂隙集，对应的l值为

$$l = \begin{cases} 3d_1d_2d_3\big/\left(d_1d_2+d_2d_3+d_1d_3\right) & \varpi=3 \\ 2d_1d_2\big/\left(d_1+d_2\right) & \varpi=2 \\ d_1 & \varpi=1 \end{cases} \tag{2.65}$$

式中，d_1、d_2和d_3为三个正交方向上的平均裂隙间距。

2.7.3　渗透率

k_1为孔隙结构的平均本征渗透率，可以采用最广泛接受的模型之一：Kozeny-Carman 模型（Carman，1956）。

$$k_1 = \frac{\varphi_1^3}{5M_s^2(1-\varphi_1)^2} \tag{2.66}$$

其中，M_s为比表面积，定义为多孔隙介质单位体积孔隙的总孔隙面积。

k_2代表裂隙网络的平均本征渗透率，考虑损伤演化的影响，可以采用 Lyakhovsky 和 Hamiel（2007）提出的简单而有效的模型：

$$k_2 = k_{2,0}(\varphi_2/\varphi_{2,0})^3(D/D_0)^2 \tag{2.67}$$

式中，$k_{2,0}$，$\varphi_{2,0}$和D_0分别为裂隙网络平均本征渗透率、裂隙网络孔隙率和损伤变量的初始值，也可参考本书建立的渗透率演化模型（第 4 章）和其他类似模型，例如，Ma 和 Wang（2016），以及 Ma（2014，2015）提出的模型。

2.8 本 章 结 论

基于有效应力的概念和混合物理论，本章建立了一个考虑弹塑性损伤效应、适用于饱和双重孔隙介质的流固耦合数值模型。在理论模型框架内，确定了两个独立但重叠的模型：形变模型和渗流模型。在塑性理论和损伤演化分析的基础上，建立了满足总应力平衡、协调和一致性条件的形变模型。渗流模型结合了双重孔隙介质理论、达西定律，以及质量守恒定律和动量守恒定律，扩展了 Khalili 和 Valliappan（1996）的研究成果，考虑了固体骨架塑性变形对流体流动的影响。在双重孔隙介质流固耦合数值模型中，代表性单元中的主要相为固相和液相，含孔隙结构和裂隙网络两种渗流通道；并利用有效应力概念，建立了固体骨架变形和双重孔隙系统内液体体积变化的关系。双重孔隙介质流固耦合数值模型的主要特点是考虑了塑性损伤对流体渗流和固体骨架塑性变形的影响，且所有模型参数均为可测物理量。

参 考 文 献

Barenblatt G I，Zheltov I P，Kochina I N，1960. Basic concepts in the theory of seepage of homogeneous liquids in fissured rocks [strata] [J]. Journal of Applied Mathematics and Mechanics，24（5）：1286-1303.

Bear J，1972. Dynamics of fluids in porous media[M]. New York：Dover Publications，Inc.

Carman P C，1956. Flow of gases through porous media[M]. London：Butterworths.

Kachanov L M，1958. Time of the rupture process under creep conditions[J]. Izvestiia Akademii Nauk SSSR，Otdelenie Teckhnicheskikh Nauk，23：26-31.

Khalili N，Habte M A，Zargarbashi S，2008. A fully coupled flow deformation model for cyclic analysis of unsaturated soils including hydraulic and mechanical hystereses[J]. Computers and Geotechnics，35（6）：872-889.

Khalili N，Valliappan S，1996. Unified theory of flow and deformation in double porous media[J]. European Journal of Mechanics-A/Solids，15：321-336.

Lemaitre J，1984. How to use damage mechanics[J]. Nuclear Engineering and Design，80：233-245.

Lyakhovsky V，Hamiel Y，2007. Damage evolution and fluid flow in poroelastic rock[J]. Izvestiya Physics of the Solid Earth，43：13-23.

Ma J J，2014. Coupled flow deformation analysis of fractured porous media subject to elasto-plastic damage[D]. Sydney：The University of New South Wales.

Ma J J，2015. Review of permeability evolution model for fractured porous media[J]. Journal of Rock Mechanics and Geotechnical Engineering，7（3）：351-357.

Ma J J，2018. Wetting collapse analysis on partially saturated oil chalks by a modified cam clay model based on effective stress[J]. Journal of Petroleum Science and Engineering，167：44-53.

Ma J J，Wang J，2016. A stress-induced permeability evolution model for fissured porous media[J]. Rock Mechanics and Rock Engineering，49（2）：477-485.

Ma J J，Zhao G F，2018. Borehole stability analysis in fractured porous media associated with elastoplastic damage response[J]. International Journal of Geomechanics，18（5）：04018022.

Ma J J，Zhao G F，Khalili N，2016a. A fully coupled flow deformation model for elasto-plastic damage analysis in saturated fractured porous media[J]. International Journal of Plasticity，76：29-50.

Ma J J，Zhao G F，Khalili N，2016b. An elastoplastic damage model for fractured porous media[J]. Mechanics of Materials，100：41-54.

Tuncay K，Corapcioglu M Y，1995. Effective stress principle for saturated fractured porous media[J]. Water Resources Research，31：3103-3106.

Warren J E，Root P J，1963. The behavior of naturally fractured reservoirs[J]. Society of Petroleum Engineers Journal，3（3）：245-255.

第3章　多孔隙介质弹塑性损伤模型

3.1　概　　述

自然界中的岩石内部分布着大量的微裂纹和裂隙，因此通常被抽象为多孔隙介质。由于岩石的力学响应主要受初始孔隙率、围压、渗透率、裂纹密度、应力及损伤等因素影响，因此岩石的渗流及变形行为比较复杂。从微观角度看，岩石的变形及损伤演化过程主要包括微缺陷的萌生和扩展、成核，以及现有缺陷的开口、扩展直到最终破坏。在宏观上，这一过程的主要特征是弹性变形和塑性变形，包括岩石整体刚度的退化，以及强度或承载能力的降低。因此，岩石损伤力学在工程建设中发挥着至关重要的作用。以隧道掘进为例，盾构机的刀盘克服掌子面岩石的硬度及阻力，不断向前切割岩体，同时保持一定的顶推力，刀盘前方的岩体受到推力作用，发生破坏，如同球形孔穴扩张，掌子面前方的岩体依次出现了破碎区、塑性区和弹性区。因此，岩石的损伤和塑性变形几乎是耦合发生的。当然，也有部分脆性岩石，断裂破坏时塑性变形不够明显，但是，这并不代表岩石没有发生塑性变形。在采矿工程中，工程师们常常采用机械或者爆破的方式开挖巷道，通过临时支护、钢支撑等方式防止围岩的变形过大。在设计中考虑了岩石的塑性变形和强度劣化效应，这也是塑性损伤耦合的又一直接例证。因此，本章基于大量物理力学试验，通过严谨的逻辑推理和科学假设，建立了弹塑性损伤模型，分析了多孔隙介质的塑性损伤效应。

在过去的30年里，学者们利用弹塑性损伤模型来研究多孔隙介质的行为。然而，大多数弹塑性模型都是比较简单，无法捕捉岩石在不同围压下的脆性-延性行为；其中部分损伤模型过于简单或过于复杂，无法准确描述固体骨架中裂纹的破裂、开启和闭合过程（Ma et al.，2016a；Ma，2018；Ma and Zhao，2018）。考虑到传统损伤模型的缺点，本章首先基于能量耗散原理，建立了损伤演化方程；然后基于边界面塑性理论，将损伤和塑性变形耦合，建立了弹塑性损伤模型；最后，基于大量的物理力学试验，验证了所构建的本构模型的有效性。

3.2 多孔隙介质弹塑性损伤模型的建立

3.2.1 符号约定

本章遵循岩土力学符号惯例，变形和应力均已以压缩为正，拉伸为负；采用三轴表示法，即平均有效应力 $p'=\mathrm{Tr}(\boldsymbol{\sigma}'/3)$、偏应力 $q=\sqrt{3J_2}$ 和应力比 $\eta=q/p'$，其中 $J_2=(\boldsymbol{S}:\boldsymbol{S})/3$ 和 $\boldsymbol{S}=\boldsymbol{\sigma}'-\mathrm{Tr}(\boldsymbol{\sigma}'/3)$ 分别是偏应力第二不变量和偏应力张量。相应的共轭相是体积应变 $\varepsilon_{\mathrm{v}}=\mathrm{Tr}(\boldsymbol{\varepsilon})$ 和偏应变 $\varepsilon_q=\sqrt{2/3(\boldsymbol{\varepsilon}^{\mathrm{dev}}:\boldsymbol{\varepsilon}^{\mathrm{dev}})}$，其中 $\boldsymbol{\varepsilon}^{\mathrm{dev}}=\boldsymbol{\varepsilon}-\boldsymbol{\delta}\mathrm{Tr}(\boldsymbol{\varepsilon})/3$。应力和应变用一般的矢量形式 $\boldsymbol{\sigma}'=[p' \quad q]^{\mathrm{T}}$ 和 $\boldsymbol{\varepsilon}=[\varepsilon_{\mathrm{v}} \quad \varepsilon_{\mathrm{q}}]^{\mathrm{T}}$ 来表示。

3.2.2 模型框架

模型框架主要包括弹塑性模型和连续损伤模型两个部分；该模型在热力学框架内考虑了塑性硬化、应变、围压和损伤对力学响应的影响。本章基于边界面塑性理论，建立了弹塑性模型，描述宏观尺度的弹塑性行为。为了考虑损伤耦合作用，通过引入损伤变量描述岩石劣化效应，并将屈服函数和塑性硬化函数定义为损伤变量的函数，用来模拟既有裂纹和其他缺陷的萌生、扩展和塑性积累（Ma et al.，2016a）。

1. 损伤变量

对于一个代表性体积单元，其可被视为一个很小的质点，同时它也具有一定的空间尺度，也可以包含几个离散的微裂纹。在代表性单元上，考虑一个垂直于方向向量（$\boldsymbol{n}_s$）的平面，该平面的面积（S）包含破裂或损坏的区域（S_D）和未损坏的区域（S_C）。在该平面上施加法向力 F_S，法向表观应力定义为 $\sigma=F_S/S$；考虑到损伤区域无法抵抗外力，则在未损伤区域（$S_C=S-S_D$）上的真实应力为（Ma et al.，2016a）

$$\sigma^{\mathrm{t}}=\frac{F_s}{S-S_D}=\frac{F_s}{S(1-D)}=\frac{\sigma}{1-D} \tag{3.1}$$

其中，D 为损伤变量，在各向同性损伤过程为标量，在各向异性损伤过程为张量，可定义为

$$D=\frac{S_D}{S} \tag{3.2}$$

损伤变量的初始值（D_0）可以用现有裂纹面积与垂直于$\boldsymbol{n}_s$的一个特定平面上的总面积之比来估计。有效未损伤区域内的应力称为真实应力（σ^{t}），它与法向表观应力（σ）的关系是（Ma，2014）

$$\sigma^{\mathrm{t}}=\frac{\sigma}{1-D} \tag{3.3}$$

随着损伤的发展，材料内部的损伤可能向各向异性发展。然而，在实践中，标量损伤在损伤材料中也可得出令人满意的结果（Lemaitre，1984）。因此，本章采用各向同性损伤假设。同时，为了理论完整性，本章也对向各向异性损伤的演化方程进行了扩展。

2. 热力学框架

多孔隙介质中的塑性损伤演化是一个不可恢复的过程，该过程通常伴随着塑性流动，裂纹的萌生、扩展、成核和能量耗散等。因此，Lemaitre和Chaboche（1978）将损伤及其相关变量作为内变量引入热力学框架中。研究表明，在微缺陷的形成、生长或成核过程中，会产生一个新的自由表面，在该过程中发生了部分能量耗散。根据连续损伤力学的框架（Kachanov，1958；Lemaitre，1984），能量耗散包括弹性损伤部分（φ_{e}）和塑性损伤部分（φ_{p}）。在等温条件下，取自由能φ为热力学势（Ma et al.，2016b）：

$$\varphi=\varphi_{\mathrm{e}}(\boldsymbol{\varepsilon}-\boldsymbol{\varepsilon}^{\mathrm{p}},D)+\varphi_{\mathrm{p}}(\gamma_p,D) \tag{3.4}$$

或者

$$\varphi=\frac{1}{2}[\boldsymbol{\varepsilon}-\boldsymbol{\varepsilon}^{\mathrm{p}}]^{\mathrm{T}}[\boldsymbol{C}^{\mathrm{e}}(D)][\boldsymbol{\varepsilon}-\boldsymbol{\varepsilon}^{\mathrm{p}}]+\varphi_{\mathrm{p}}(\gamma_{\mathrm{p}},D) \tag{3.5}$$

式中，$\boldsymbol{\varepsilon}$和$\boldsymbol{\varepsilon}^{\mathrm{p}}$分别为总应变和塑性应变；$D$为损伤变量；$\boldsymbol{C}^{\mathrm{e}}(D)$为损伤变量的弹性刚度张量；$\gamma_{\mathrm{p}}$为塑性应变能变量。

对热力学势求偏导，可得出应力和损伤应变能释放率的状态方程（Ma et al.，2016b）：

$$\sigma=\frac{\partial\varphi}{\partial\boldsymbol{\varepsilon}^{\mathrm{e}}}=[\boldsymbol{C}^{\mathrm{e}}(D)][\boldsymbol{\varepsilon}-\boldsymbol{\varepsilon}^{\mathrm{p}}] \tag{3.6}$$

$$Y=-\frac{\partial\varphi}{\partial D}=-\frac{1}{2}[\boldsymbol{\varepsilon}-\boldsymbol{\varepsilon}^{\mathrm{p}}]^{\mathrm{T}}[\boldsymbol{C}^{\mathrm{e}}(D)]'[\boldsymbol{\varepsilon}-\boldsymbol{\varepsilon}^{\mathrm{p}}]-\frac{\partial\varphi_{\mathrm{p}}}{\partial D} \tag{3.7}$$

其中，$[\boldsymbol{C}^{\mathrm{e}}(D)]'$是关于损伤变量的弹性刚度张量的偏导数。根据热力学第二定律，损伤耗散必须是非负的：

$$Y\dot{D}\geqslant 0 \tag{3.8}$$

Y 也称为与损伤变量相关的损伤应变驱动变量。回顾式（3.6），应力增量的计算公式为

$$\dot{\boldsymbol{\sigma}}' = [\boldsymbol{C}^{\mathrm{e}}(D)]'[\boldsymbol{\varepsilon} - \boldsymbol{\varepsilon}^{\mathrm{p}}]\dot{D} + [\boldsymbol{C}^{\mathrm{e}}(D)][\dot{\boldsymbol{\varepsilon}} - \dot{\boldsymbol{\varepsilon}}^{\mathrm{p}}] \tag{3.9}$$

3.2.3　连续损伤模型

1. 损伤等效假设

目前，主要有两种损伤等效假设：一种是应变等效假设（Lemaitre and Chaboche，1975），另一种是互补能量等效假设（Zhang and Valliappan，1998；Valliappan et al.，1990）。Valliappan 等（1990）指出，基于互补能量等效的损伤模型，可适用于所有的损伤状态，即包括各向同性损伤问题和各向异性损伤问题。互补能量等效假设可表述为在有效（潜在）应力作用下，材料在损伤状态下的互补能量与未损伤状态下的互补能量相等（Zhang and Valliappan，1998；Valliappan et al.，1990）。基于互补能量等效假设，损伤变量的弹性刚度张量和泊松比可表示为

$$\begin{aligned} \boldsymbol{C}^{\mathrm{e}}(D) &= (1-D)^2\boldsymbol{C}^{\mathrm{e}} \\ \nu(D) &= \nu \end{aligned} \tag{3.10}$$

式中，$\boldsymbol{C}^{\mathrm{e}}$ 和 ν 分别为完整材料的弹性刚度张量和泊松比。

针对各向异性损伤状态：

$$\begin{aligned} \boldsymbol{C}_i^{\mathrm{e}}(D) &= (1-D_i)^2\boldsymbol{C}_i^{\mathrm{e}} \\ \nu_{ij}(D) &= \frac{1-D_i}{1-D_j}\nu_{ij} \end{aligned} \tag{3.11}$$

其中，$i,j=1,2,3$ 代表三个主应力方向。回顾式（3.9），弹性应力增量可表示为

$$\dot{\boldsymbol{\sigma}}' = -2(1-D)\dot{D}(\boldsymbol{C}^{\mathrm{e}})(\boldsymbol{\varepsilon}^{\mathrm{e}}) + (1-D)^2(\boldsymbol{C}^{\mathrm{e}})(\dot{\boldsymbol{\varepsilon}}^{\mathrm{e}}) \tag{3.12}$$

对于各向异性损伤状态，

$$\dot{\boldsymbol{\sigma}}' = -2(\boldsymbol{I}-\boldsymbol{D})^{\mathrm{T}}(\dot{\boldsymbol{D}})(\boldsymbol{C}^{\mathrm{e}})(\boldsymbol{\varepsilon}^{\mathrm{e}}) + (\boldsymbol{I}-\boldsymbol{D})^{\mathrm{T}}(\boldsymbol{I}-\boldsymbol{D})(\boldsymbol{C}^{\mathrm{e}})(\dot{\boldsymbol{\varepsilon}}^{\mathrm{e}}) \tag{3.13}$$

其中，$\boldsymbol{I}$ 是单位向量。

2. 损伤准则

损伤可定义为损伤应变能释放率和损伤应变能释放率阈值的函数（Shao et al.，2006）。对于各向同性损伤，损伤准则可通过如下简单函数的形式展开：

$$f_d(Y,D) = Y - Y_d = 0 \tag{3.14}$$

对于各向异性损伤，在一个特定的应力方向上，损伤准则是与该方向相关参数的函数：

$$f_d(Y_i,D_i) = Y_i - Y_{di} = 0 \tag{3.15}$$

式中，Y_d 为损伤应变能释放率阈值；为了简单起见，Shao 等（2006）把 Y_d 表示为损伤变量（D）的线性函数。然而，这种表达方式仅仅适用于低围压至中围压下的脆性材料（Ma et al.，2016b）。因此，考虑到岩石材料的塑性硬化能和不同平均有效应力下的脆性-延性行为，本章采用 Shao 等（2006）的方法，综合考虑平均有效应力（p'）、损伤变量（D）和硬化模量（h）等因素影响，将损伤应变能释放率阈值（Y_d）定义为（Ma et al.，2016b）

$$Y_d = Y_{d0} + k_Y D \ln(p') \exp\left(\frac{1}{h}\right) \tag{3.16}$$

式中，Y_{d0} 为损伤演化的初始阈值，取决于初始损伤状态和应力状态；$k_Y > 0$ 是定义损伤演化阈值的材料常数。

对于各向异性损伤，在主应力方向上的损伤应变能释放率阈值可通过下式计算（Ma et al.，2016b）：

$$Y_{di} = Y_{d0i} + k_Y D_i \ln(p') \exp\left(\frac{1}{h}\right) \tag{3.17}$$

对于脆性材料，本章在损伤准则中引入了损伤应变能释放率极限值 Y_c，当 $Y = Y_c$ 时，材料将发生大范围的脆性断裂，对应的相关损伤变量为 D_c；大量实验结果（Dragon and Mróz，1979；Lemaitre，1984；Voyiadjis and Kattan，2005）已经证实：

$$0.2 \leqslant D_c \leqslant 0.8 \tag{3.18}$$

对于多孔隙介质，材料的 D_c 可将岩石内部裂纹的发展与宏观破裂联系起来。在一般情况下，材料的损伤值超过 D_c 后，岩石试样发生脆性断裂。通常，低围压下的脆性材料损伤在达到 D_c 后，会发生材料压溃现象（Ma et al.，2016b）。

因此，对于所有的损伤状态，材料的损伤一致性条件均可表达为

$$\dot{f}_d = \dot{Y} - \dot{Y}_d = 0 \tag{3.19}$$

3. 损伤演化方程

基于损伤概念和演化规律，损伤演化方程可以表示为（Ma et al.，2016b）

$$\dot{D} = \dot{D}_D(D, \cdots) \tag{3.20}$$

式中，$\dot{D}_D(D, \cdots)$ 为控制损伤演化速率的非负损伤增量函数，可根据 Kuhn-Tucker 关系，用加卸载条件表示为（Ma，2014）

$$f_d = 0，\quad \dot{D} \geqslant 0，\quad f_d \dot{D} = 0 \tag{3.21}$$

在本构方程中，为了进行完整的损伤分析，还需要明确损伤演化方程。本章提出了多孔隙介质的两种主要损伤演化方程：基于损伤应变能释放率的损伤演化方程（延性材料）和基于拉伸强度的损伤演化方程（脆性材料）。

1）基于损伤应变能释放率的损伤演化方程

根据式（3.4），自由能包含弹性损伤部分（φ_{e}）和塑性损伤部分（φ_{p}）。弹性余能释放率定义为微裂纹扩展的能量耗散率，可表达为微裂纹发展前后刚度的比率，也可认为是线性断裂力学框架下裂纹应变能释放率的扩展（Yazdchi et al.，1996；Valliappan et al.，1996；Lemaitre，1985b）。弹性余能函数定义如下（Ma，2014；Ma et al.，2016b）：

$$\varphi_{\mathrm{e}}=\frac{1}{2}[\boldsymbol{\sigma}']^{\mathrm{T}}\left[\boldsymbol{C}^{\mathrm{e}}(D)\right]^{-1}[\boldsymbol{\sigma}'] \tag{3.22}$$

塑性余能可表示为损伤材料塑性硬化过程中锁定的塑性能。Shao 等（2006）通过降低塑性硬化速率来考虑损伤演化对塑性流动的影响，可表达如下：

$$\varphi_{\mathrm{p}}(\gamma_{\mathrm{p}},D)=(1-\mu_D D)\varphi_{\mathrm{p}}^{o}(\gamma_{\mathrm{p}}) \tag{3.23}$$

式中，$\varphi_{\mathrm{p}}^{o}(\gamma_{\mathrm{p}})$ 定义为未损伤材料的塑性硬化能，$\mu_D\in[0,\ 1]$ 为模型耦合参数；$\mu_D=0$ 意味着塑性流动和损伤演化之间不存在耦合效应。根据 Ju（1989）和 Shao 等（2006）的研究，我们假设围压（p'_{con}）影响破碎压力（p^*）、损伤和颗粒破碎。因此，将未损伤材料的塑性硬化能定义为（Ma et al.，2016b）

$$\varphi_{\mathrm{p}}^{o}(\gamma_{\mathrm{p}})=M_p\left[p^*\gamma_{\mathrm{p}}-\frac{(p^*-p'_{\mathrm{con}})\gamma_{\mathrm{p}}}{\chi+\gamma_{\mathrm{p}}}\right] \tag{3.24}$$

式中，M_p 为塑性硬化速率参数，χ 为塑性应变参数，γ_{p} 为塑性应变能变量，可定义为等效塑性偏应变（Ma et al.，2016b）：

$$\dot{\gamma}_{\mathrm{p}}=\sqrt{\frac{2}{3}\left(\dot{\boldsymbol{\varepsilon}}^p-\frac{1}{3}\mathrm{Tr}(\dot{\boldsymbol{\varepsilon}}^p)\boldsymbol{\delta}\right):\left(\dot{\boldsymbol{\varepsilon}}^p-\frac{1}{3}\mathrm{Tr}(\dot{\boldsymbol{\varepsilon}}^p)\boldsymbol{\delta}\right)} \tag{3.25}$$

将式（3.23）和式（3.24）代入式（3.7），将损伤应变能释放率展开为（Ma et al.，2016b）

$$Y=-\frac{\partial\varphi}{\partial D}=-\frac{1}{2}[\boldsymbol{\sigma}]^{\mathrm{T}}\left(\left[\boldsymbol{C}^{\mathrm{e}}(D)\right]^{-1}\right)'[\boldsymbol{\sigma}]+\mu_D M_p\left[p^*\gamma_{\mathrm{p}}-\frac{(p^*-p'_{\mathrm{con}})\gamma_{\mathrm{p}}}{\chi+\gamma_{\mathrm{p}}}\right] \tag{3.26}$$

受脆性材料损伤演化幂律（Fahrenthold，1991；Yazdchi et al.，1996）和延性断裂损伤模型（Lemaitre，1985a）的启发，对比岩石试验规律（Baud et al.，2000；Wong et al.，1997；Shah，1997；Bésuelle et al.，2003），将损伤应变能释放率和应变速率应用于损伤演化方程（Ma et al.，2016b）：

$$\dot{D}=\begin{cases}M_Y(Y)^{1/m}\dot{\gamma} & Y>Y_d\\ 0 & Y\leqslant Y_d\end{cases} \tag{3.27}$$

式中，m 为材料常数，$\dot{\gamma}$ 为应变速率。对于各向异性损伤，采用 $i(i=1,2,3)$ 表示三个主应力方向（Ma et al.，2016b）：

$$\dot{D}_i = \begin{cases} M_{Yi}(Y_i)^{1/m}\dot{\gamma}_i & Y_i > Y_{di} \\ 0 & Y_i \leqslant Y_{di} \end{cases} \tag{3.28}$$

因此，不同于传统的损伤演化规律，损伤演化速率参数 M_Y 和损伤应变能释放率阈值 Y_d 并不是恒定的；为了确保 D 与时间没有显式的依赖关系（Lemaitre，1985a），在损伤演化方程中引入了 $\dot{\gamma}$；对于一般的加载条件，$\dot{\gamma}$ 可定义为（Ma et al.，2016b）

$$\dot{\gamma} = \sqrt{\frac{2}{3}(\dot{\boldsymbol{\varepsilon}} : \dot{\boldsymbol{\varepsilon}})} \tag{3.29}$$

在偏应力作用下，微裂纹尖端及表面局部拉应力和剪应力存在相互作用，可能会导致微裂纹的扩展（Guo and Wan，1998）。由于平均有效应力会引起微裂纹闭合，因此采用应力比（$\eta = q/p'$）来处理偏应力和平均有效应力之间的相互作用。考虑围压（p'_{con} 或者 σ'_3）、临界状态线斜率（M_{cs}）和应力比（$\eta = q/p'$），损伤演化速率参数 M_Y 可表示为（Ma et al.，2016b）

$$M_Y = m_Y \left|\ln\omega\right| \left|\ln\left(\frac{M_{\mathrm{cs}} + \eta}{2M_{\mathrm{cs}}}\right)\right| \tag{3.30}$$

其中，$m_Y > 0$ 为材料常数，可以通过拟合试验结果来确定。围压对材料行为的影响可以通过一个比率参数 $\omega = p'_{\mathrm{c0}}/(p'_{\mathrm{con}} + 1)$ 来解决，其中 p'_{c0} 是历史固结压力或者最大压应力。

然而，对于材料的各向异性损伤，特定主应力方向的损伤演化速率参数可表示为（Ma et al.，2016b）

$$M_{Yi} = m_{Yi} \left|\ln\omega\right| \left|\ln\left(\frac{M_{\mathrm{cs}} + \eta}{2M_{\mathrm{cs}}}\right)\right| \tag{3.31}$$

其中，m_{Yi} 是特定加载方向的材料常数，可用试验数据进行校准。

2）基于拉伸强度的损伤演化方程

Kachanov（1980）提出了基于拉伸强度的延性材料损伤演化方程，Yazdchi 等（1996）采用这种损伤演化方程来研究脆性材料的损伤演化过程，取得了较好的模拟效果。试验结果（Baud et al.，2000；Wong and Baud，1999）表明，多孔隙介质的损伤演化主要取决于围压、应变率、孔隙率和应力比等因素。基于 Yazdchi 等（1996）、Lemaitre（1985a）、Kachanov（1980）的研究成果，本章提出了更严格的损伤演化处理方法。在断裂力学中，当特定方向的拉伸强度超过应力空间中的抗拉强度时，就会发生断裂；因此，当岩石材料同时承受平均有效应力和偏应力时，在各向同性损伤假设下，采用损伤等效应力（$\sigma_{\mathrm{eq}} = \sqrt{3J_2}$）来描述材料拉伸破坏过程，得到如下基于拉伸强度的损伤演化规律（Ma et al.，2016b）：

$$\dot{D}=\begin{cases}M_{\sigma}(\sigma_{\mathrm{eq}})^{1/n}\dot{\gamma} & \sigma_{\mathrm{eq}}>\sigma_{\mathrm{eqd}}\\ 0 & \sigma_{\mathrm{eq}}\leqslant\sigma_{\mathrm{eqd}}\end{cases} \tag{3.32}$$

对于各向异性损伤，特定主应力方向上的损伤可演化为（Ma et al.，2016b）

$$\dot{D}_i=\begin{cases}M_{\sigma i}(\sigma_i)^{1/n}\dot{\gamma}_i & \sigma_i>\sigma_{di}\\ 0 & \sigma_i\leqslant\sigma_{di}\end{cases} \tag{3.33}$$

其中，$n>1$为材料常数，可以通过试验测量得到；M_{σ}为损伤演化速率参数。类似于M_Y，M_{σ}取决于应力状态（围压和应力比）（Ma et al.，2016b）：

$$M_{\sigma}=m_{\sigma}\left|\ln\omega\right|\left|\ln\left(\frac{\eta+M_{\mathrm{cs}}}{2M_{\mathrm{cs}}}\right)\right| \tag{3.34}$$

同样，对于各向异性损伤（Ma et al.，2016b）：

$$M_{\sigma i}=m_{\sigma i}\left|\ln\omega\right|\left|\ln\left(\frac{\eta+M_{\mathrm{cs}}}{2M_{\mathrm{cs}}}\right)\right| \tag{3.35}$$

其中，$m_{\sigma}>0$是材料常数。σ_{eqd}是损伤等效应力的阈值。如前所述，平均有效应力抑制了微裂纹的发展，损伤变量表示材料刚度的退化，塑性硬化能表示材料的硬化或软化趋势。

考虑平均有效应力（p'）、损伤变量（D）和硬化模量（h）效应，给出σ_{eqd}的函数为（Ma et al.，2016b）

$$\sigma_{\mathrm{eqd}}=\sigma_{\mathrm{eqd0}}+\frac{k_{\sigma}p'\exp(1/h)}{(1-D)} \tag{3.36}$$

式中，σ_{eqd0}为损伤等效应力的初始阈值，仅取决于应力和损伤变量；$k_{\sigma}>0$是一个材料常数，控制着损伤等效应力阈值的增加速率。

对于各向异性损伤，在特定主应力方向上的损伤等效应力阈值可表示为（Ma et al.，2016b）

$$\sigma_{\mathrm{eqd}i}=\sigma_{\mathrm{eqd0}i}+\frac{k_{\sigma i}p'\exp(1/h)}{(1-D_i)} \tag{3.37}$$

值得注意的是，当施加历史固结压力或者最大压应力（p'_{c0}）时，岩石材料中可能发生颗粒破碎。在晶粒破碎过程中，由式（3.30）和式（3.31）获得的M_Y，以及通过式（3.34）和式（3.35）计算的M_{σ}，将变得无穷小（接近于零），这意味着塑性变形占主导地位，延性区几乎没有损伤演化（Ma et al.，2016b）。此外，方程（3.16）中的损伤应变能释放率阈值和方程（3.36）中的损伤等效应力阈值，均考虑了平均有效应力，其逻辑是：当孔隙水压力升高时，闭合的裂纹可能会重新打开，从而降低损伤阈值，并相应地发展为拉伸开裂（或水力开裂）。相反，当孔隙水压力降低时，由于平均有效应力的增加，裂纹的张开趋势和发展趋势可能受到抑制；因此，损伤阈值会增加，损伤的进一步演化则需要更大的应力（Ma et al.，2016b；Ma and Zhao，2018）。

3.2.4 塑性模型

1. 临界状态的概念

在 20 世纪 70 年代，剑桥大学岩土学派科学家首次提出了临界状态的概念（critical state concept），并进行了大量的试验验证和工程实践，从而发展形成了临界状态土力学（critical state soil mechanics，CSSM）（Schofield and Wroth，1968；Roscoe and Burland，1968）。CSSM 通过一个帽子形状的屈服面和简单的流动法则，描述了在延性状态下的收缩应变硬化和在脆性状态下的剪胀应变软化。试验研究发现，CSSM 的主要特征与岩石材料力学特性呈现了一致性（Sheldon et al.，2006）。因此，许多研究者将 CSSM 的应用扩展到岩石材料（Shah，1997；Wong et al.，1997；Brown and Yu，1988；Gerogiannopoulos and Brown，1978；Crawford and Yale，2002；Liao et al.，2003；Bernabe et al.，1994；Sheldon et al.，2006；Ma and Khalili，2010；Cuss et al.，2003）。在此背景下，临界状态被定义为多孔隙岩石在恒定剪应力下接近大剪切变形且尚未破坏的状态。临界状态线（critical state line，CSL）分隔了应力平面上的脆性和延性变形域，可视为脆性-延性转变的状态界限，这与 Shah（1997）和 Cuss 等（2003）的研究结果一致。临界状态线的斜率（M_{cs}）可以表达为有效摩擦角（φ'_{cs}）的函数（Ma，2014，2018）：

$$M_{cs}=\frac{6\sin\varphi'_{cs}}{3A-\sin\varphi'_{cs}} \tag{3.38}$$

其中，$A=+1$ 表示压缩加载（$\bar{q}>0$），$A=-1$ 表示拉伸（$\bar{q}<0$）。

Wood（1990）认为，有效摩擦角在压缩和拉伸状态是相同的，但 M_{cs} 的值是不同的。在一般三维应力空间中，临界状态线的斜率 M_{cs} 表示为洛德角（θ）的函数，其定义为

$$\theta=\frac{1}{3}\sin^{-1}\left(-\frac{3\sqrt{3}}{2}\frac{J_3}{\sqrt{(J_2)^3}}\right) \tag{3.39}$$

式中，J_3 和 J_2 分别为偏应力第三不变量和偏应力第二不变量；洛德角（θ）的范围从三轴压缩 $\pi/6$ 到三轴拉伸 $-\pi/6$，相应的 M_{cs} 分别为最大值（M_{max}）和最小值（M_{min}）。

M_{cs} 对洛德角的依赖性决定了主应力空间 π 平面中屈服面的形状（Khalili et al.，2008）。$M_{cs}(\theta)$ 可表示为洛德角的函数（Sheng et al.，2000）：

$$M_{cs}(\theta)=M_{max}\left(\frac{2\Lambda^4}{1+\Lambda^4-(1-\Lambda^4)\sin 3\theta}\right)^{\frac{1}{4}} \tag{3.40}$$

其中，Λ为

$$\Lambda = \frac{M_{\min}}{M_{\max}} = \frac{3 - \sin \varphi'_{cs}}{3 + \sin \varphi'_{cs}} \tag{3.41}$$

由式（3.40）得到的屈服面（图 3.1）在 π 平面上各顶点处与莫尔-库仑强度面重合。值得注意的是，如果设置 $\Lambda = 1$，就可以得到 von Mises 屈服准则；如果设置 $\Lambda \geqslant 0.6$，可以满足屈服面为凸面的要求，此时该屈服面对所有应力状态都是可微的（$\varphi'_{cs} \leqslant 48.59°$ 或者 $M_{cs} \leqslant 2$）。

在平面 υ-$\ln p'$ 上，在颗粒破碎前，CSL 为一条直线；λ 是等向压缩线（ICL）的斜率；κ 是卸载线（URL）的斜率。N_0 和 Γ 分别是 $p' = 1$ kPa（或 1 MPa）时等向压缩线（ICL）和临界状态线交叉处的比体积值；p'_{c0} 是历史固结压力或者最大压应力。对于软土和软岩，等向压缩线和卸载线的斜率是恒定的（图 3.2）。

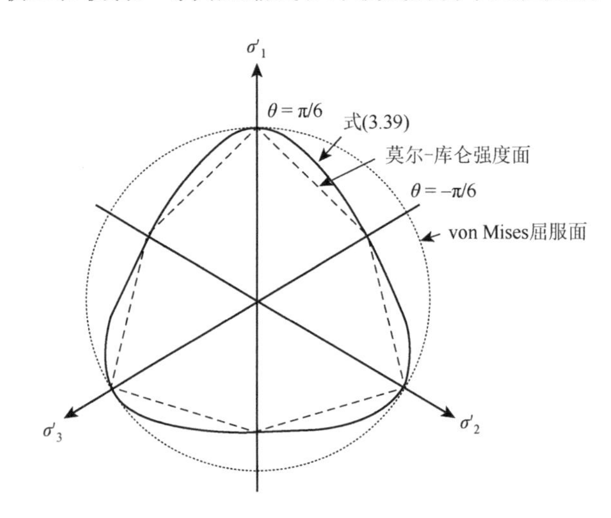

图 3.1　屈服面在主应力空间 π 平面上的形状（Ma，2014）

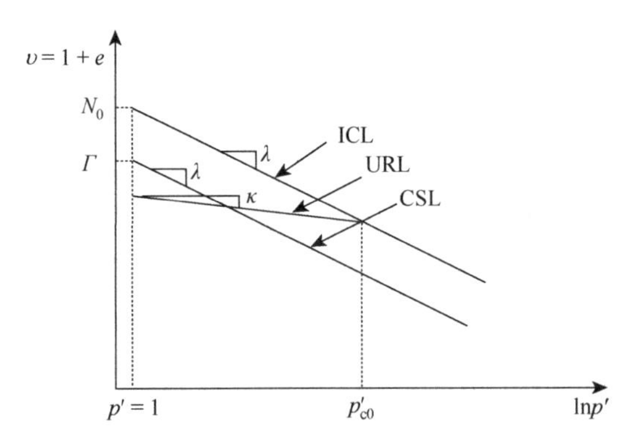

图 3.2　基于 CSSM 的平面临界状态线（CSL）、等向压缩线（ICL）和卸载线（URL）示意图（Ma，2014）

在 CSSM 中，弹性体积模量（$K_{\text{bulk}}^{\text{e}}$）和剪切模量（$G^{\text{e}}$）可以表示为当前体积和平均有效应力的函数，

$$K_{\text{bulk}}^{\text{e}} = \frac{\upsilon p'}{\kappa} \tag{3.42}$$

$$G^{\text{e}} = \frac{3(1-2\nu)}{2(1+\nu)}\frac{\upsilon p'}{\kappa} \tag{3.43}$$

对于硬质岩石，其卸载线和等向压缩线的斜率受损伤演化的影响较为明显，需要考虑损伤累积的影响。针对砂岩的大量试验数据（Baud et al.，2000；Wong and Baud，1999；Cuss et al.，2003）表明，损伤演化不会影响 q - p' 平面内临界状态线（CSL）的斜率。但是，在平面 e - $\ln p'$ 内（图 3.3），与未损伤材料直线（图 3.2）相比，损伤材料的等向压缩线（ICL_D）和卸载线（URL_D）随着损伤的增加变得

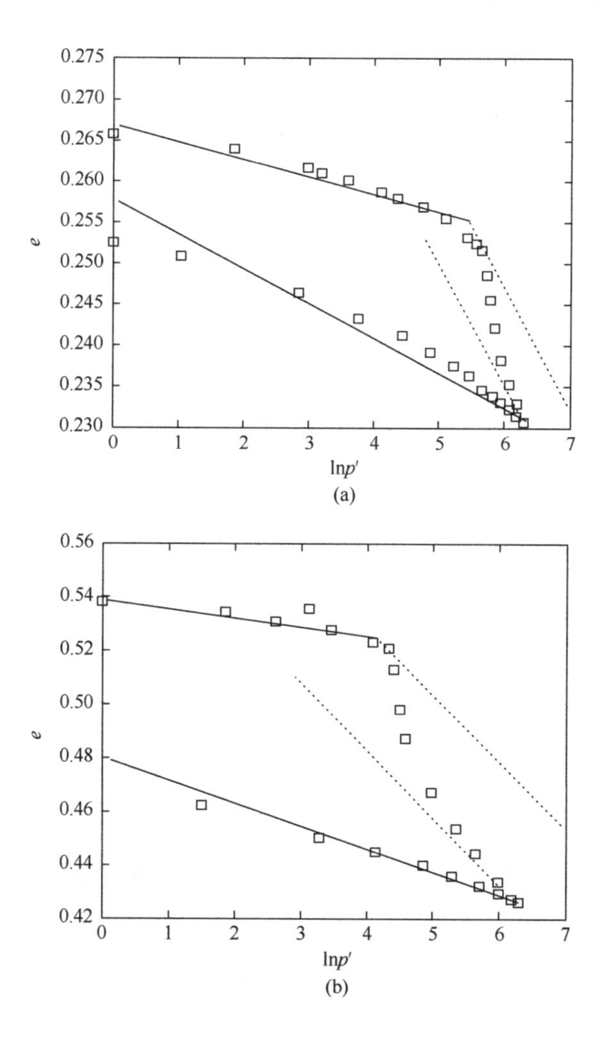

(a)

(b)

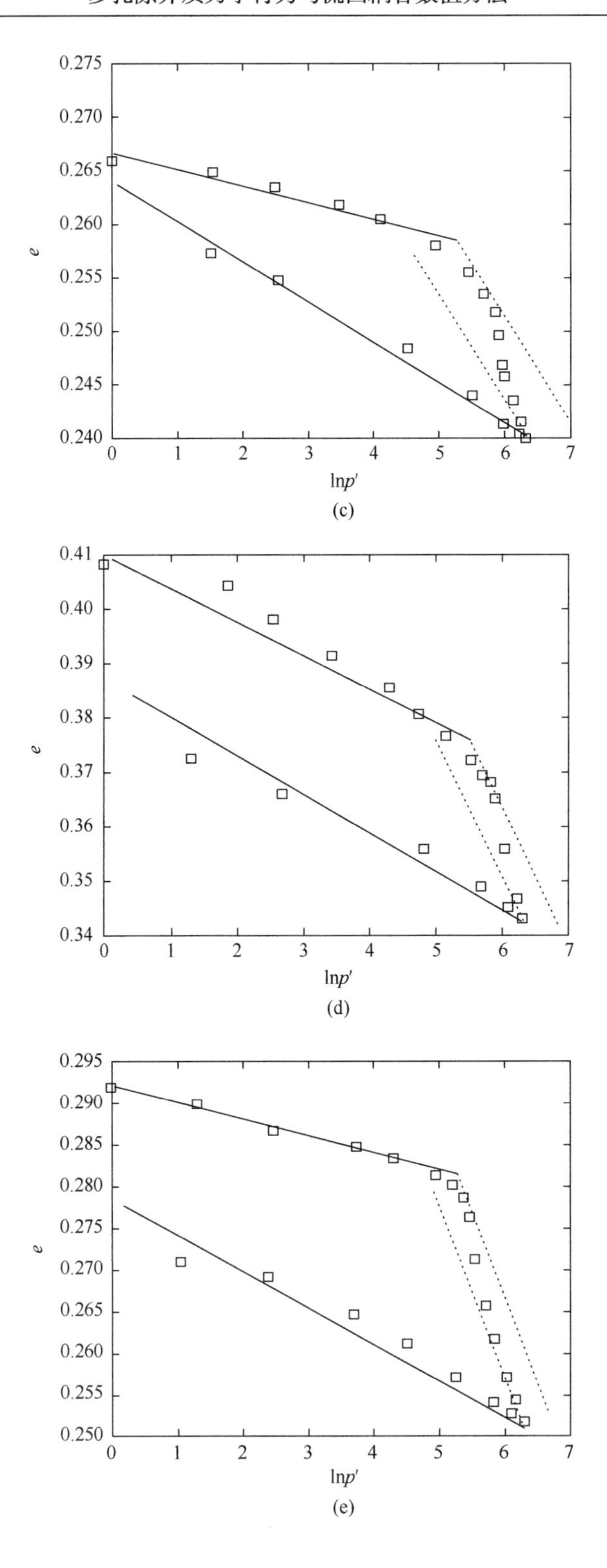
0.275
0.270
0.265
0.260
0.255
0.250
0.245
0.240
e
0 1 2 3 4 5 6 7
lnp′
(c)
0.41
0.40
0.39
0.38
0.37
0.36
0.35
0.34
e
0 1 2 3 4 5 6 7
lnp′
(d)
0.295
0.290
0.285
0.280
0.275
0.270
0.265
0.260
0.255
0.250
e
0 1 2 3 4 5 6 7
lnp′
(e)

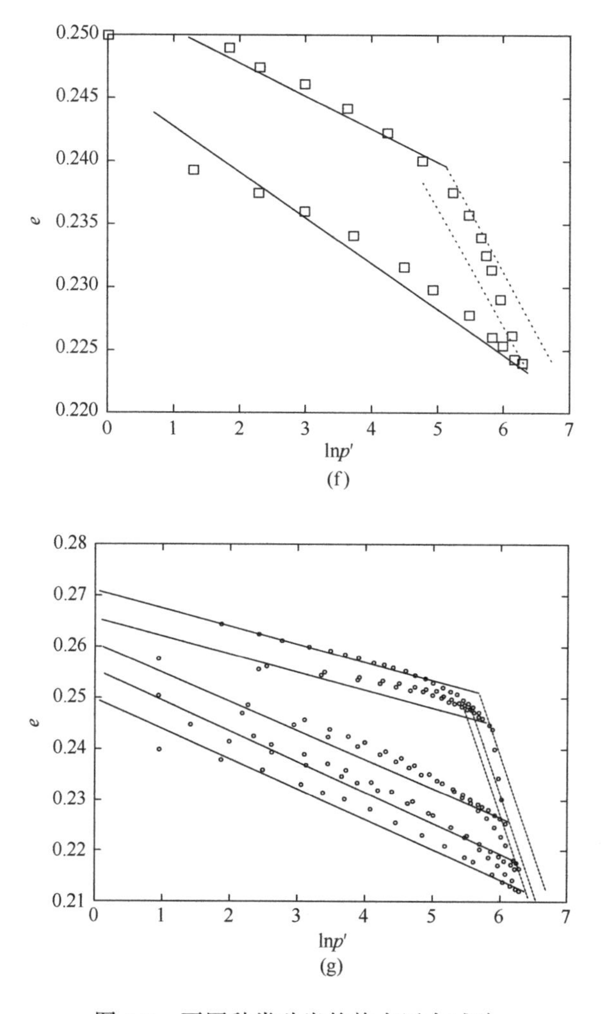

图 3.3　不同种类砂岩的静水压力试验

（a）Kayenta 砂岩、（b）Boise 砂岩、（c）Berea 砂岩和（d）St Peter 砂岩[试验数据来自 Zhang 等（1990a）]；（e）Adamswiller 砂岩和（f）Rothbach 砂岩[试验数据来自 David 等（1994）]；（g）Berea 砂岩静水循环试验[数据来自 Zhang 等（1990b）]

更加陡峭，ICL_D 斜率的这种变化可被认为是随着损伤的增加，ICL 平行向下移动的结果（Ma，2014）。为了进一步展示损伤影响的规律，我们将 Zhang 等（1990a）、David 等（1994）和 Zhang 等（1990b）的试验数据绘制在图 3.3 中。图 3.3 给出了不同损伤状态下临界状态线、卸载线和等向压缩线的位置。图 3.3 表明，当损伤增大时，临界状态线和等向压缩线随斜率的增大呈现向下移动的趋势。同时，卸载线的斜率向上偏移，曲线变陡（Ma，2014）。

根据 CSSM 的经验方法，假设临界状态线（CSL_D）在 υ - $\ln p'$ 平面上与 ICL_D

平行。如图 3.4 所示，在 $p'=1\text{kPa}$（或 1MPa）时，损伤引起的 URL_D 斜率变化、ICL_D 和 CSL_D 交叉点处的比体积值可表示为（Ma，2014）

$$\kappa_D=\kappa(D) \tag{3.44}$$

$$N_D=N(D) \tag{3.45}$$

$$\Gamma_D=\Gamma(D) \tag{3.46}$$

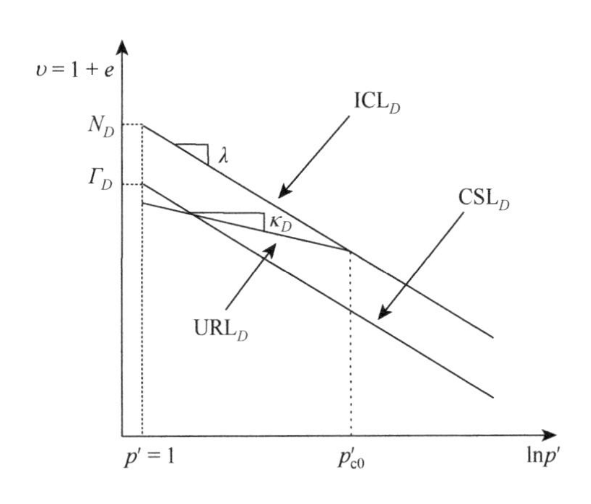

图 3.4　υ-$\ln p'$ 平面内临界状态线（CSL_D）、等向压缩线（ICL_D）和卸载线（URL_D）示意图（Ma，2014）

相应的损伤体积模量可表示为

$$K^{e}_{bulk}(D)=\frac{\upsilon p'}{\kappa_D} \tag{3.47}$$

值得注意的是，损伤体积模量考虑了当前平均有效应力和损伤变量，其物理意义在于，它捕获了微裂纹发展引起的弹性刚度退化作用，即现有裂纹重新张开和压实作用下的裂纹闭合效应（Ma et al.，2016b）。

$$K^{e}_{bulk}(D)=(1-D)^2K^{e}_{bulk}=(1-D)^2\frac{\upsilon p'}{\kappa} \tag{3.48}$$

因此，结合损伤有效应力的概念，由式（3.42）和式（3.43）可以得到：

$$\kappa_D=\frac{\kappa}{1-D} \tag{3.49}$$

$$G^{e}(D)=\frac{3(1-2\nu)}{2(1+\nu)}K^{e}_{bulk}(D) \tag{3.50}$$

可见，与未损伤材料相比，损伤材料在 e-$\ln p'$ 平面内的卸载线（URL_D）斜率更大（图 3.3）。因此，在相同卸载应力下，损伤材料的体积变化更大，反映了材料刚度的退化作用（Ma et al.，2016b）。

根据 Khalili 等（2005）提出的边界面塑性理论，定义无量纲状态参数（ξ）为当前状态与 υ - ln p' 平面内临界状态线的垂直距离，即 $\xi=\upsilon-\upsilon_{cs}$；该参数与本章所提出模型的某些特征有关，例如，在临界状态线稀疏侧为正，在密实侧为负（图 3.5）（Ma et al.，2016b）。

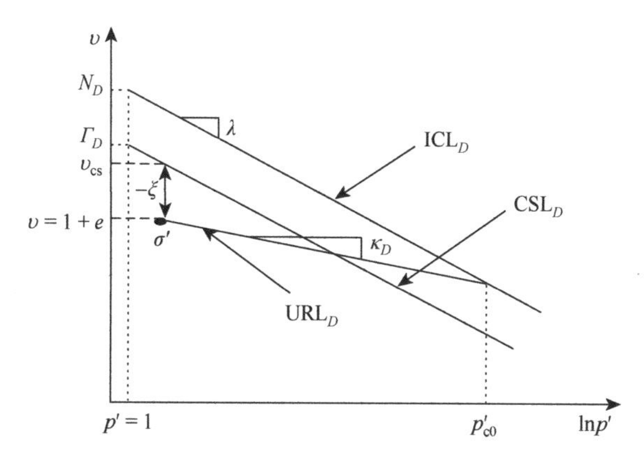

图 3.5　υ - ln p' 平面中状态参数（ξ）示意图

2. 弹塑性力学行为

岩石的变形包括弹性和非弹性两部分。Ofoegbu 和 Curran（1991）研究认为，弹性变形与岩石的压缩和膨胀行为特性相关；非弹性变形包括两种机制，一是新裂纹的形成和已有微裂纹的重新开口和闭合（低围压下的脆性行为），二是微裂纹表面的滑动或破碎（高围压下的延性行为）。大多数岩石的力学行为均包括这两种非弹性变形模式，在加载过程中呈现何种变形模式在很大程度上取决于应力状态。因此，我们建议用损伤演化和塑性流动来描述塑性行为。由于损伤演化会促进塑性流动的发展（为滑动或破碎提供更多的微裂纹表面积），因此，可以认为塑性流动速率和塑性累积不仅仅取决于损伤演化，而且还取决于应力状态；可见，在建立塑性硬化函数时，我们还要考虑损伤演化的影响。

应变增量由弹性增量和塑性增量两部分组成：$\dot{\boldsymbol{\varepsilon}}=\dot{\boldsymbol{\varepsilon}}^{\mathrm{e}}+\dot{\boldsymbol{\varepsilon}}^{\mathrm{p}}$；弹性应变增量与式（3.12）中的应力增量直接关联，可通过引入弹性刚度和损伤变量来表达（Ma et al.，2016b）：

$$\dot{\boldsymbol{\sigma}}'=-\frac{2\dot{D}}{1-D}\left[\boldsymbol{C}^{\mathrm{e}}(D)\right]':\dot{\boldsymbol{\varepsilon}}^{\mathrm{e}}+\left[\boldsymbol{C}^{\mathrm{e}}(D)\right]:\dot{\boldsymbol{\varepsilon}}^{\mathrm{e}} \tag{3.51}$$

用 $\boldsymbol{C}^{\mathrm{e}}$ 表示未损伤材料的固有弹性刚度矩阵，那么，损伤状态下的弹性刚度矩阵可表示为

$$\boldsymbol{C}^{\mathrm{e}}(D)=\begin{bmatrix} K_{\mathrm{bulk}}^{\mathrm{e}}(D) & 0 \\ 0 & 3G^{\mathrm{e}}(D) \end{bmatrix} \tag{3.52}$$

对于塑性应变，基于塑性理论，应力-应变增量关系可表示为（Ma，2014）

$$\dot{\boldsymbol{\varepsilon}}^{\mathrm{p}}=\frac{1}{h}\boldsymbol{m}\boldsymbol{n}^{\mathrm{T}}\dot{\boldsymbol{\sigma}}' \tag{3.53}$$

式中，$\boldsymbol{n}=\begin{bmatrix} n_p & n_q \end{bmatrix}^{\mathrm{T}}$是当前应力状态$\boldsymbol{\sigma}'$下，加载面法向的单位矢量；$\boldsymbol{m}=\begin{bmatrix} m_p & m_q \end{bmatrix}^{\mathrm{T}}$是$\boldsymbol{\sigma}'$处塑性流动方向单位矢量；$h$是硬化模量。那么，应力-应变增量可重新表达为（Ma et al.，2016b）

$$\dot{\boldsymbol{\sigma}}'=\left(\boldsymbol{C}^{\mathrm{e}}(D)-\frac{\left[\boldsymbol{C}^{\mathrm{e}}(D)\right]\boldsymbol{m}\boldsymbol{n}^{\mathrm{T}}\left[\boldsymbol{C}^{\mathrm{e}}(D)\right]}{h+\boldsymbol{n}^{\mathrm{T}}\left[\boldsymbol{C}^{\mathrm{e}}(D)\right]\boldsymbol{m}}\right)\left(\dot{\boldsymbol{\varepsilon}}-\frac{2\dot{D}}{1-D}\boldsymbol{\varepsilon}^{\mathrm{e}}\right) \tag{3.54}$$

屈服面或加载面可以表达为（Ma，2014）

$$f(\boldsymbol{\sigma}',p_{\mathrm{c}}',D)=0 \tag{3.55}$$

其中，$\boldsymbol{\sigma}'$为屈服面上的应力，p_{c}'为塑性硬化参数，用于控制屈服面尺寸。

因此，塑性屈服函数的一致性条件可表示为（Ma，2014）

$$\left(\frac{\partial f}{\partial \boldsymbol{\sigma}'}\right)^{\mathrm{T}}\dot{\boldsymbol{\sigma}}'+\frac{\partial f}{\partial p_{\mathrm{c}}'}\dot{p}_{\mathrm{c}}'+\frac{\partial f}{\partial D}\dot{D}=0 \tag{3.56}$$

3. 边界面

在边界面塑性理论中，当应力状态位于边界面上或边界面内时，均会发生塑性变形；这一过程是通过定义硬化模量来实现的，即使用映射规则选择虚拟应力点（也称为“像点”），使得$\boldsymbol{\sigma}'$处加载面和虚拟应力点处边界面的法线相同；h被定义为应力点$\boldsymbol{\sigma}'$和边界面上“像点”之间距离的递减函数（Ma et al.，2016）。根据试验成果（Wong et al.，1997），边界面的形状可通过拟合不同岩石材料（即Berea砂岩、Darley Dale砂岩、Kayenta砂岩、Rothbach砂岩和Boise砂岩）的平面屈服点来确定。各种岩石材料的边界面拟合结果如图3.6所示，这些屈服面形状与Khalili等（2005）提出的表达式非常吻合：

$$F(\overline{p}',\overline{q},\overline{p}_{\mathrm{c}}')=\overline{q}-M_{\mathrm{cs}}\overline{p}'\left(\frac{\ln(\overline{p}_{\mathrm{c}}'/\overline{p}')}{\ln R}\right)^{1/N}=0 \tag{3.57}$$

其中，含顶标的字母表示边界面上的应力点（或者像点），$\overline{p}_{\mathrm{c}}'$控制边界面的大小，是损伤变量$D$和塑性体积应变$\varepsilon_{\mathrm{v}}^{\mathrm{p}}$的函数。$N$控制边界面的形状，$R$是图3.7中定义的应力比率。对于不同的岩石材料，边界面函数可以通过调整参数N、R和M_{cs}进行优化。

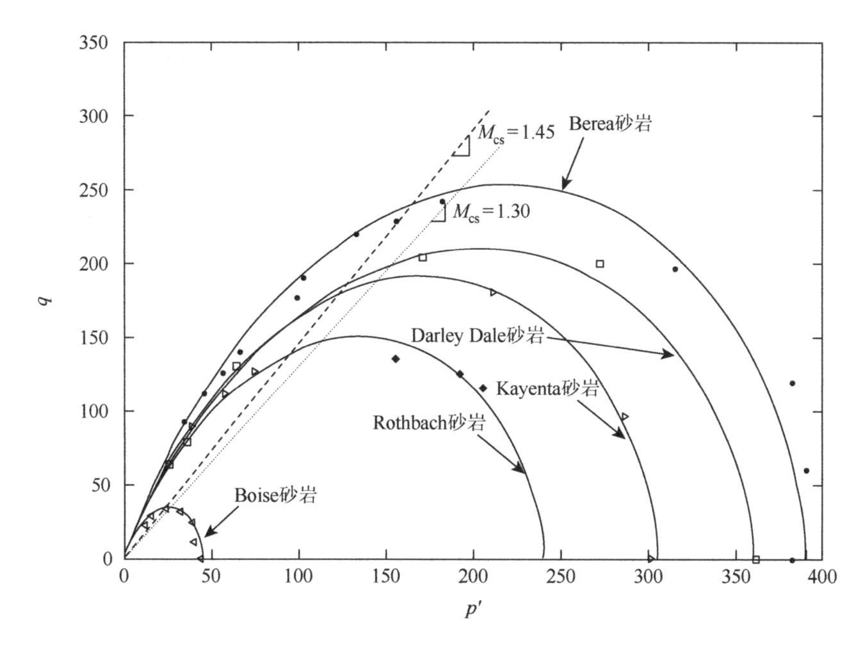

图 3.6　不同岩石材料（Berea 砂岩、Darley Dale 砂岩、Kayenta 砂岩、Rothbach 砂岩和 Boise 砂岩）的屈服点（Wong et al.，1997），以及 Khalili 等（2005）的边界面屈服曲线

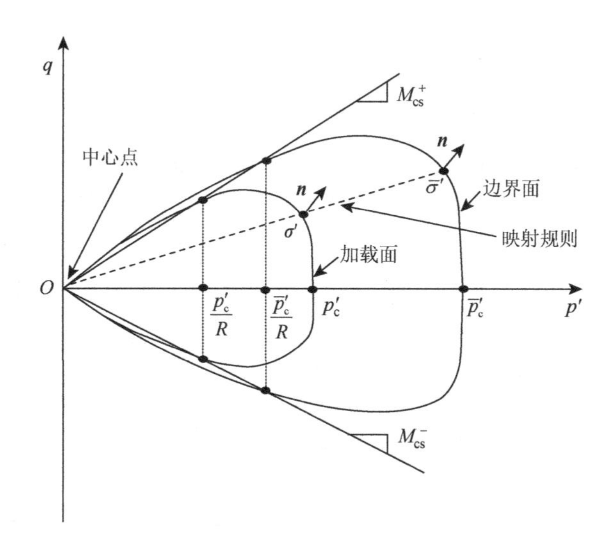

图 3.7　边界面、加载面及映射规则（Ma，2014；Ma and Zhao，2018）

4. 加载面

对于单调加载，假定加载面和边界面具有相同的形状，二者在平面内的原点保持同源性。在本章中，假设“纯”弹性区域为零，或者弹性区域缩小为一

个可以忽略不计的质点。因此，当前的应力状态始终位于加载面上，可表示如下（Ma et al.，2016b）：

$$f(p',q,p_c')=q-M_{cs}p'\left(\frac{\ln\left(p_c'/p'\right)}{\ln R}\right)^{1/N}=0 \tag{3.58}$$

定义加载面的单位法向矢量如下：

$$\boldsymbol{n}=A\frac{\partial f/\partial\boldsymbol{\sigma}'}{\left\|\partial f/\partial\boldsymbol{\sigma}'\right\|}=A\frac{\partial F/\partial\bar{\boldsymbol{\sigma}}'}{\left\|\partial F/\partial\bar{\boldsymbol{\sigma}}'\right\|} \tag{3.59}$$

$\boldsymbol{n}=\begin{bmatrix}n_p & n_q\end{bmatrix}^{\mathrm{T}}$ 在 $\boldsymbol{\sigma}'$ 处的分量可表达为（Ma et al.，2016b）

$$n_p=A\frac{-\bar{q}/\bar{p}'\left[1-1/\left(N\ln\left(\bar{p}_c'/\bar{p}'\right)\right)\right]}{\sqrt[+]{\left\{-\bar{q}/\bar{p}'\left[1-1/\left(N\ln\left(\bar{p}_c'/\bar{p}'\right)\right)\right]\right\}^2+1}} \tag{3.60a}$$

$$n_q=A\frac{1}{\sqrt[+]{\left\{-\bar{q}/\bar{p}'\left[1-1/\left(N\ln\left(\bar{p}_c'/\bar{p}'\right)\right)\right]\right\}^2+1}} \tag{3.60b}$$

5. 塑性势函数

基于剪胀损伤理论（Wan and Guo，1997），当损伤以微裂纹的形式发生时，剪胀引起的塑性体积应变可以通过塑性势函数（$g=0$）来处理。那么，塑性势函数（$g=0$）就可以表达为应力状态和剪胀系数（d）的函数。因此，对于新微裂纹的形成或张开过程，剪胀系数 d 为正值，而对于既有裂纹的闭合过程，d 为负值；在此过程中，与 d 相应的共轭驱动力是偏应力和平均有效应力。在这种情况下，可采用经验方法，将应力比（$\eta=q/p'$）作为微裂纹扩展的驱动力。由于本章采用各向同性损伤演化假设，损伤变量不影响塑性应变发展方向（Ma et al.，2016b）。我们将塑性流动法则应用于塑性剪胀或剪切压实（$d=\dot{\varepsilon}_{\mathrm{v}}^{\mathrm{p}}/\dot{\varepsilon}_{\mathrm{q}}^{\mathrm{p}}$）与应力比之间的关系，得到了多孔隙岩石的塑性势函数（Khalili et al.，2008）

$$g(p',q,p_0)=q+M_{cs}p'\ln\left(\frac{p'}{p_0'}\right) \tag{3.61}$$

其中，p_0' 是控制塑性势函数大小的虚拟变量。$\boldsymbol{m}=\begin{bmatrix}m_p & m_q\end{bmatrix}^{\mathrm{T}}$ 为 $\boldsymbol{\sigma}'$ 处的单位法向矢量，可定义为一般形式（Ma，2014）：

$$m_p=A\frac{\partial g/\partial p'}{\left\|\partial g/\partial\boldsymbol{\sigma}'\right\|}=A\frac{d}{\sqrt[+]{1+d^2}} \tag{3.62a}$$

$$m_q=A\frac{\partial g/\partial q}{\left\|\partial g/\partial\boldsymbol{\sigma}'\right\|}=A\frac{1}{\sqrt[+]{1+d^2}} \tag{3.62b}$$

6. 塑性损伤硬化

损伤材料的 ICL_D 变化表明（图 3.3），在相同塑性体积变化下，损伤会降低屈服面演变（塑性硬化）的速率。考虑到在任意加载路径 BC 下等向压缩线斜率的变化，可以建立塑性损伤耦合硬化规则，如图 3.8 所示（Ma et al.，2016b）。

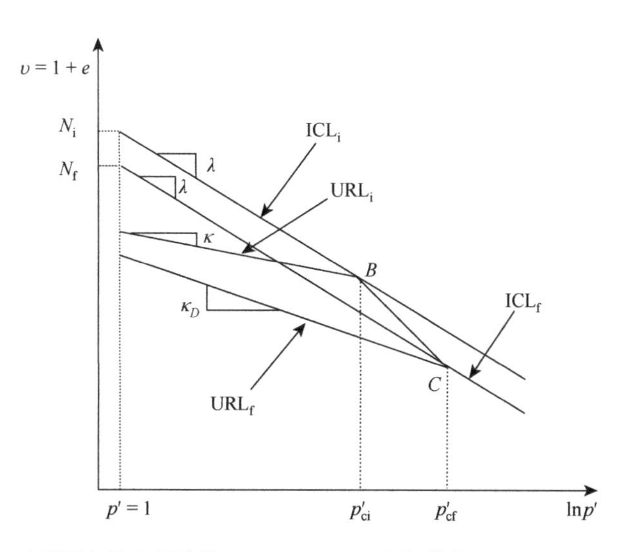

图 3.8　υ-$\ln p'$ 平面内等向压缩线（ICL_i，ICL_f）和卸载线（URL_i，URL_f）的示意图（Ma et al.，2016b）

下标符号 i 和 f 分别表示初始和最终损伤状态

从点 B 到点 C，岩石总体积变化为

$$\Delta\upsilon_{BC} = \upsilon_B - \upsilon_C = \left[N_i - \lambda\ln(p'_{ci})\right] - \left[N_f - \lambda\ln(p'_{cf})\right] \tag{3.63}$$

其中弹性体积变化为

$$\Delta\upsilon^e = \kappa_D \ln\left(p'_{cf}/p'_{ci}\right) \tag{3.64}$$

因此，塑性体积变化可表达为

$$\Delta\upsilon^p = \Delta\upsilon_{BC} - \Delta\upsilon^e = \left[N_i - \lambda\ln(p'_{ci})\right] - \left[N_f - \lambda\ln(p'_{cf})\right] - \kappa_D \ln\left(\frac{p'_{cf}}{p'_{ci}}\right) \tag{3.65}$$

重新整理方程（3.65）可以得到：

$$\ln(p'_{cf}) = \frac{N_f - N_i}{\lambda - \kappa_D} + \ln(p'_{ci}) + \frac{\Delta\upsilon^p}{\lambda - \kappa_D} \tag{3.66}$$

假设υ_{i}为处于初始损伤状态（点 B）的体积，则塑性应变为

$$\Delta\varepsilon_{\mathrm{p}}^{\mathrm{p}}=\Delta\upsilon^{\mathrm{p}}/\upsilon_{\mathrm{i}} \tag{3.67}$$

由于 p'_{ci} 和 p'_{cf} 分别对应损伤材料初始状态和最终状态的硬化参数，将 $\overline{p}'_{\mathrm{ci}}=p'_{\mathrm{ci}}$、$\overline{p}'_{\mathrm{cf}}=p'_{\mathrm{cf}}$ 和式（3.67）代入式（3.66），重新排列，得到塑性体积应变和损伤对硬化的耦合函数（Ma et al.，2016b）：

$$\overline{p}'_{\mathrm{cf}}=\overline{p}'_{\mathrm{ci}}\exp\left(\frac{N_{\mathrm{f}}-N_{\mathrm{i}}}{\lambda-\kappa_{D}}\right)\exp\left(\frac{\upsilon_{\mathrm{i}}\Delta\varepsilon_{\mathrm{p}}^{\mathrm{p}}}{\lambda-\kappa_{D}}\right) \tag{3.68}$$

方程（3.68）由任意损伤状态和等向压缩线导出，该方程可应用于任意损伤状态下的硬化，因此方程（3.68）可以重写为

$$\overline{p}'_{\mathrm{cf}}=\overline{p}'_{\mathrm{ci}}\hat{\gamma}(D)\exp\left(\frac{\upsilon_{\mathrm{i}}\Delta\varepsilon_{\mathrm{p}}^{\mathrm{p}}}{\lambda-\kappa_{D}}\right) \tag{3.69}$$

其中，$\hat{\gamma}(D)$为损伤对硬化的耦合效应，

$$\hat{\gamma}(D)=\exp\left(\frac{N_{\mathrm{f}}-N_{\mathrm{i}}}{\lambda-\kappa_{D}}\right) \tag{3.70}$$

在边界面塑性模型中，硬化模量一般由两个部分组成（Ma et al.，2016b）：

$$h=h_{b}+h_{f} \tag{3.71}$$

其中，h_{b}为边界面上$\overline{\boldsymbol{\sigma}}'$处的塑性模量，$h_{f}$为任意位置模量。考虑边界面塑性一致性条件，假设边界面的各向同性硬化与各向同性损伤演化和塑性压缩体积应变有关，则h_{b}可表示为（Ma et al.，2016b）

$$h_{b}=-\frac{\partial F}{\partial\overline{p}'_{\mathrm{c}}}\left(\frac{\partial\overline{p}'_{\mathrm{c}}}{\partial\varepsilon_{\mathrm{p}}^{\mathrm{p}}}+\frac{\partial\overline{p}'_{\mathrm{c}}}{\partial D}\frac{\dot{D}}{\dot{\varepsilon}_{\mathrm{p}}^{\mathrm{p}}}\right)\frac{m_{p}}{\left\|\partial F/\partial\overline{\boldsymbol{\sigma}}'\right\|} \tag{3.72}$$

根据虚拟应力和当前应力之间的距离，可以确定任意位置模量h_{f}。受 Russell 和 Khalili（2004）、Khalili 等（2005）工作的启发，考虑塑性体积应变和损伤效应，任意位置模量可表示为（Ma et al.，2016b）

$$h_{f}=A\left(\frac{\partial\overline{p}'_{\mathrm{c}}}{\partial\dot{\varepsilon}_{\mathrm{p}}^{\mathrm{p}}}+\frac{\partial\overline{p}'_{\mathrm{c}}}{\partial D}\frac{\dot{D}}{\dot{\varepsilon}_{\mathrm{p}}^{\mathrm{p}}}\right)\frac{p'}{\overline{p}'_{\mathrm{c}}}\left(\frac{\overline{p}'_{\mathrm{c}}}{p'_{\mathrm{c}}}-1\right)k_{m}(\eta_{p}-\eta) \tag{3.73}$$

式中，$\overline{p}'_{\mathrm{c}}$和$p'_{\mathrm{c}}$分别控制边界面和加载面的大小；$\eta_{p}$是$q$-$p'$平面内峰值强度线的斜率，$\eta_{p}=(1-k\xi)M_{\mathrm{cs}}$，$k$是材料参数；$k_{m}$是材料参数。值得注意的是，$h_{f}$在边界面处为零，在应力反转点处为无穷大（Khalili et al.，2005）。

3.3　模型参数说明

本章提出了基于损伤应变能释放率和拉伸强度幂函数形式的损伤演化模型。损伤模型部分共有 11 个参数：μ_D、M_p、χ、m、n、k_σ、k_Y、m_σ、m_Y、σ_{eqd0}和Y_{d0}。其中，μ_D是损伤和塑性的耦合参数；对于完全耦合的塑性损伤，$\mu_D=1$，对于非耦合分析，它等于零。未损伤材料的塑性应变能参数为M_p和χ，这两个参数可通过各向同性压缩试验确定，其他参数可由三轴压缩试验数据获得。m和n为损伤演化速率的材料参数，可以通过研究岩石在不同围压下的应力-损伤响应来估算。k_σ、k_Y、m_σ、m_Y、σ_{eqd0}和Y_{d0}为特定材料常数，其中k_σ和k_Y控制损伤演化阈值的增加速率；m_σ和m_Y决定了损伤演化速率的大小；σ_{eqd0}和Y_{d0}是损伤演化的初始阈值，仅依赖于应力和损伤状态（Ma et al.，2016b）。

弹塑性模型共有 11 个本构参数：λ、κ、N、Γ、G、k、p'_{c0}、R、e、k_m、M_{cs}。材料力学性能参数λ、κ、N、Γ、G、k和p'_{c0}可通过静水压力试验获得。R和N是弹塑性模型形状参数，可以通过岩石在高围压下的破坏面进行标定。k_m与硬化模量有关，k用于定义峰值强度线，它们都可以通过应力-应变平面上的实验曲线进行标定（Ma et al.，2016b）。

3.4　模型验证与应用

3.4.1　静水压力试验

在恒定孔隙水压力为 10 MPa 和 50 MPa 的条件下，Zhang 等（1990b）对 Berea 砂岩进行了静水压力试验（圆柱试样，直径为 18.4～25.4 mm，高度为 18.4～38.1 mm）。Berea 砂岩的物理参数：孔隙率为 21%，平均粒径为 0.13mm；主要矿物成分为 75%石英、10%长石、5%方解石和 10%黏土。定义边界面的材料常数为$N=1.75$、$R=2.35$、$k_m=1$和$k=35$。基于既有试验研究（Davidge et al.，1973），损伤模型参数可设为$n=8$、$k_\sigma=0.01$、$m_\sigma=7.5$和$\sigma_{\text{eqd0}}=1$。值得注意的是，在本章的后续分析中，材料参数e_0、ν、λ、κ、$\overline{p}'_{\text{c}}$和M_{cs}是通过等向压缩试验得到的。边界面材料常数可通过不同岩石材料（即 Berea 砂岩、Darley Dale 砂岩和 Boise 砂岩）在q-p'面上的屈服点来确定（Wong et al.，1997），损伤模型参数可通过文献（Davidge et al.，1973）提出的方法进行校准。

图 3.9 显示，数值模拟结果与试验结果吻合良好。值得注意的是，未考虑损伤模型（虚线）的模拟结果与围压约为 500MPa 后塑性-损伤耦合模型（实线）的

结果几乎一致。这说明，在特别高的围压下，岩石的损伤保持不变，形变机理以塑性应变为主（Ma et al.，2016b）。

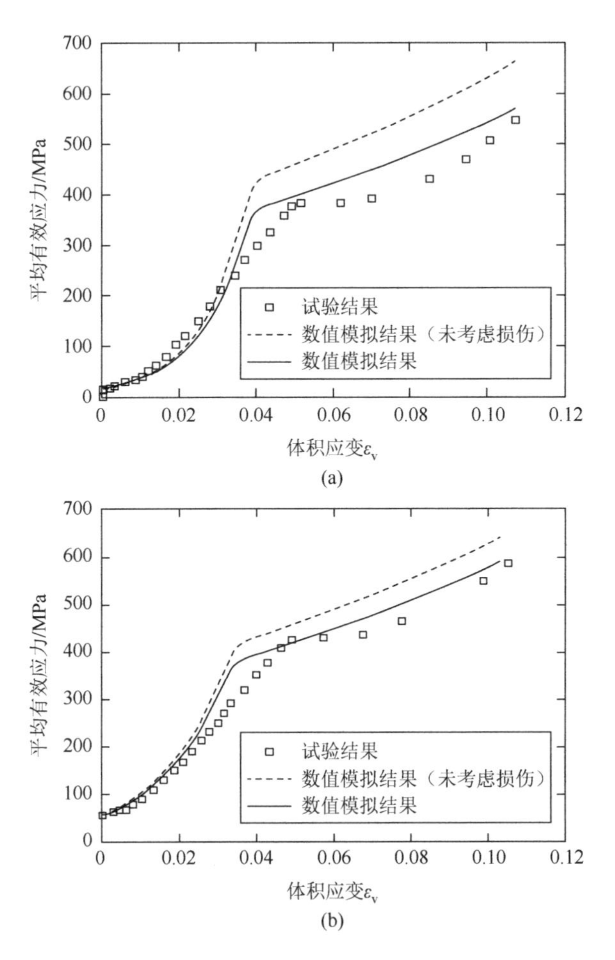

图 3.9　Berea 砂岩静水压力试验结果与数值模拟结果对比（Ma et al.，2016b）

（a）孔隙水压力 $p_w = 10$MPa；（b）孔隙水压力 $p_w = 50$MPa

3.4.2　三轴排水剪切试验

1. Boise *砂岩*

本节模拟了 Boise 砂岩的三轴排水剪切试验，围压范围为 5～300MPa，采用应变控制，并保持恒定应变率，本构模型参数见表 3.1。数值模拟结果和试验结果对比见图 3.10（偏应力-轴向应变关系）和图 3.11（体积应变-轴向应变关系），Boise 砂岩在不同围压下的损伤演化过程见图 3.12。

表 3.1　Boise 砂岩的本构模型参数

弹塑性模型参数	$e = 0.538\,5$	$\lambda = 0.10$	$\kappa = 0.033$	$M_{cs} = 1.7$	$N = 1.80$	$R = 2.35$	$k = 1$	$k_m = 16$
损伤模型参数	$m = 10$	$n = 8$	$k_\sigma = 0.01$	$k_Y = 0.005$	$m_\sigma = 15$	$m_Y = 25$	$\sigma_{eqd0} = 1$	$Y_{d0} = 0.001$

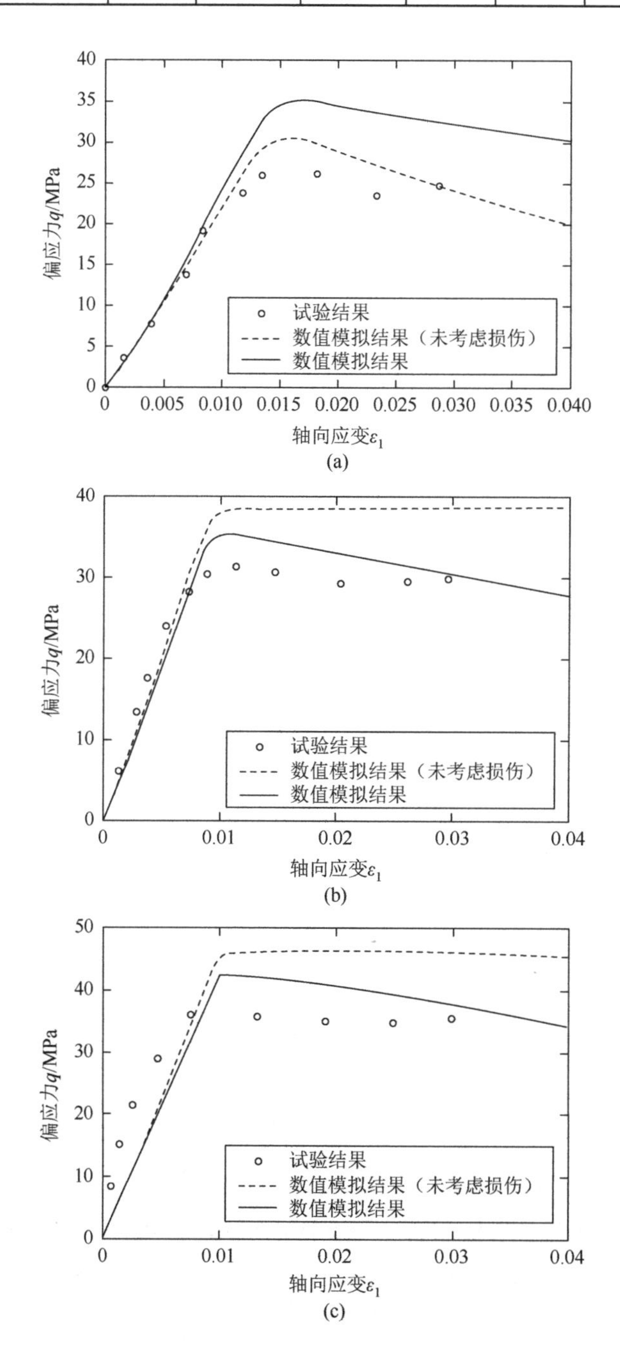

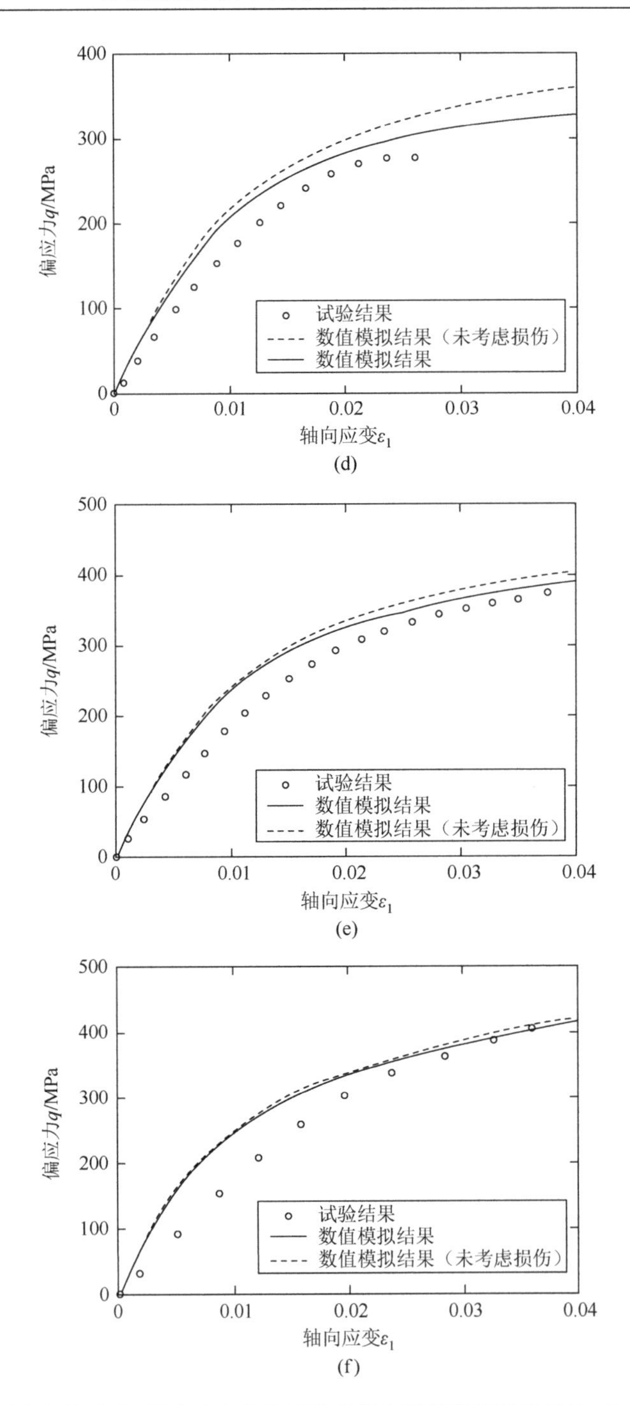

图 3.10　Boise 砂岩的偏应力-轴向应变曲线试验结果和数值模拟结果对比（Ma et al.，2016b）

（a）$p'_{\mathrm{con}}=5\mathrm{MPa}$；（b）$p'_{\mathrm{con}}=10\mathrm{MPa}$；（c）$p'_{\mathrm{con}}=20\mathrm{MPa}$；（d）$p'_{\mathrm{con}}=100\mathrm{MPa}$；（e）$p'_{\mathrm{con}}=200\mathrm{MPa}$；（f）$p'_{\mathrm{con}}=300\mathrm{MPa}$

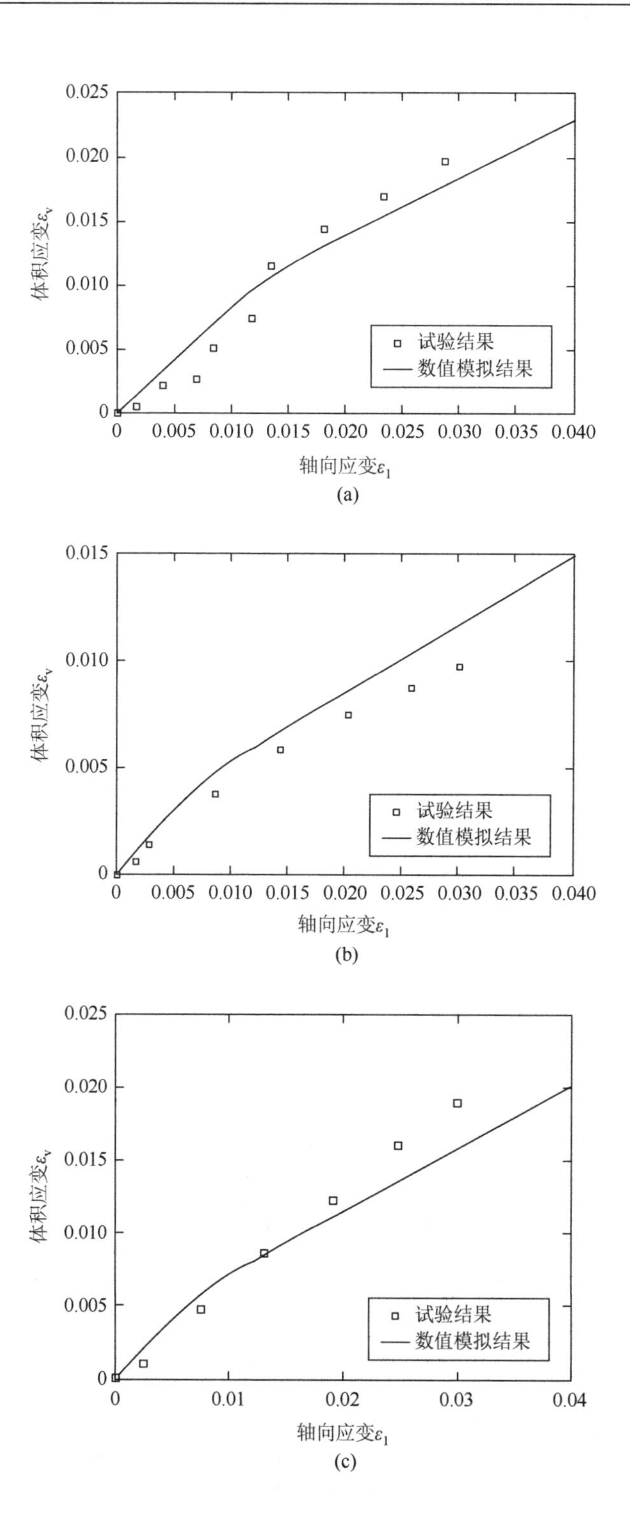

0.025
0.020
0.015
0.010
0.005
0
体积应变ε_v
试验结果
数值模拟结果
0 0.005 0.010 0.015 0.020 0.025 0.030 0.035 0.040
轴向应变ε_1

(a)

0.015
0.010
0.005
0
体积应变ε_v
试验结果
数值模拟结果
0 0.005 0.010 0.015 0.020 0.025 0.030 0.035 0.040
轴向应变ε_1

(b)

0.025
0.020
0.015
0.010
0.005
0
体积应变ε_v
试验结果
数值模拟结果
0 0.01 0.02 0.03 0.04
轴向应变ε_1

(c)

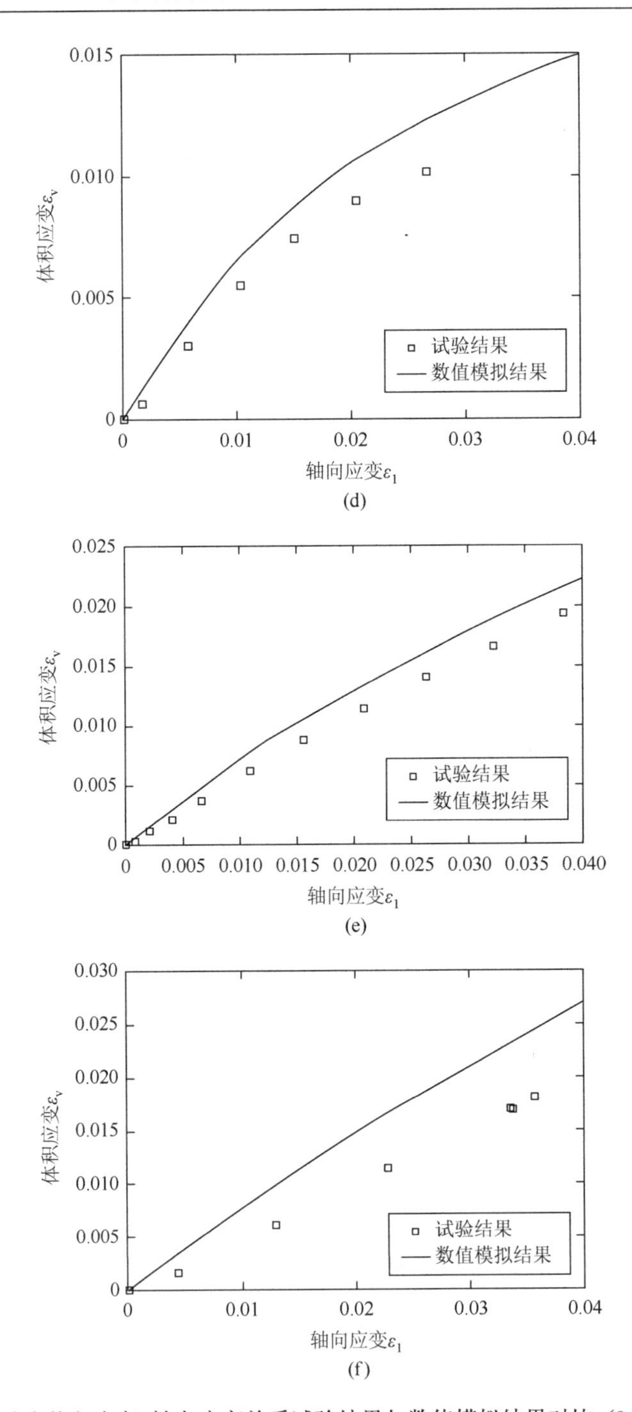

图 3.11　Boise 砂岩体积应变-轴向应变关系试验结果与数值模拟结果对比（Ma et al.，2016b）

（a）$p'_{con}=5\text{MPa}$；（b）$p'_{con}=10\text{MPa}$；（c）$p'_{con}=20\text{MPa}$；（d）$p'_{con}=100\text{MPa}$；（e）$p'_{con}=200\text{MPa}$；（f）$p'_{con}=300\text{MPa}$

图 3.10 和图 3.11 表明，本章提出的本构模型合理地模拟了不同围压下完全饱和 Boise 砂岩的力学响应。在较低的围压下，剪切应力在平面 q - ε_1 上达到峰值，然后由于塑性膨胀和损伤演化而降低到残余状态。从图 3.12 和图 3.13 可以看出，在低围压的试验中，损伤随加载显著增加；在 5MPa 围压下达到最大值。随着围压的增加（100～300MPa），损伤增长缓慢，说明塑性硬化起到主导作用。例如，在 300MPa 的围压下，最大损伤水平达到约 5%，应力-应变响应可以用塑性硬化来解释。如图 3.12 和图 3.13 所示，随着轴向应变累积，高围压下的最大损伤水平低于低围压下的损伤水平。从低围压到高围压，本构模型较好地模拟了 Boise 砂岩从应变软化到应变硬化的转变以及脆性-延性过渡过程。

可以预见，在极限高围压下，当裂纹密度达到一定水平时，岩石材料可能发生颗粒破碎。在实践中，由于水和温度的影响，很难达到这样的高围压。在低围

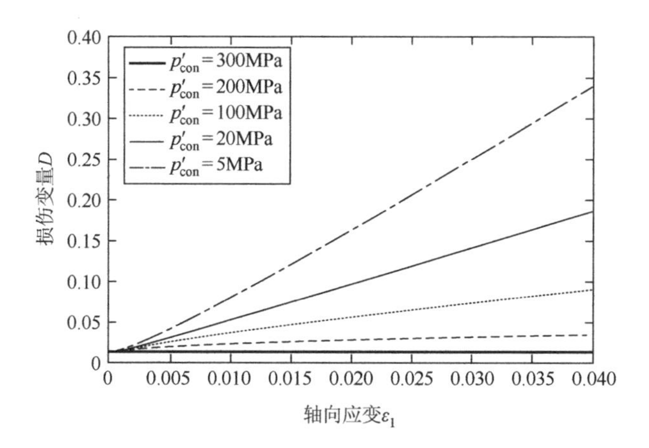

图 3.12　Boise 砂岩损伤演化预测（基于损伤应变能释放率的损伤演化方程）

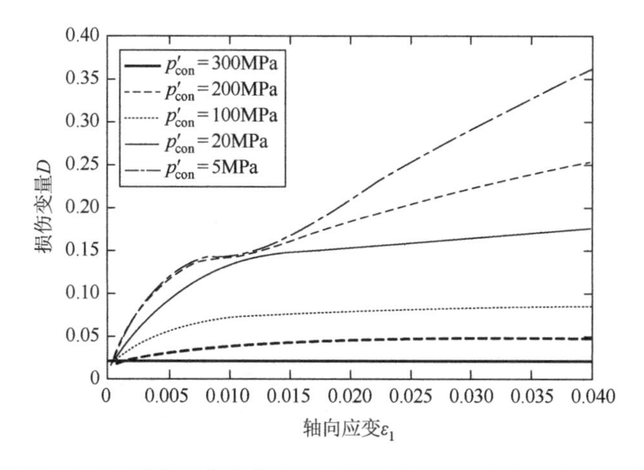

图 3.13　Boise 砂岩损伤演化预测（基于拉伸强度的损伤演化方程）

压条件下，岩石在峰值应力后损伤变量 D 不断增大，如果 D 接近 D_c，岩石试样发生剪切破坏。

图 3.12 和图 3.13 分别显示了两种损伤演化方程预测的损伤演化过程，即基于损伤应变能释放率和基于拉伸强度。可见，在低围压条件下，基于拉伸强度损伤演化方程（图 3.13）的损伤演化速率要快于基于损伤应变能释放率的演化方程（图 3.12）。在高围压下，两种损伤演化方程无明显差异。Yazdchi 等（1996）指出，拉伸强度张量损伤演化方程适用于材料在拉应力条件下的失效分析，基于损伤应变能释放率的损伤演化方程更适合压应力条件下的岩石损伤过程。因此，本章采用基于损伤应变能释放率的损伤演化方程来模拟其余岩石（Berea 砂岩和硅藻土泥岩）。

2. Berea *砂岩*

本节模拟了孔隙率为 21%的 Berea 砂岩三轴排水剪切试验（Baud et al.，2000），围压范围从10MPa 到 300MPa （$\overline{p}_c' = 360$ MPa），本构模型参数如表 3.2 所示。

表 3.2 Berea 砂岩的本构模型参数

弹塑性模型参数	$e = 0.2658$	$\lambda = 0.21$	$\kappa = 0.0155$	$M_{cs} = 1.45$	$N = 1.75$	$R = 2.35$	$k = 0.5$	$k_m = 10$
损伤模型参数	$m = 10$	$k_Y = 0.0045$	$m_Y = 25$	$Y_{d0} = 0.001$				

图 3.14 和图 3.15 展示了 Berea 砂岩三轴排水剪切试验的模拟结果，该结果与试验数据吻合较好，合理地反映了脆性损伤、脆性-延性过渡和塑性损伤耦合效应等力学响应特征。图 3.16 展示了不同围压下 Berea 砂岩的损伤演化过程，不同工况的对比说明了围压对损伤的影响规律，即损伤的演化具有围压依赖性。

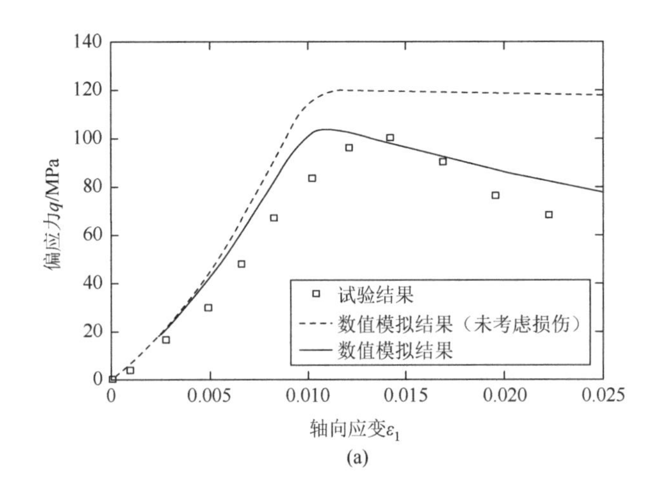

(a)

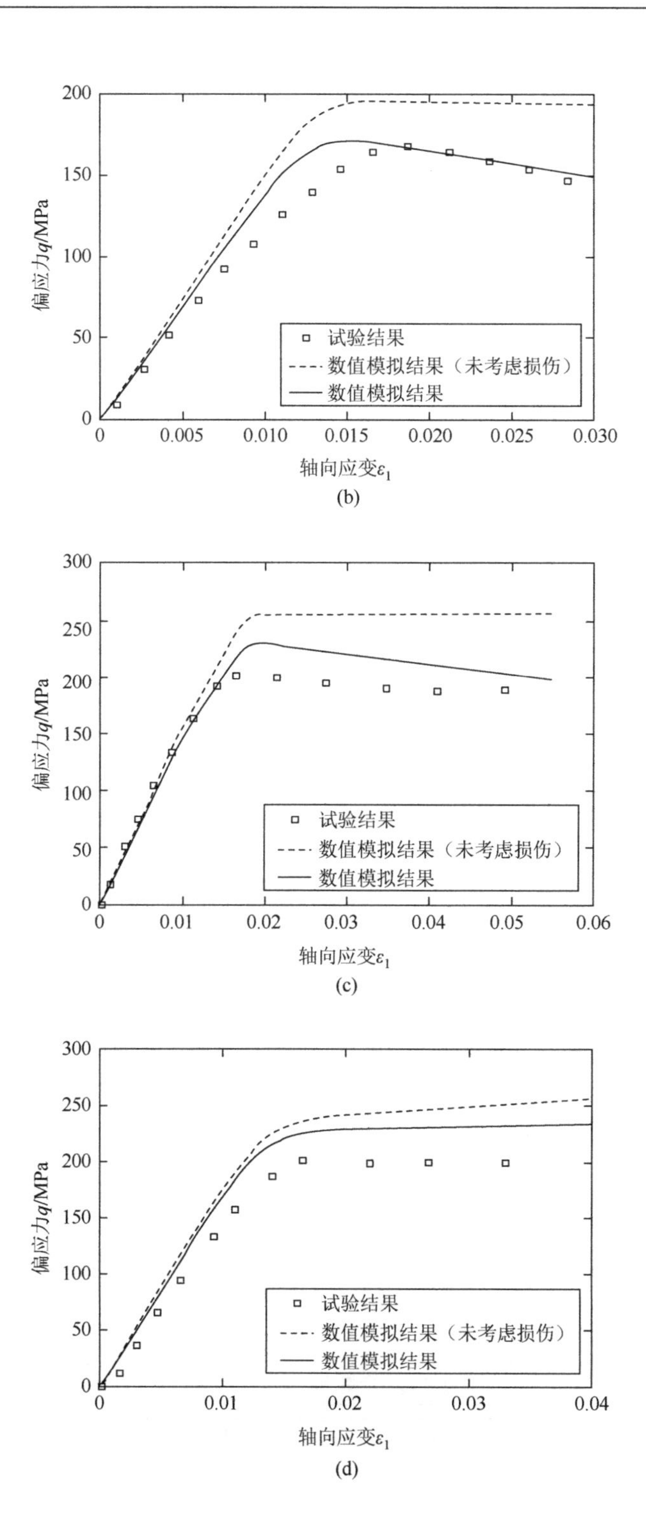
200
150
100
50
0
偏应力q/MPa
0
0.005
0.010
0.015
0.020
0.025
0.030
轴向应变ε_1
试验结果
数值模拟结果（未考虑损伤）
数值模拟结果

(b)

300
250
200
150
100
50
0
偏应力q/MPa
0
0.01
0.02
0.03
0.04
0.05
0.06
轴向应变ε_1
试验结果
数值模拟结果（未考虑损伤）
数值模拟结果

(c)

300
250
200
150
100
50
0
偏应力q/MPa
0
0.01
0.02
0.03
0.04
轴向应变ε_1
试验结果
数值模拟结果（未考虑损伤）
数值模拟结果

(d)

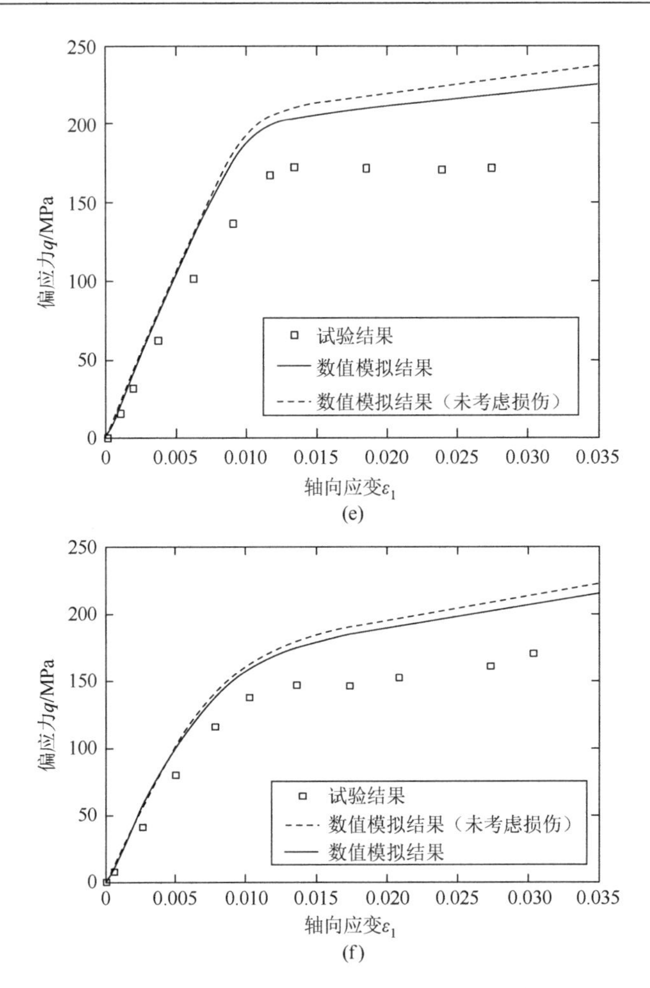

图 3.14　Berea 砂岩的偏应力-轴向应变关系数值模拟结果与试验结果对比（Ma et al.，2016b）

（a）$p'_{\text{con}}=10\text{MPa}$；（b）$p'_{\text{con}}=40\text{MPa}$；（c）$p'_{\text{con}}=100\text{MPa}$；（d）$p'_{\text{con}}=200\text{MPa}$；（e）$p'_{\text{con}}=250\text{MPa}$；（f）$p'_{\text{con}}=300\text{MPa}$

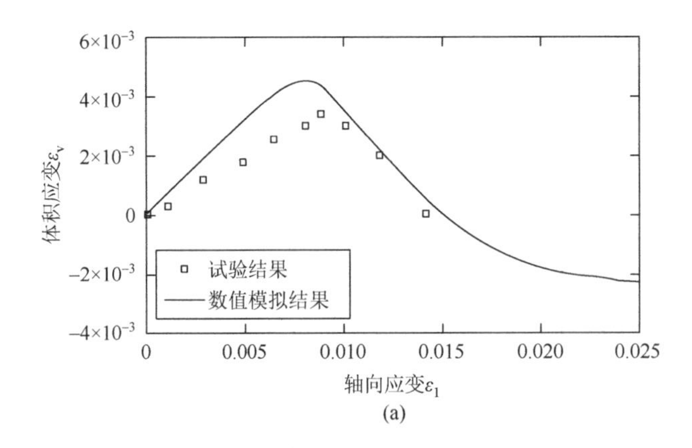

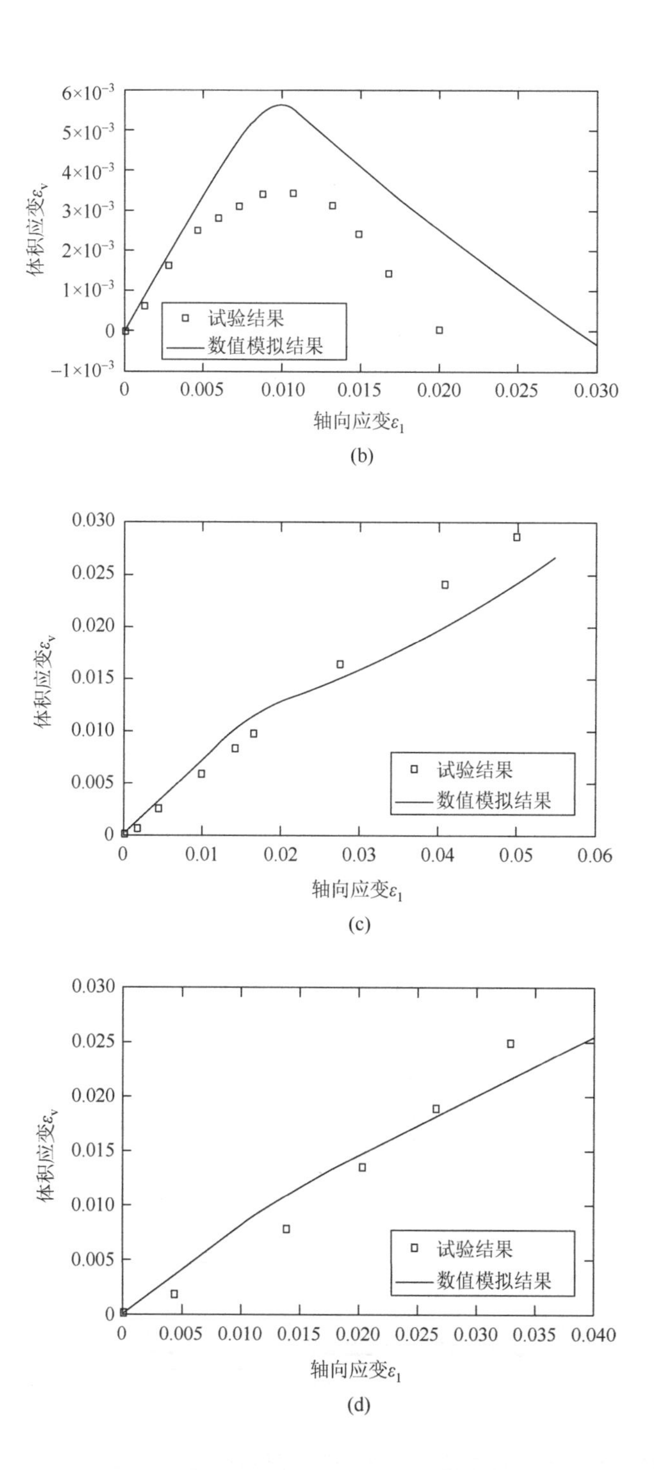

(b)

(c)

(d)

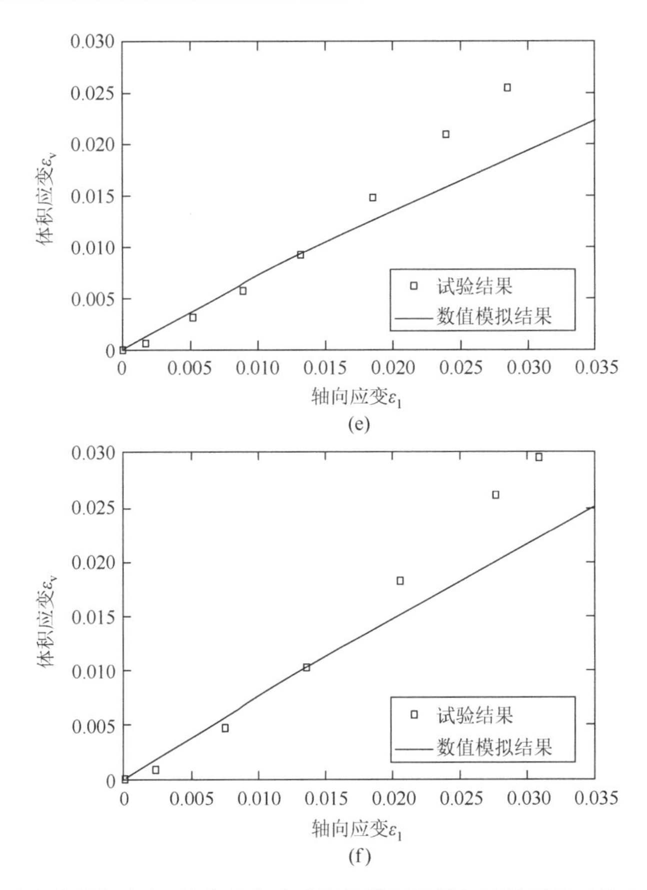

图 3.15　Berea 砂岩的体积应变-轴向应变关系数值模拟结果与试验结果对比（Ma et al., 2016b）

（a）$p'_{con}=10\text{MPa}$；（b）$p'_{con}=40\text{MPa}$；（c）$p'_{con}=100\text{MPa}$；（d）$p'_{con}=200\text{MPa}$；（e）$p'_{con}=250\text{MPa}$；（f）$p'_{con}=300\text{MPa}$

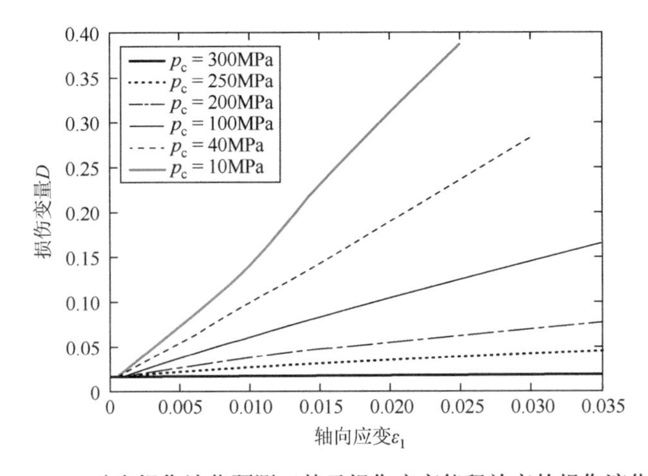

图 3.16　Berea 砂岩损伤演化预测（基于损伤应变能释放率的损伤演化方程）

3.4.3　三轴不排水剪切试验

针对硅藻土泥岩，Liao 等（2003）开展了一系列三轴不排水剪切试验（圆柱试样，直径 50mm，高度 100mm）。硅藻土泥岩属于高孔隙率（孔隙比 $e=2.38$）软弱岩石，原岩具有一定的刚度，质地较硬，历史最大压应力为 $\overline{p}_{\mathrm{c}}'=3500\,\mathrm{kPa}$，本构模型参数列于表 3.3。

表 3.3　硅藻土泥岩本构模型参数

弹塑性模型参数	$e=2.38$	$\lambda=0.5625$	$\kappa=0.035$	$M_{\mathrm{cs}}=1.75$	$N=2$	$R=2$	$k=4$	$k_m=2$
损伤模型参数	$m=10$	$k_Y=0.005$	$m_Y=25$	$Y_{d0}=0.001$				

图 3.17～图 3.19 对比了数值模拟结果和试验结果，可见数值模拟结果与试验结果吻合较好，表明该模型适用于不排水条件下的多孔隙岩石。研究表明，所有泥岩样品都经历了应变软化，并在最后阶段达到残余状态（Ma et al.，2016b）。与此相对应，所有试样在残余状态下，孔隙和裂隙中的超静水压力均保持不变，与试验结果吻合较好。图 3.20 展示了不同围压下硅藻泥岩的损伤演化曲线，大部分情况下损伤在初始阶段快速增加，此后增加减缓，最终趋于稳定；围压越大，损伤最终稳定值越小；损伤演化过程曲线表明，低围压下岩石呈现脆性破坏，损伤演化速率快，易形成损伤破碎带。高围压下，损伤演化速率慢，塑性变形较大，呈现延性破坏，最终的损伤值较小。

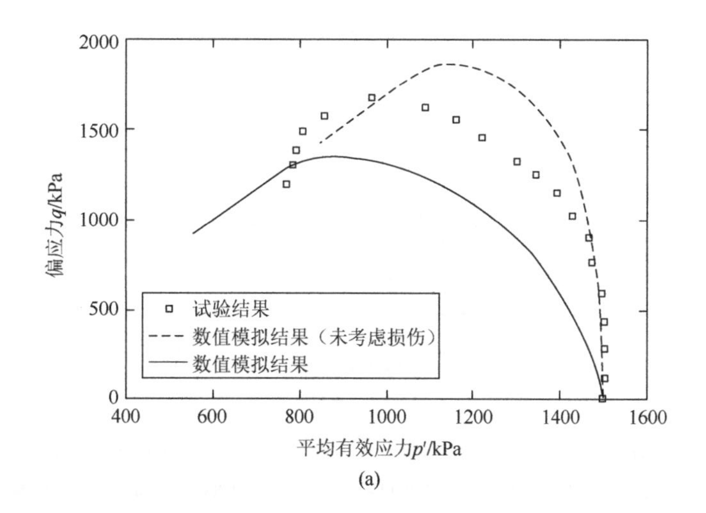

(a)

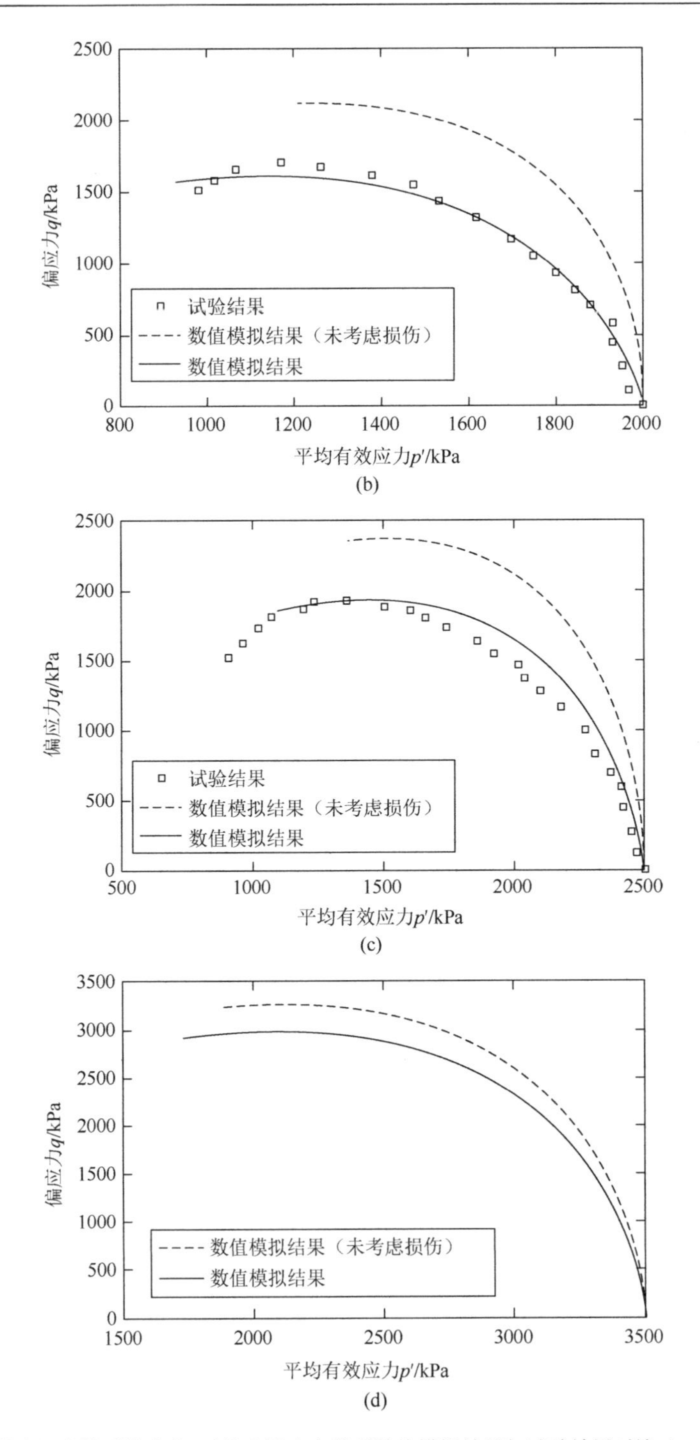

图 3.17　硅藻土泥岩模型偏应力-平均有效应力关系数值模拟结果与试验结果对比（Ma et al.，2016b）

（a）$p'_{con}=1500\text{kPa}$；（b）$p'_{con}=2000\text{kPa}$；（c）$p'_{con}=2500\text{kPa}$；（d）$p'_{con}=3500\text{kPa}$

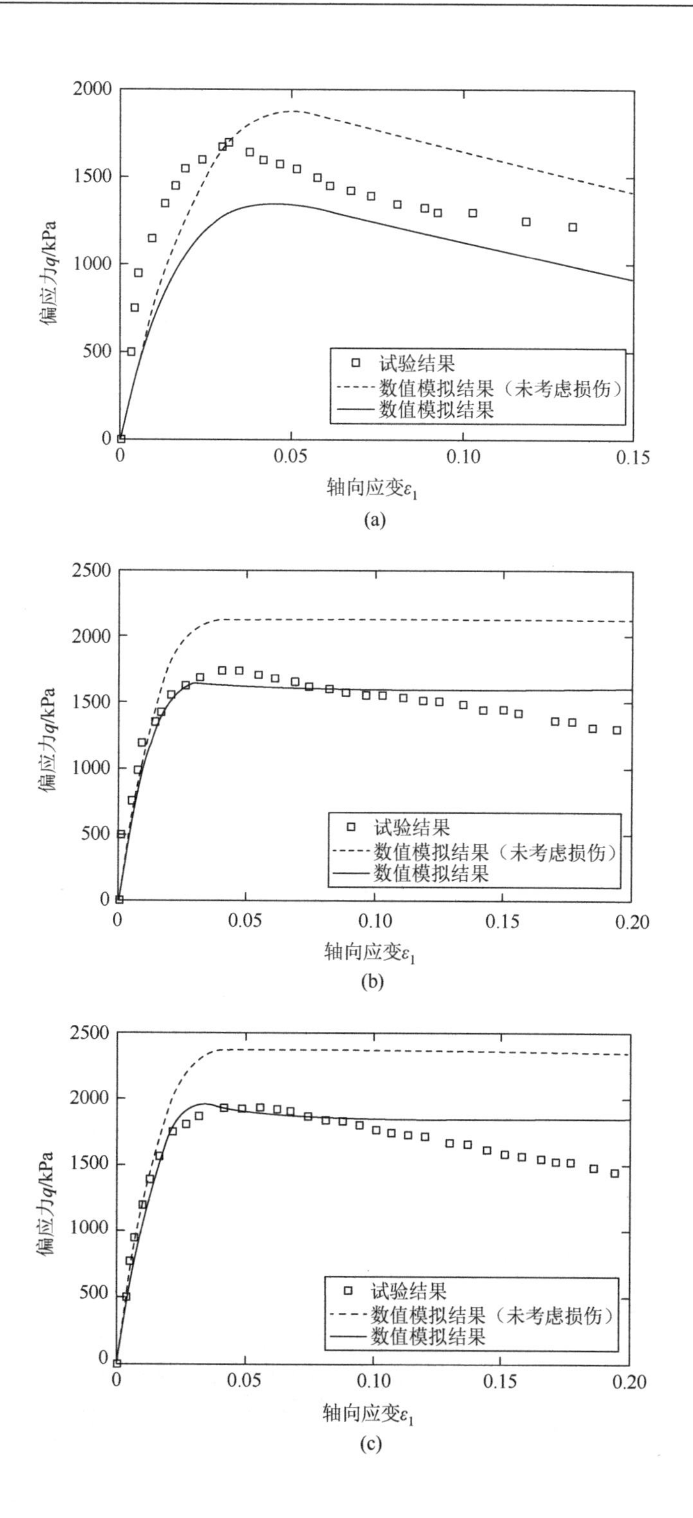

2000
1500
1000
500
0
偏应力q/kPa
0
0.05
0.10
0.15
轴向应变ε_1
试验结果
数值模拟结果（未考虑损伤）
数值模拟结果
(a)
2500
2000
1500
1000
500
0
偏应力q/kPa
0
0.05
0.10
0.15
0.20
轴向应变ε_1
试验结果
数值模拟结果（未考虑损伤）
数值模拟结果
(b)
2500
2000
1500
1000
500
0
偏应力q/kPa
0
0.05
0.10
0.15
0.20
轴向应变ε_1
试验结果
数值模拟结果（未考虑损伤）
数值模拟结果
(c)

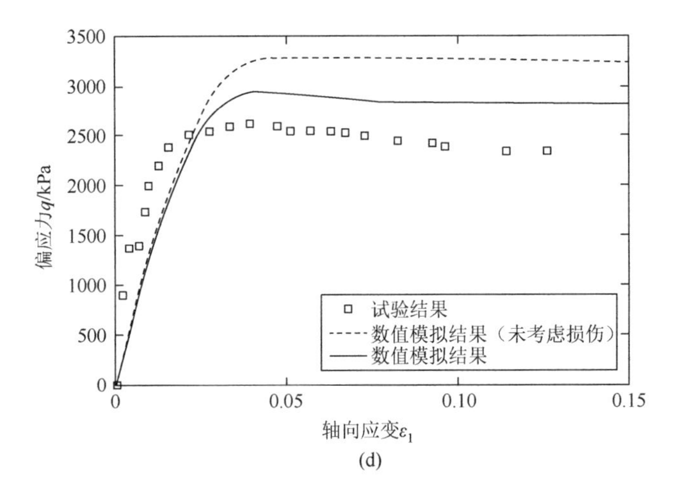

(d)

图 3.18　硅藻土泥岩模型偏应力-轴向应变关系数值模拟结果与试验结果对比（Ma et al.，2016b）

（a） $p'_{con}=1500$kPa；（b） $p'_{con}=2000$kPa；（c） $p'_{con}=2500$kPa；（d） $p'_{con}=3500$kPa

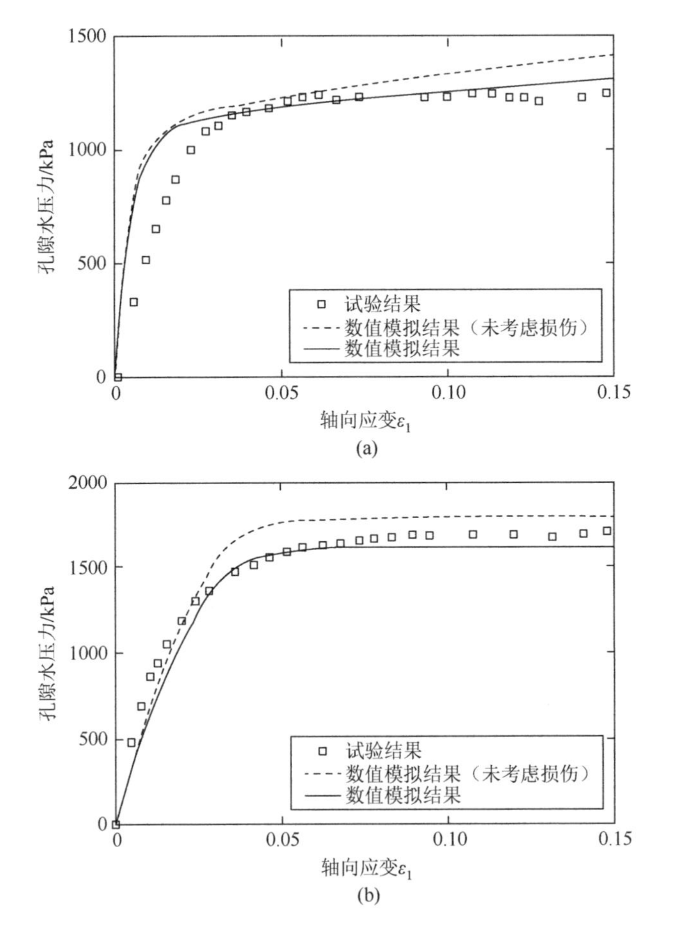

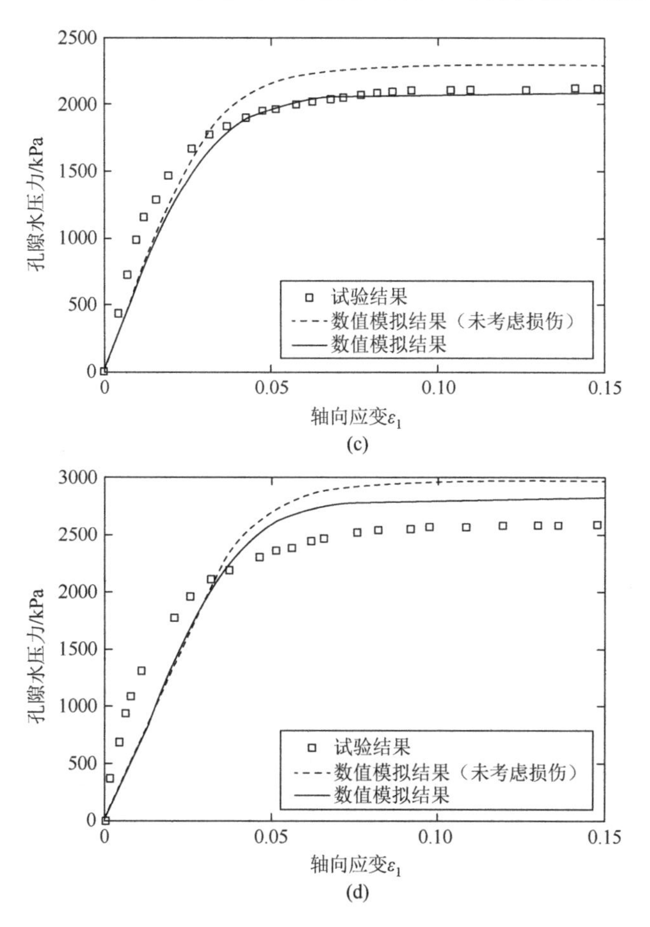

图 3.19　硅藻土泥岩模型孔隙水压力-轴向应变关系数值模拟结果与试验结果对比（Ma et al.，2016b）

（a）$p'_{\rm con}=1500{\rm kPa}$；（b）$p'_{\rm con}=2000{\rm kPa}$；（c）$p'_{\rm con}=2500{\rm kPa}$；（d）$p'_{\rm con}=3500{\rm kPa}$

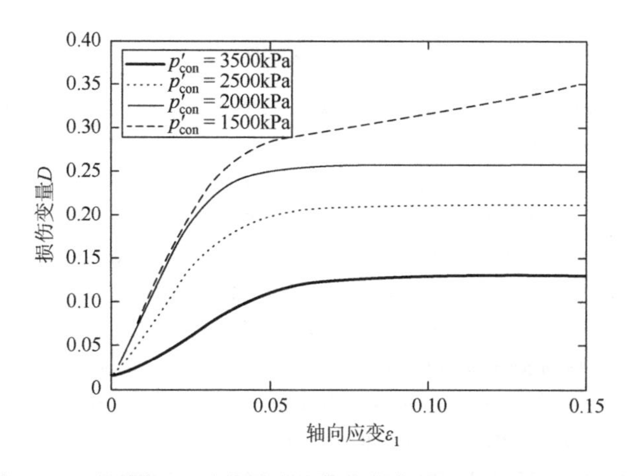

图 3.20　不同围压下硅藻泥岩损伤演化曲线（Ma et al.，2016b）

3.5 本章结论

基于边界面塑性理论、连续损伤力学、能量耗散原理等，本章提出了弹塑性损伤模型。该模型很好地模拟了岩石在不同围压、不同排水条件、不同孔隙率下的应力-应变关系，特别是岩石在低围压下的脆性力学行为，即低围压下的岩石软化以损伤为主，塑性变形为辅；在高围压下，岩石表现出塑性硬化趋势，损伤发展趋势弱于塑性硬化，岩石整体上表现出硬化和塑性特征；在中围压范围，本构模型预测了岩石的脆性-延性过渡，与试验结果吻合较好。本章对基于损伤应变能释放率的损伤演化方程和基于拉伸强度的损伤演化方程也做了对比研究，两种损伤演化方程具有一定的相似性，但是基于拉伸强度的损伤演化方程更加适合脆性损伤问题。

弹塑性损伤模型融合了边界面塑性理论与连续损伤力学，即在临界状态框架下建立，该模型可以有效反映如下形变特征：随着形变的发展，塑性变形逐步增加，弹性部分逐渐减少，特别是实现了弹性-塑性变形的平滑过渡。在边界面塑性模型中，塑性变形采用非关联流动法则求解，可以更好地模拟岩石力学特性。为了探索岩石中应力-水力相互作用，采用有效应力来考虑液体压力对变形的贡献。为了解决损伤对塑性的影响，将边界面塑性硬化作为损伤和塑性体积应变的函数。在热力学框架下，本章采用各向同性损伤假设，建立了连续损伤模型。其中，损伤演化法则有两种方程形式，即基于损伤应变能释放率和基于拉伸强度的损伤演化方程。为了捕捉塑性和围压对损伤演化的影响，两种损伤演化法则都考虑了塑性硬化参数和围压；并且采用间接耦合方法，将塑性流动规律与损伤演化规律结合，捕捉了塑性-损伤的耦合效应。

参考文献

Baud P，Zhu W L，Wong T F，2000. Failure mode and weakening effect of water on sandstone[J]. Journal of Geophysical Research B：Solid Earth，105（B7）：16371-16389.

Bernabe Y，Fryer D T，Shively R M，1994. Experimental observations of the elastic and inelastic behaviour of porous sandstones[J]. Geophysical Journal International，117（2）：403-418.

Bésuelle P，Baud P，Wong T F，2003. Failure mode and spatial distribution of damage in rothbach sandstone in the brittle-ductile transition[J]. Pure and Applied Geophysics，160（5-6）：851-868.

Brown E T，Yu H S，1988. A model for the ductile yield of porous rock[J]. International Journal for Numerical & Analytical Methods in Geomechanics，12（6）：679-688.

Crawford B R，Yale D P，2002. Constitutive modeling of deformation and permeability：Relationships between critical state and micromechanics[C]//SPE/ISRM Rock Mechanics Conference，Irving.

Cuss R J，Rutter E H，Holloway R F，2003. The application of critical state soil mechanics to the mechanical behaviour of porous sandstones[J]. International Journal of Rock Mechanics and Mining Sciences，40（6）：847-862.

David C，Wong T F，Zhu W L，et al.，1994. Laboratory measurement of compaction-induced permeability change in porous rocks：Implications for the generation and maintenance of pore pressure excess in the crust[J]. Pure and Applied Geophysics，143（1）：425-456.

Davidge R W，Mclaren J R，Tappin G，1973. Strength-probability-time（SPT）relationships in ceramics[J]. Journal of Materials Science，8：1699-1705.

Dragon A，Mróz Z，1979. A continuum model for plastic-brittle behaviour of rock and concrete[J]. International Journal of Engineering Science，17（2）：121-137.

Fahrenthold E P，1991. A continuum damage model for fracture of brittle solids under dynamic loading[J]. Journal of Applied Mechanics，58（4）：904-909.

Gerogiannopoulos N G，Brown E T，1978. The critical state concept applied to rock[J]. International Journal of Rock Mechanics and Mining Sciences & Geomechanics Abstracts，15（1）：1-10.

Guo P J，Wan R G，1998. Modelling the cyclic behaviour of brittle materials using a bounding surface plasticity-damage model[J]. International Journal of Rock Mechanics and Mining Sciences，35（4-5）：437-438.

Ju J W，1989. On energy-based coupled elastoplastic damage theories：Constitutive modeling and computational aspects[J]. International Journal of Solids and Structures，25（7）：803-833.

Kachanov L，1980. Crack and damage growth in creep：A combined approach[J]. International Journal of Fracture，16（4）：R179-R181.

Kachanov L M，1958. Time of the rupture process under creep conditions[J]. Izvestiia Akademii Nauk SSSR，Otdelenie Teckhnicheskikh Nauk，23：26-31.

Khalili N，Habte M A，Valliappan S，2005. A bounding surface plasticity model for cyclic loading of granular soils[J]. International Journal for Numerical Methods in Engineering，63（14）：1939-1960.

Khalili N，Habte M A，Zargarbashi S，2008. A fully coupled flow deformation model for cyclic analysis of unsaturated soils including hydraulic and mechanical hystereses[J]. Computers and Geotechnics，35（6）：872-889.

Lemaitre J，1984. How to use damage mechanics[J]. Nuclear Engineering and Design，80（2）：233-245.

Lemaitre J，1985a. A continuous damage mechanics model for ductile fracture[J]. Journal of Engineering Materials and Technology，107（1）：83-89.

Lemaitre J，1985b. Coupled elasto-plasticity and damage constitutive equations[J]. Computer Methods in Applied Mechanics and Engineering，51（1-3）：31-49.

Lemaitre J，Chaboche J L，1975. A nonlinear model of creep-fatigue damage cumulation and interaction[C]//Mechanics of Visco-elastic Media and Bodies，Berlin.

Liao H J，Su L J，Pu W C，2003. Test and numerical analysis of the constitutive relation of a diatomaceous soft rock[J]. Marine Georesources and Geotechnology，21（3-4）：183-200.

Ma J J，2014. Coupled flow deformation analysis of fractured porous media subject to elasto-plastic damage[D]. Sydney：The University of New South Wales.

Ma J J，2018. Wetting collapse analysis on partially saturated oil chalks by a modified cam clay model based on effective stress[J]. Journal of Petroleum Science and Engineering，167：44-53.

Ma J J，Khalili N，2010. An elastoplastic constitutive model for porous media[C]//The 3rd International Conference on Computational Methods，Zhangjiajie.

Ma J J，Zhao G F，2018. Borehole stability analysis in fractured porous media associated with elastoplastic damage response[J]. International Journal of Geomechanics，18：04018022.

Ma J J，Zhao G F，Khalili N，2016a. A fully coupled flow deformation model for elasto-plastic damage analysis in saturated fractured porous media[J]. International Journal of Plasticity，76：29-50.

Ma J J，Zhao G F，Khalili N，2016b. An elastoplastic damage model for fractured porous media[J]. Mechanics of Materials，100：41-54.

Ofoegbu G I，Curran J H，1991. Yielding and damage of intact rock[J]. Canadian Geotechnical Journal，28（4）：503-516.

Roscoe K H，Burland J B，1968. On the generalised stress-strain behavior of “wet clay” [M]. Cambridge：Cambridge University Press.

Russell A R，Khalili N，2004. A bounding surface plasticity model for sands exhibiting particle crushing[J]. Canadian Geotechnical Journal，41（6）：1179-1192.

Schofield A N，Wroth C P，1968. Critical state soil mechanics[M]. London：McGraw-Hill.

Shah K R，1997. An elasto-plastic constitutive model for brittle-ductile transition in porous rocks[J]. International Journal of Rock Mechanics and Mining Sciences and Geomechanics Abstracts，34（3-4）：367.

Shao J F，Jia Y，Kondo D，et al.，2006. A coupled elastoplastic damage model for semi-brittle materials and extension to unsaturated conditions[J]. Mechanics of Materials，38（3）：218-232.

Sheldon H A，Barnicoat A C，Ord A，2006. Numerical modelling of faulting and fluid flow in porous rocks：An approach based on critical state soil mechanics[J]. Journal of Structural Geology，28（8）：1468-1482.

Sheng D，Sloan S W，Yu H S，2000. Aspects of finite element implementation of critical state models[J]. Computational Mechanics，26：185-196.

Valliappan S，Murti V，Zhang W H，1990. Finite element analysis of anisotropic damage mechanics problems[J]. Engineering Fracture Mechanics，35（6）：1061-1071.

Valliappan S，Yazdchi M，Khalili N，1996. Earthquake analysis of gravity dams based on damage mechanics concept[J]. International Journal for Numerical and Analytical Methods in Geomechanics，20（10）：725-751.

Voyiadjis G Z，Kattan P I，2005. Damage mechanics[M]. Berlin：Springer.

Wan R G，Guo P J，1997. Description of brittle-ductile behaviour of rocks using a dilatancy damage model[C]//Proceedings of the Canadian Society of Civil Engineering Annual Conference，Sherbrooke.

Wong T F，Baud P，1999. Mechanical compaction of porous sandstone[J]. Oil and Gas Science and Technology，54（6）：715-727.

Wong T F，David C，Zhu W L，1997. The transition from brittle faulting to cataclastic flow in porous sandstones：Mechanical deformation[J]. Journal of Geophysical Research：Solid Earth，102（B2）：3009-3025.

Wood D M，1990. Soil behaviour and critical state soil mechanics[M]. Cambrige：Cambrige University Press.

Yazdchi M，Valliappan S，Zhang W，1996. A continuum model for dynamic damage evolution of anisotropic brittle materials[J]. International Journal for Numerical Methods in Engineering，39（9）：1555-1583.

Zhang J X，Wong T F，Davis D M，1990a. Micromechanics of pressure-induced grain crushing in porouse rocks[J]. Journal of Geophysical Research：Solid Earth，95（B1）：341-352.

Zhang J X，Wong T F，Yanagidani T，et al.，1990b. Pressure-induced microcracking and grain crushing in berea and boise sandstones：Acoustic emission and quantitative microscopy measurements[J]. Mechanics of Materials，9（1）：1-15.

Zhang W H，Valliappan S，1998. Continuum damage mechanics theory and application-part I：theory[J]. International Journal of Damage Mechanics，7（3）：250-273.

Lemaitre J，Chaboche J L，1978. Aspect phénoménologie de la rupture par endommagement[J]. Journal of Mécanique Application，2：317-365.

第4章　多孔隙介质渗透率演化模型

4.1　引　　言

地下储层的运移特性在很大程度上取决于地质构造的渗透性，在二氧化碳封存、能源地质存储以及危险废物和放射性废物的隔离方面，地质构造的渗透性一直受到广泛关注（Ma，2015，2018；Ma and Zhao，2018）。在这些应用中，岩石固体骨架通常以裂隙网络和孔隙结构为特征。因此，地层通常被描述为多孔隙介质。多孔隙介质的渗透率一般被认为是地应力、固体骨架内部微观结构以及固体骨架体积变化等的函数（Ma，2014，2015）。因此，了解应力-应变对渗透率的影响对于研究地层渗流规律、隧道开挖与维护、油气资源开采、采矿及深部地下空间开发利用具有重要意义。

渗透试验研究表明（David et al.，1994；Zhu et al.，2007），渗透率和孔隙率的变化具有很强的一致性。Friedman（1976）和 Zhu 等（2007）强调，在应力作用下，渗透率随荷载的演化只需要考虑有效“互连”孔隙率的变化，而不需要考虑总孔隙率的变化。为了预测岩石在不同荷载情况下的渗透率演化规律，人们开发了多种渗透率演化模型，主要包括网络模型（Bernabé et al.，2010；Pan et al.，2010；Zhu and Wong，1996，1999）、离散模型（Lee et al.，2007）和连续本构模型（Boutéca et al.，2000；Crawford and Yale，2002；Gessner，2009；Morris et al.，2003；Pride and Berryman，1998；Rudnicki，2001；Yale，2002）。实际工程应用表明，这些模型形式简单，能够预测渗透率演化的主要趋势（Ma and Wang，2016），但是无法准确预测复杂加载路径中的渗透率演变过程。例如，在低、中围压下，这些模型不足以对渗透率演化进行模拟，因为岩石样品在峰值强度点之后经历了剪胀，导致体积及孔隙率增大，而渗透率却持续下降（Ma，2015）。Morris 等（2003）指出，在压力峰值过后的剪胀过程中，渗透率演化归因于某些孔隙空间增加、部分孔隙或者裂隙通道被隔离等导致的渗流路径崎岖度增加。然而，目前的文献还没有找到直接估计渗流路径崎岖度的方法。针对这个问题，一些研究者（Vajdova et al.，2004）只考虑了非弹性应变的影响，而另一些研究者（Main et al.，2000；Ngwenya et al.，2003）只考虑了轴向应变；虽然这些模型做出了一些优化改进，提升了预测精度，但是渗流路径崎岖度计算的基本机制并不合理（Ma and Wang，2016）。例如，弹性变形通常是可以恢复的，弹性变形降低的渗透率部分可以在卸荷后恢复，这一基本事实已通过 Westerly Granite 渗流实验得到了证明（Zoback and Byerlee，1975）。此外，试验表明，剪切变形在渗流路径崎岖度演变中起主导作用；因此，仅考虑非弹性应变或轴向应变是不准确的（Ma and Wang，2016）。

考虑到上述模型的缺点，本章提出了一个统一的渗透率演化模型，即通过引入总渗透阻滞系数，量化孔隙/裂隙闭合效应和渗流路径崎岖度对渗透率的影响，并对比模拟结果与试验数据，验证了渗透率演化模型的有效性。

4.2　渗透率演化模型

学术界普遍认为，只有有效孔隙（如连通孔隙和裂隙）才能为流体提供流动通道。但是，在现实中，有效孔隙率是很难确定的。因此，一种简单而有效的方法是分析渗透率与总孔隙率之间的关系（Ma，2014，2015）。然而，由应力引起的孔隙/裂隙闭合效应和渗流路径崎岖度会影响变形过程中的渗透率，因此很难找到一个适用于所有多孔隙介质的渗透率-孔隙率本构关系（Ma，2015）。为了解决这一问题，本章引入了一个统一的总渗透阻滞系数（τ）来量化孔隙/裂隙闭合效应和渗流路径崎岖度对渗透率的影响。

4.2.1　渗透阻滞系数

对于参考构型（状态 A），在应力作用下将分别引起两种状态：状态 B 和状态 C，分别对应于剪切变形和压实。在此背景下，引入τ_c和τ_t，分别用来量化由于孔隙/裂隙通道闭合（状态 C）和渗流路径崎岖（状态 B）而增加的流体流动阻滞作用。因此，总渗透阻滞系数可以用简单的形式表示（Ma and Wang，2016）：

$$\tau=\tau_c+\tau_t \tag{4.1}$$

其中，τ_c和τ_t仅仅是相对于参考状态 A（初始渗透率和初始孔隙率）以及相应孔隙率和变形的渗透阻滞系数。

1. 孔隙/裂隙闭合效应

在压缩试验中，渗透率演化过程主要受平均有效应力的控制。平均有效应力的增加，使孔隙/裂隙的闭合度增加，以死角和孤立的孔隙/裂隙空间为特征，从而导致渗透率逐渐降低。同样，在剪胀和剪切压实过程中，一定数量的孔隙及裂隙也会产生闭合现象（Ma，2015）。剪胀和剪切压实的唯一区别是，剪切压实导致的渗流通道闭合率和闭合程度更高（Ma and Wang，2016）。通过实验研究和理论分析，Zoback 和 Byerlee（1975）研究了西部花岗岩剪胀引起的微裂纹闭合效应，基于该实验可以发现，剪切压实作用下流体渗透阻滞系数的变化与平均有效应力的关系可表达为（Ma and Wang，2016）

$$\tau_c = \alpha\left(\frac{\sigma'_o}{\sigma'_{oi}}\right)^I \tag{4.2}$$

其中，τ_c 为量化孔隙/裂隙闭合效应的渗透阻滞系数；α 是描述孔隙/裂隙闭合效应的渗透阻滞系数参数；I 是平均有效应力参数，对于某些材料来说，I 是一个常数；σ'_o 是当前平均有效应力，σ'_{ot} 是参考平均有效应力。式（4.2）中的所有变量都是非负的。因此 τ_c 与平均有效应力成正比，与流体压力成反比。在保持总应力恒定的情况下，流体压力的增加反过来又提升了渗透率，例如，注水过程或者水力致裂（Ma and Zhao，2018）。

2. *渗流路径崎岖度*

在多孔隙介质中，渗流路径崎岖度定义为：从“流入点”到“流出点”（Scott，2001）流体流动的有效路径长度与最短直线距离的比值。因此，渗流路径崎岖度在多孔隙介质中充当了额外的屏障，阻止流体沿直线路径直接流动。在细观层面上，渗流路径崎岖度的大小取决于多孔隙介质的结构。在宏观尺度下观察变形，一般采用基于实验观测的模型来处理渗流路径崎岖度（Zhu et al.，2007）。

在三轴压缩试验中，当偏应力增大时，会出现剪切压实或剪胀现象。从细观上看，多孔隙介质当前的组构在剪切变形后发生了显著的变化。具体来说，剪切变形可能会扭曲当前的流动路径，从而增加流体流动的屏障。在宏观尺度下观察形变，可不必考虑每个可能流动路径的崎岖度变化情况，通过引入平均渗透阻滞系数 τ_t，来量化剪切变形引起的整体崎岖度增加的影响。基于实验观察（David et al.，1994；Zhu et al.，2007），将平均渗透阻滞系数 τ_t 定义为剪切应变的函数（Ma and Wang，2016）：

$$\tau_t = \beta(\varepsilon_q)^{\varsigma} \tag{4.3}$$

式中，β 是描述剪切应变的渗透阻滞系数参数；ε_q 为总剪切应变；ς 为剪切应变参数，对某些材料来说，ς 可为常数。在常规三轴试验中，通过轴向应变和体积应变可以反算得出剪切应变，$\varepsilon_q = 2(\varepsilon_1 - \varepsilon_3)/3$，其中 ε_1 和 ε_3 分别是轴向应变和径向应变；式（4.3）中的所有变量都是非负的。

3. *总渗透阻滞系数*

为了阐明平均有效应力和剪切变形对渗透率演化的影响，总渗透阻滞系数可以直接表示为两个阻滞系数之和（Ma and Wang，2016）。

$$\tau = \alpha \left(\frac{\sigma'_o}{\sigma'_{oi}} \right)^I + \beta (\varepsilon_q)^{\varsigma} \tag{4.4}$$

4.2.2 渗透率演化模型的建立

在常规幂函数模型的基础上，通过引入总渗透阻滞系数（τ）来量化孔隙/裂隙闭合效应和渗流路径崎岖度对渗透率的影响，渗透率演化模型可表示为（Ma and Wang，2016）：

$$k = k_o \left(\frac{\varphi}{\varphi_o} \right)^Z \left(\frac{1}{\tau} \right)^{\xi} \tag{4.5}$$

式中，k 和 k_o 分别为当前渗透率和参考渗透率；φ 为当前孔隙率，φ_o 为参考孔隙率；Z 和 ξ 分别为渗透指数参数和渗透阻滞系数参数。式（4.5）中的 $(\varphi / \varphi_o)^Z$，以及传统的渗透率-孔隙率方程（Bernabé et al.，2003；Morris et al.，2003；Zhu et al.，2007），描述了总孔隙率对渗透率的影响，即孔隙率的变化包括压裂引起的孔隙率增加，以及孔隙坍塌引起的孔隙率降低。式（4.5）中的 $(1/\tau)^{\xi}$，量化了孔隙/裂隙闭合效应和渗流路径崎岖度对渗透率的影响。

4.3 模型参数

模型参数可根据实验数据进行标定。式（4.4）中，α 和 β 为材料常数，I 和 ς 分别为平均有效应力参数和剪切应变参数。渗透阻滞系数参数是材料常数，可以基于实验观察值进行校准。为保持渗透率和孔隙率之间的统一关系，建议将 Z 统一设置为 3，以适应绝大多数岩石材料（Ma and Wang，2016）。

在渗透率演化模型[式（4.5）]中，参考孔隙率[$\varphi_o = e_o / (1+e_o)$]或初始孔隙率是通过一些物理测试方法得到的，例如磨粉试验和液体渗透试验。同时，可以基于体积应变（$\varepsilon_{\mathrm{v}} = \varepsilon_1 + 2\varepsilon_3$，三轴测试）来计算当前孔隙率[$\varphi = e / (1+e)$]，或者还可以通过一些本构模型[例如边界面塑性模型（Ma，2014）和单一硬化模型（Lade and Kim，1995）]进行预测。

$$\varphi = \frac{e}{1+e} = \frac{e_o - (1+e_o)\varepsilon_{\mathrm{v}}}{1 + e_o - (1+e_o)\varepsilon_{\mathrm{v}}} \tag{4.6}$$

因此，式（4.4）中的剪切应变也可以利用一些本构模型预测的体积和轴向应变数据进行反算（Lade and Kim，1995；Ma，2014，2015）。

在各向同性或者静水压力试验中，没有剪切变形，总渗透阻滞系数（τ）仅由 τ_c[式（4.2）]贡献；由于乘法函数的性质，其值不小于 1。因此，在初始阶段，

$\tau_c = 1$，σ'_o（当前平均有效应力）等于σ'_{oi}（参考平均有效应力），可得到渗透阻滞系数参数$\alpha = 1$。为了简单起见，建议平均有效应力参数I的值为1，这也与传统的渗透率平均有效应力关系方法一致，如Rice（1992）和David等（1994）。

在直接剪切试验中，平均渗透阻滞系数τ_t的主要贡献来自渗流路径崎岖度的增加（Ma，2015）。类似地，渗流路径崎岖度的表达式是一个乘法函数，式（4.3）的值不小于所定义的1。因此，τ_t在初始阶段为1，在某些情况下可能会非常大。如果当前剪切应变超过阈值，渗流路径崎岖度有可能增加，该阈值满足初始状态条件（Ma and Wang，2016）：

$$\tau_t = \beta(\varepsilon_{qt})^{\varsigma} = 1 \tag{4.7}$$

根据一般多孔隙介质的数值结果（Scott，2001），在极限条件下，渗流路径崎岖度可能为100～1000。然而，这些极端条件并不能代表所有的多孔隙介质，一些孔隙率高的介质平均崎岖度较低。因此，Scott（2001）在对一般多孔隙介质进行数值研究的基础上，假定多孔隙介质在接近极限剪切应变$\frac{\varepsilon_{qu}}{2}$时的渗流路径崎岖度的极限为90（Ma and Wang，2016）。

$$\tau_t = \beta(\varepsilon_{qu})^{\varsigma} = 90 \tag{4.8}$$

考虑式（4.7）和式（4.8），

$$\left(\frac{\varepsilon_{qu}}{\varepsilon_{qt}}\right)^{\varsigma} = 90 \tag{4.9}$$

通过研究一些试验观测结果（Zhu et al.，2007），可以合理地假设极限剪切应变值约为剪切应变阈值的20倍，这对于砂岩来说，$\varsigma = 1.5$。大多数多孔隙岩石的剪切应变阈值在0.6%左右。因此，通过式(4.7)反算砂岩的β，计算结果为2151。为了简单起见，在本章中建议β为2000（Ma and Wang，2016）。上面分析的这些模型参数在表4.1中列出。

表4.1　模型参数

描述孔隙/裂隙闭合效应的渗透阻滞系数参数α	描述剪切应变的渗透阻滞系数参数β	平均有效应力参数I	剪切应变参数ς	渗透指数参数Z
1	2000	1	1.5	3

4.4　模型验证

为了验证渗透率演化模型的有效性，本节对比分析了模型预测结果与Zhu和Wong（1997）的等向压缩试验及三轴压缩试验结果（Darley Dale砂岩、Berea

砂岩和 Adamswiller 砂岩)。砂岩样品的形状为圆柱形，直径为 18.4mm，高度为 38.1mm，所有砂岩样品均已完全饱和。试验中，施加固定孔隙水压力 10MPa，将应变速率控制在恒定值（Zhu and Wong，1997）。试验中记录测量了沿加载轴向的渗透率，并绘制了渗透率与孔隙率、平均有效应力的关系曲线，模型预测结果用线表示，试验结果用散点表示。

4.4.1 静水压力试验

Zhu 和 Wong（1997）开展了一系列静水压力试验，测试了三种岩石的渗透率变化情况；Berea 砂岩、Darley Dale 砂岩和 Adamswiller 砂岩的初始孔隙率（在 3MPa 有效围压下）分别为 21%、14%和 23%；所有的试验结果，包括轴向应变、体积应变、平均有效应力和渗透率都已在文献中进行了报道。本节模拟部分，假设所有砂岩样品均取渗透阻滞系数参数 $\xi = 2/3$ 。

从图 4.1 可以看出，模型模拟结果与试验结果吻合较好。在各向同性压缩荷载下，现有孔隙通道趋于闭合，这一过程的主要特征是孔隙率和渗透率同时趋于衰减趋势[图 4.1（a）]。因此，一些等效渗流通道可能会被闭合阻塞。相应地，渗透率随孔隙率的减小而减小[图 4.1（b）]。综上所述，渗透率-孔隙率之间没有特定的关系，这是由于渗流通道闭合导致的。因此，本章提出的渗透率演化模型在宏观层面考虑了这些效应，能够预测各向同性压缩试验下多孔隙介质的渗透率演化过程。

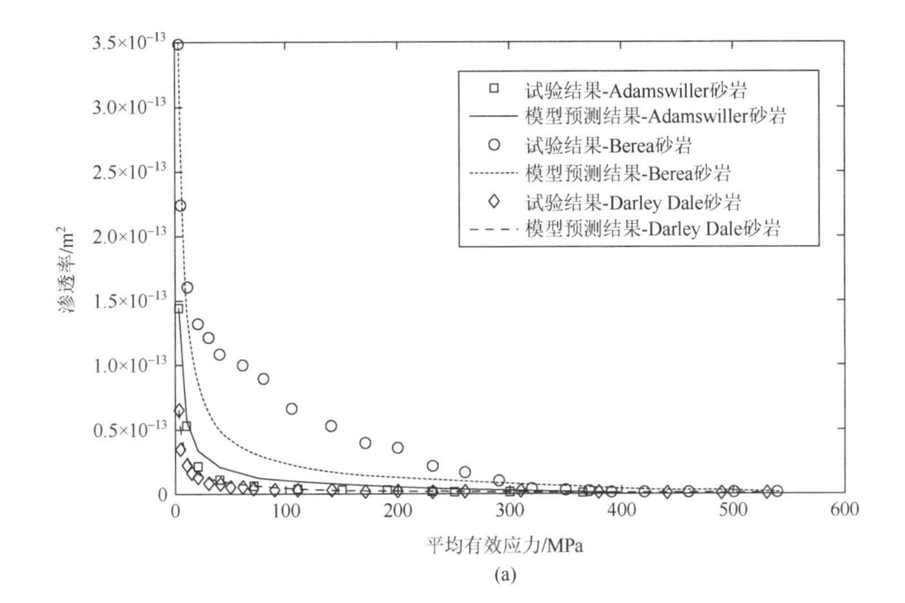

(a)

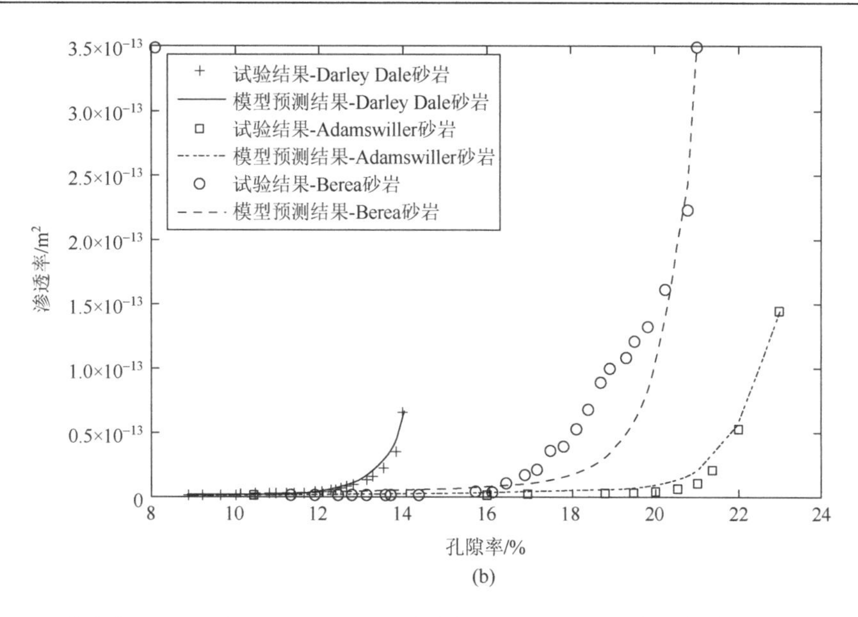

(b)

图 4.1　三种砂岩（Berea 砂岩、Darley Dale 砂岩和 Adamswiller 砂岩）模型预测结果与试验结果的对比（Ma and Wang，2016）

（a）渗透率-平均有效应力曲线；（b）渗透率-孔隙率曲线

4.4.2　三轴试验

图 4.2 为 Darley Dale 砂岩孔隙率-偏应力和剪切应变-偏应力曲线，图 4.3、图 4.4 展示了 Darley Dale 砂岩三轴试验模型预测结果与试验结果的对比情况；图 4.5 为 Berea 砂岩孔隙率-偏应力和剪切应变-偏应力曲线，图 4.6、图 4.7 展示了 Berea 砂岩三轴剪切渗流试验模型预测结果与试验结果的对比情况。所有试验结果，包括轴向应变、体积应变、剪应力、平均有效应力和渗透率，均已列出（Zhu and Wong，1997），分析中使用的 Darley Dale 砂岩渗透阻滞系数参数 ξ 为 0.75，Berea 砂岩渗透阻滞系数参数 ξ 为 1。

1. Darley Dale *砂岩*

图 4.2 为 Darley Dale 砂岩三轴试验结果：孔隙率-偏应力图和剪切应变-偏应力图。砂岩样品在高围压下经历剪切压实（100～200MPa），或在低围压下经历剪胀（5～20MPa）。从图 4.3 和图 4.4 可以看出，该模型能够较好地捕捉了渗透率演化过程。具体来说，在低围压条件下[图 4.3（a）]，砂岩样品在第一阶段经历剪切压实，渗透率随着孔隙率的降低而降低[图 4.4（a）]。随后岩石试样

进入第二个阶段，即在继续加载时发生剪胀，这一阶段的典型特征是孔隙率增加。在这种情况下，孔隙率的增加违背了渗透率-孔隙率关系的一般规律，导致渗透率减小而不是增加，因此绝大多数渗透率演化模型无法模拟这一现象。但本章提出的模型由于考虑了剪切变形时的崎岖阻滞性和通道闭合阻滞性，可有效地捕捉渗透率的持续降低过程（Ma and Wang，2016）。在高围压下[图 4.3（b）]，形变表现为剪切压实，渗透率随着孔隙率的减小而减小[图 4.4（b）]。通过考虑剪切变形引起的崎岖和剪切压实从而导致通道闭合，得出了渗透率与孔隙率、偏应力之间的独特关系。

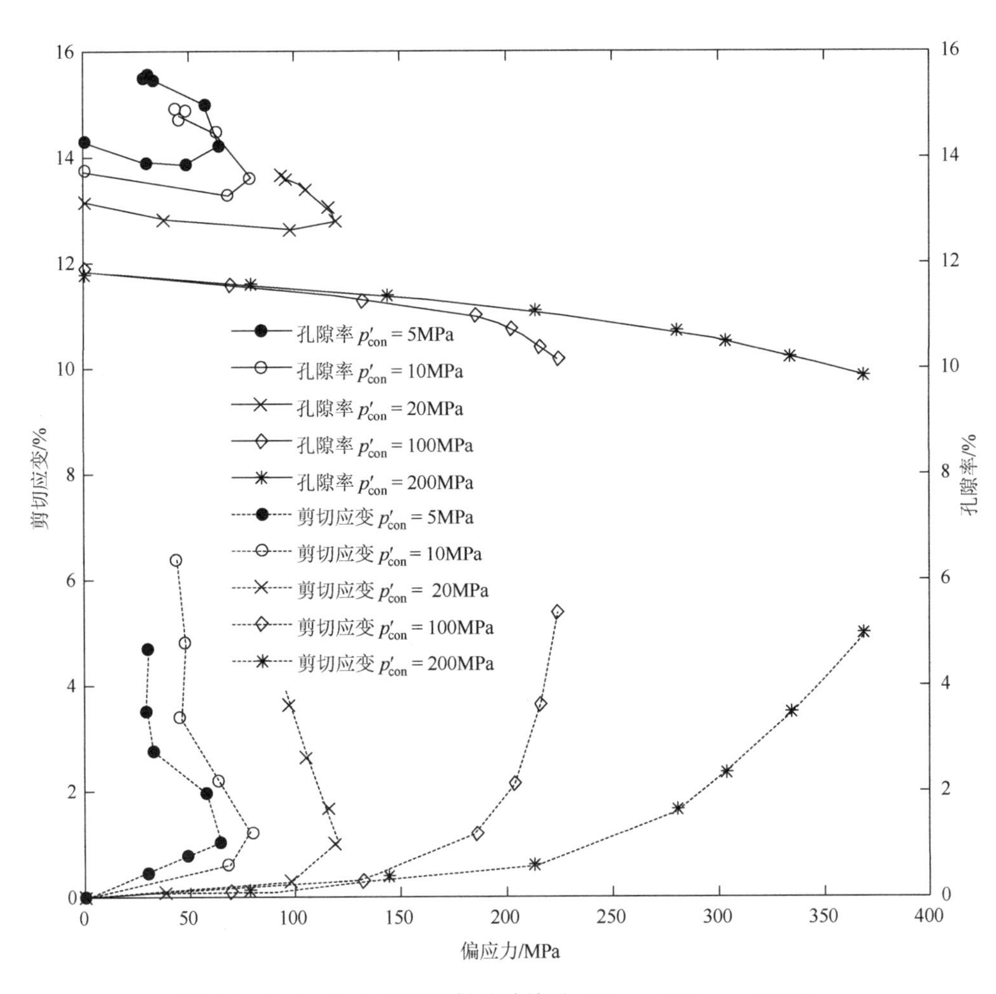

图 4.2　Darley Dale 砂岩三轴试验结果（Zhu and Wong，1997）

实线表示孔隙率与偏应力关系曲线，虚线表示剪切应变与偏应力关系曲线

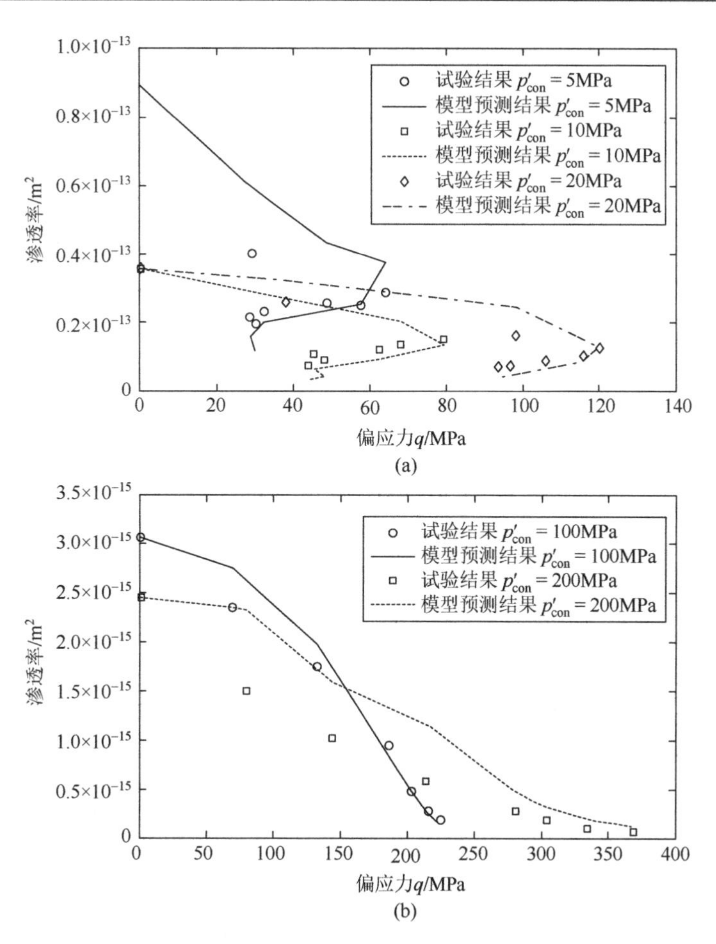

图 4.3　Darley Dale 砂岩渗透率-偏应力响应曲线试验结果与模型预测结果对比（Ma and Wang，2016）

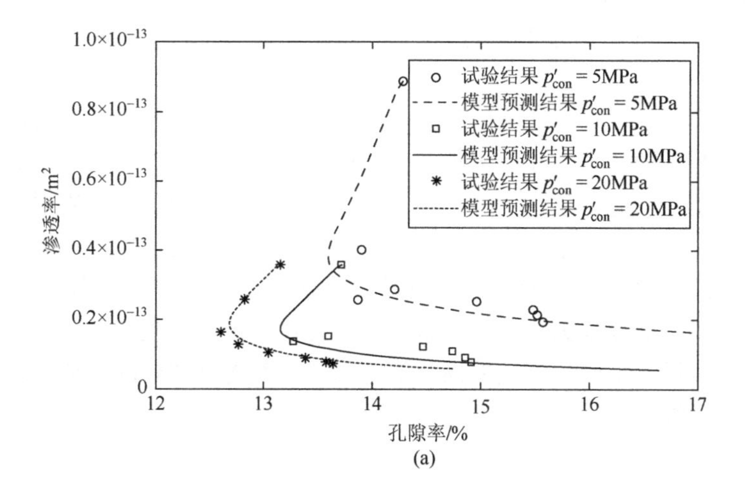

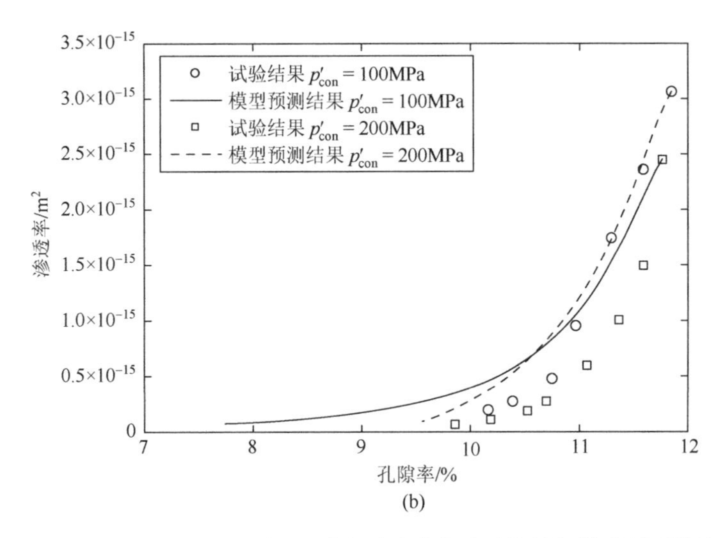

(b)

图 4.4 Darley Dale 砂岩渗透率-孔隙率响应曲线试验结果与模型预测结果对比（Ma and Wang，2016）

2. Berea 砂岩

图 4.5 展示了 Berea 砂岩样品三轴剪切渗流试验结果：低围压（5MPa, 10MPa）、中围压（40MPa）和高围压（160MPa, 250MPa），相应的变形分别为脆性变形、脆性-延性变形和延性变形。施加偏应力后，所有砂岩样品的孔隙率在初始阶段均表现为下降。此后，在中、高围压下岩石孔隙率持续下降，而在低围压下的岩石发生剪胀。模型预测结果与试验结果（图 4.6 和图 4.7）吻合较好。与 Darley Dale 砂岩类似，在不同围压下，砂岩样品的渗透率与孔隙率、偏应力之间存在独特的关系，即随着剪切变形引起的渗流路径崎岖度增加和剪切压实从而导致裂隙闭合度增加，渗透率均呈现降低趋势。同时，伴随着剪切压实作用，孔隙率逐渐降低，而在剪胀作用下，孔隙率随之增加（Ma and Wang，2016）。

值得注意的是，对于低围压下的 Berea 砂岩[图 4.7（a）]，剪切压实阶段模型预测结果与试验结果存在一定偏差。一般来说，平均有效应力增大后，由于裂隙的闭合作用，渗透率急剧下降。然而，在低围压下的 Berea 砂岩样品表现出不同的结果，与模型预测结果相比，通道闭合程度较小。这种轻微的高估误差主要来自描述孔隙/裂隙闭合效应的渗透阻滞系数参数（α）和平均有效应力参数（I）。因此，后续工作还需要大量的实验数据来研究每个模型参数的敏感性。然而，无论是剪切压实还是剪胀，渗透率演化的主要趋势都得到较好的描述，这也证明了该模型的有效性和实用性。

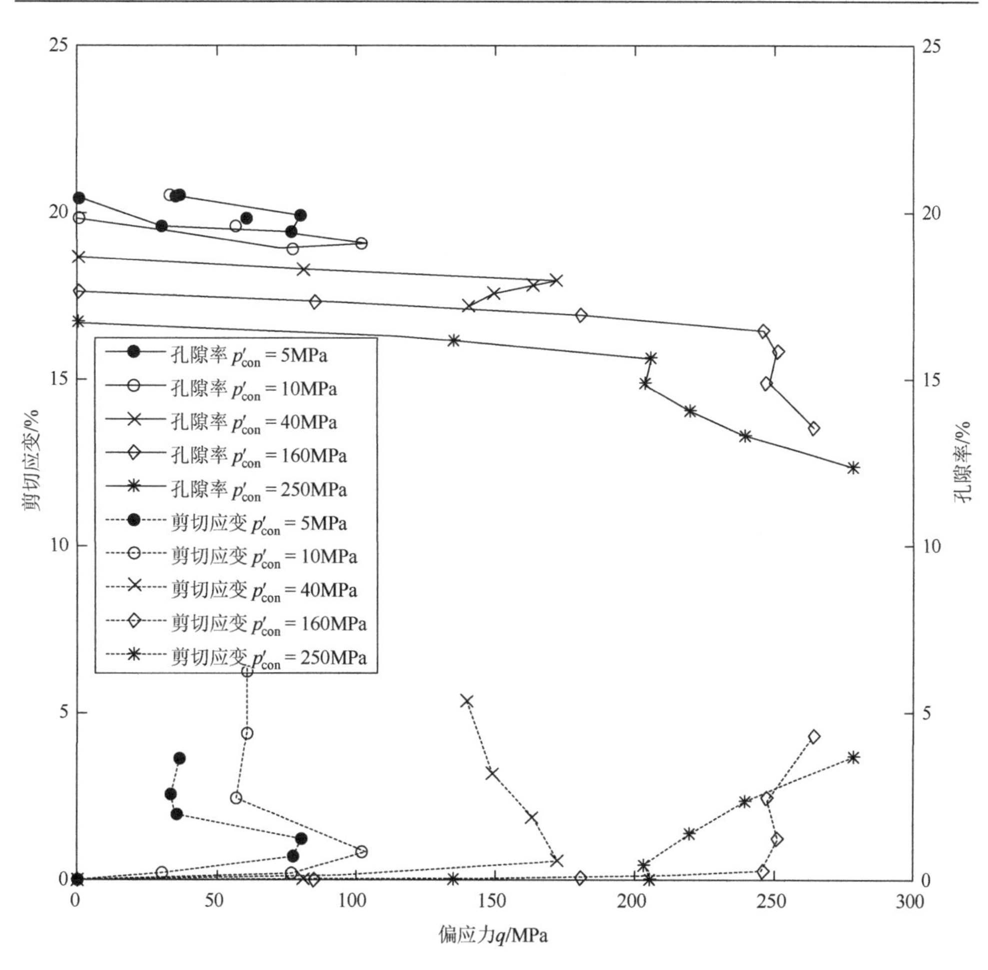

图 4.5　Berea 砂岩三轴剪切渗流试验结果（Zhu and Wong，1997）

实线为孔隙率与偏应力关系曲线；虚线为剪切应变与偏应力关系曲线

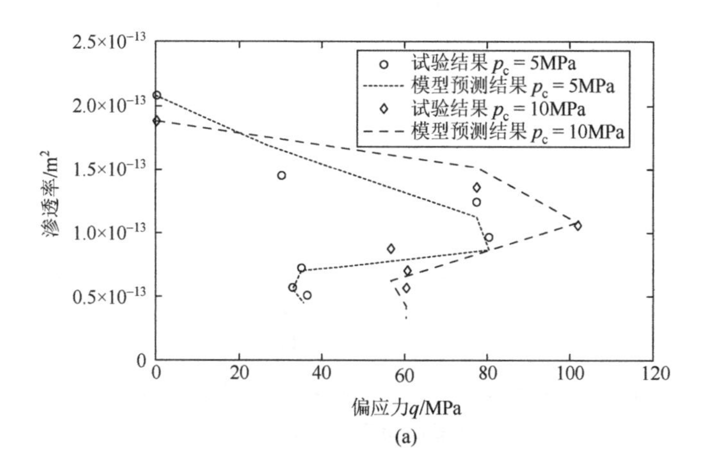

(a)

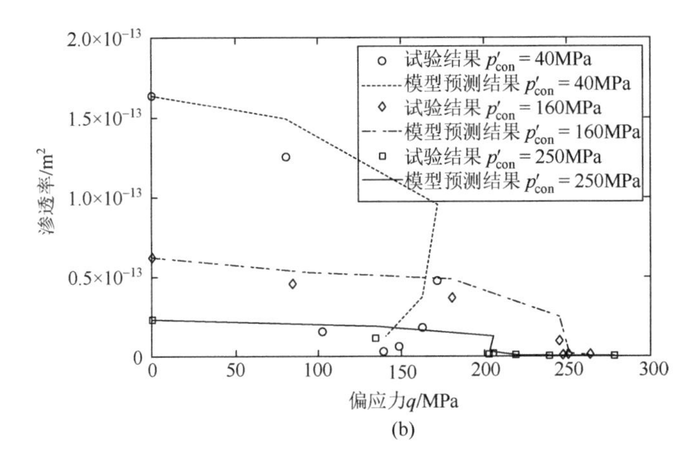

(b)

图 4.6　Berea 砂岩渗透率-偏应力响应曲线试验结果与模型预测结果对比（Ma and Wang，2016）

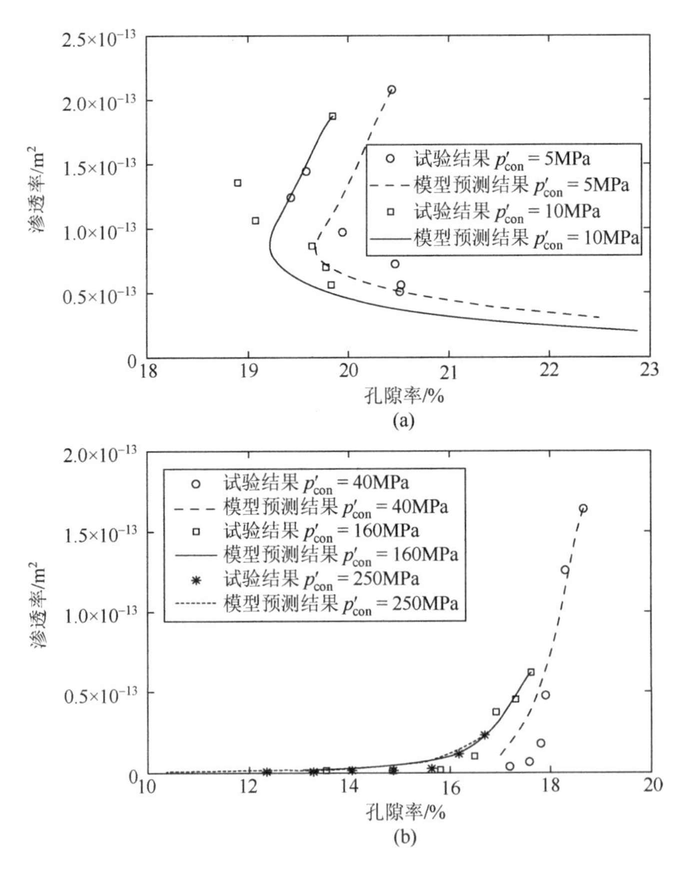

(b)

图 4.7　Berea 砂岩渗透率-孔隙率响应曲线试验结果与模型预测结果对比（Ma and Wang，2016）

4.5 本 章 结 论

本章通过定义总渗透阻滞系数，在常规渗透率–孔隙率幂函数关系的基础上，为了综合考虑孔隙/裂隙闭合效应和渗流路径崎岖度对渗透率的影响，建立了一个统一的渗透率演化模型。该模型包含少量参数，可依据常规实验对其进行校准。本章还展示了模型的预测效果，结果表明，模型预测结果与试验结果吻合较好，充分验证了模型的有效性和实用性。

参 考 文 献

Bernabé Y，1991. Pore geometry and pressure dependence of the transport properties in sandstones[J]. Geophysics，56（4）：436-446.

Bernabé Y，Li M，Maineult A，2010. Permeability and pore connectivity：A new model based on network simulations[J]. Journal of Geophysical Research：Solid Earth，115：B10203.

Bernabé Y，Mok U，Evans B，2003. Permeability-porosity relationships in rocks subjected to various evolution processes[J]. Pure and Applied Geophysics，160：937-960.

Boutéca M J，Sarda J P，Vincké O，2000. Constitutive law for permeability evolution of sandstones during depletion[C]//SPE International Symposium on Formation Damage Control，Lafayette.

Crawford B R，Yale D P，2002. Constitutive modeling of deformation and permeability：Relationships between critical state and micromechanics[C]//SPE/ISRM Rock Mechanics Conference，Irving.

David C，Wong T F，Zhu W L，et al.，1994. Laboratory measurement of compaction-induced permeability change in porous rocks：Implications for the generation and maintenance of pore pressure excess in the crust[J]. Pure and Applied Geophysics，143：425-456.

Friedman M，1976. Porosity，permeability，and rock mechanics：A review[C]//The 17th U.S. Symposium on Rock Mechanics（USRMS），Snow Bird.

Gessner K，2009. Coupled models of brittle-plastic deformation and fluid flow：Approaches，methods，and application to mesoproterozoic mineralisation at mount Isa，Australia[J]. Surveys in Geophysics，30：211-232.

Lade P V，Kim M K，1995. Single hardening constitutive model for soil，rock and concrete[J]. International Journal of Solids and Structures，32（14）：1963-1978.

Lee C H，Lee C C，Lin B S，2007. The estimation of dispersion behavior in discrete fractured networks of andesite in Lan-Yu Island，Taiwan[J]. Environmental Geology，52：1297-1306.

Ma J J，2014. Coupled flow deformation analysis of fractured porous media subject to elasto-plastic damage[D]. Sydney：The University of New South Wales.

Ma J J，2015. Review of permeability evolution model for fractured porous media[J]. Journal of Rock Mechanics and Geotechnical Engineering，7（3）：351-357.

Ma J J，2018. Wetting collapse analysis on partially saturated oil chalks by a modified cam clay model based on effective stress[J]. Journal of Petroleum Science and Engineering，167：44-53.

Ma J J，Wang J，2016. A stress-induced permeability evolution model for fissured porous media[J]. Rock Mechanics and Rock Engineering，49（2）：477-485.

Ma J J，Zhao G F，2018. Borehole stability analysis in fractured porous media associated with elastoplastic damage response[J]. International Journal of Geomechanics，18（5）：04018022.

Ma J J，Zhao G F，Khalili N，2016. A fully coupled flow deformation model for elasto-plastic damage analysis in saturated fractured porous media[J]. International Journal of Plasticity，76：29-50.

Main I G，Kwon O，Ngwenya B T，et al.，2000. Fault sealing during deformation-band growth in porous sandstone[J]. Geology，28（12）：1131-1134.

Morris J P，Lomov I N，Glenn L A，2003. A constitutive model for stress-induced permeability and porosity evolution of Berea sandstone[J]. Journal of Geophysical Research：Solid Earth，108（B10）：2485.

Ngwenya B T，Kwon O，Elphick S C，et al.，2003. Permeability evolution during progressive development of deformation bands in porous sandstones[J]. Journal of Geophysical Research：Solid Earth，108（B7）：2343.

Pan J B，Lee C C，Lee C H，et al.，2010. Application of fracture network model with crack permeability tensor on flow and transport in fractured rock[J]. Engineering Geology，116：166-177.

Pride S R，Berryman J G，1998. Connecting theory to experiment in poroelasticity[J]. Journal of the Mechanics and Physics of Solids，46（4）：719-747.

Rice J R，1992. Fault stress states，pore pressure distributions，and the weakness of the San Andreas Fault[J]. International Geophysics，51：475-503.

Rudnicki J W，2001. Coupled deformation-diffusion effects in the mechanics of faulting and failure of geomaterials[J]. Applied Mechanics Reviews，54（6）：483-502.

Scott D C，2001. An assessment of reasonable tortuosity values[J]. Pharmaceutical Research，18（12）：1797-1800.

Vajdova V，Baud P，Wong T F，2004. Permeability evolution during localized deformation in Bentheim sandstone[J]. Journal of Geophysical Research Atmospheres，109：B10406.

Yale D P，2002. Coupled geomechanics-fluid flow modeling：Effects of plasticity and permeability alteration[C]//SPE/ISRM Rock Mechanics Conference，Irving.

Zhu W L，Montési L G J，Wong T F，2007. A probabilistic damage model of stress-induced permeability anisotropy during cataclastic flow[J]. Journal of Geophysical Research：Solid Earth，112：B10207.

Zhu W L，Wong T F，1996. Permeability reduction in a dilating rock：Network modeling of damage and tortuosity[J]. Geophysical Research Letters，23（22）：3099-3102.

Zhu W L，Wong T F，1997. The transition from brittle faulting to cataclastic flow：Permeability evolution[J]. Journal of Geophysical Research：Solid Earth，102（B2）：3027-3041.

Zhu W L，Wong T F，1999. Network modeling of the evolution of permeability and dilatancy in compact rock[J]. Journal of Geophysical Research：Solid Earth，104（B2）：2963-2971.

Zoback M D，Byerlee J D，1975. The effect of microcrack dilatancy on the permeability of westerly granite[J]. Journal of Geophysical Research：Solid Earth，80（5）：752-755.

第 5 章　多孔隙介质流固耦合数值模型

5.1　引　　言

在深部地下空间开发利用、海底隧道建设及非常规能源开发等工程中，都涉及到复杂的流固耦合分析问题。本书在第 2 章推导了流固耦合控制方程组的微分形式，并在第 3 章中提出了弹塑性损伤模型，这些模型中的主要变量必须在空间域和时间域中进行求解。在实际工程应用中，这些二阶微分方程通常通过数值方法求解，即当近似域的大小适当，通过连续迭代和网格细化，就可以得到接近用户指定公差的近似结果。同时，数值方法的主要优点是把复杂的连续介质问题看作一个有限离散系统的线性问题。一般情况下，一个典型边值问题的数值解包括全局解和局部解两种格式。在本书中，全局解包含的主要变量有节点位移、孔隙水压力和裂隙水压力；局部解涉及本构模型来计算内部变量，例如，应力、应变、塑性硬化参数、损伤和渗透性变量等。无论是全局解还是局部解，都必须满足平衡方程、相容方程、本构关系和边界条件的基本要求，以及计算精度、效率、简洁性和鲁棒性的要求。

本章采用有限元法和有限差分技术对多孔隙介质流固耦合控制方程进行近似求解。5.2 节展示了控制方程在空间域和时间域的离散化方法；5.3 节描述了弹塑性本构方程的显式格式，同时讨论了正向欧拉格式和基于自动子步法的修正欧拉格式，以及屈服面漂移修正。

5.2　有限元数值模型

5.2.1　有限元法的一般程序

有限元法是求解边值问题的一种有效方法，即通过不断迭代，使得近似解不断趋于某一极限值；同时，由于网格的细化近似域变得无限小，从而促使近似解收敛到解析解（Gupta and Meek，1996）。有限元法近似求解包括以下步骤：

（1）单元离散化：该过程通过一系列更小的子域（单元，故称为有限元）的集合来模拟问题域的几何结构。在每个单元节点上选择并分配主变量；这些主变量的变化用节点值表示。本章选择的主变量是位移、孔隙水压力和裂隙水压力。

（2）主变量近似：选取单元插值函数来表示场主变量在整个单元上的变化。

（3）单元方程：又称局部方程，使用近似方法，如变分技术和加权残差方法，将控制微分方程用一个更简单的近似代数系统取代，本章采用伽辽金加权残差法。

（4）组合全局方程：这个过程将所有的单元方程组合成全局方程。

（5）施加边界条件：通过添加节点变量的已知值来建立边界条件和修改全局方程。

（6）求解全局方程：通过求解全局方程得到未知节点变量。

（7）局部方程求解：计算应力、应变、塑性硬化参数、损伤变量、渗透率等内部变量。

5.2.2 控制方程的空间域离散化

第 2 章中给出的完全耦合控制方程如下：

$$\operatorname{div}\left[\frac{\boldsymbol{k}_1}{\mu}(\nabla p_1+\rho_{\mathrm{f}}\boldsymbol{g})\right]=-\alpha_1\operatorname{div}\dot{\boldsymbol{u}}+a_{11}\dot{p}_1-a_{12}\dot{p}_2+\gamma(p_1-p_2)$$

$$\operatorname{div}\left[\frac{\boldsymbol{k}_2}{\mu}(\nabla p_2+\rho_{\mathrm{f}}\boldsymbol{g})\right]=-\alpha_2\operatorname{div}\dot{\boldsymbol{u}}+a_{22}\dot{p}_2-a_{21}\dot{p}_1+\gamma(p_2-p_1)$$

$$\operatorname{div}\left[\boldsymbol{C}^{\mathrm{eDp}}\nabla_{\mathrm{sym}}\dot{\boldsymbol{u}}_d+\alpha_1\dot{p}_1\boldsymbol{\delta}+\alpha_2\dot{p}_2\boldsymbol{\delta}\right]+\dot{\boldsymbol{F}}=\boldsymbol{0}$$

这些方程可以重新写成有限元公式的形式：

$$\alpha_1\{\boldsymbol{\delta}\}^{\mathrm{T}}\nabla'\{\dot{\boldsymbol{u}}\}-a_{11}\dot{p}_1+a_{12}\dot{p}_2+\nabla^{\mathrm{T}}\left[\frac{[\boldsymbol{k}_1]}{\mu}(\nabla p_1+\rho_{\mathrm{f}}\boldsymbol{g})\right]-\gamma(p_1-p_2)=0 \tag{5.1a}$$

$$\alpha_2\{\boldsymbol{\delta}\}^{\mathrm{T}}\nabla'\{\dot{\boldsymbol{u}}\}-a_{22}\dot{p}_2+a_{21}\dot{p}_1+\nabla^{\mathrm{T}}\left[\frac{[\boldsymbol{k}_2]}{\mu}(\nabla p_2+\rho_{\mathrm{f}}\boldsymbol{g})\right]-\gamma(p_2-p_1)=0 \tag{5.1b}$$

$$\nabla'^{\mathrm{T}}\left([\boldsymbol{C}^{\mathrm{eDp}}]\{\nabla(\dot{\boldsymbol{u}}_d)\}\right)+\alpha_1\nabla'^{\mathrm{T}}\{\boldsymbol{\delta}\}\dot{p}_1+\alpha_2\nabla'^{\mathrm{T}}\{\boldsymbol{\delta}\}\dot{p}_2+\{\dot{\boldsymbol{F}}\}=0 \tag{5.1c}$$

其中，∇' 是对应于应变定义的微分算子，具体展开为

$$\nabla'=\begin{bmatrix}\dfrac{\partial}{\partial x} & 0 & 0\\ 0 & \dfrac{\partial}{\partial y} & 0\\ 0 & 0 & \dfrac{\partial}{\partial z}\\ \dfrac{\partial}{\partial y} & \dfrac{\partial}{\partial x} & 0\\ 0 & \dfrac{\partial}{\partial z} & \dfrac{\partial}{\partial y}\\ \dfrac{\partial}{\partial z} & 0 & \dfrac{\partial}{\partial x}\end{bmatrix} \tag{5.2}$$

$\boldsymbol{\delta}$ 是单位向量，$\boldsymbol{\delta}=\{1\quad 1\quad 1\quad 0\quad 0\quad 0\}^{\mathrm{T}}$，梯度算子 ∇^{T} 的向量格式可表示为 $\nabla^{\mathrm{T}}=\{\partial/\partial x\quad \partial/\partial y\quad \partial/\partial z\}$。

采用伽辽金加权残差法，以单元形状函数作为加权因子，近似求解方程（5.1），得到（Ma，2014）：

$$\int_{\Theta}[\boldsymbol{N}]^{\mathrm{T}}\left(\nabla'^{\mathrm{T}}\left([\boldsymbol{C}^{\mathrm{eDp}}]\nabla\{\dot{\tilde{\boldsymbol{u}}}_d\}\right)+\alpha_1\nabla'^{\mathrm{T}}\{\boldsymbol{\delta}\}\dot{\tilde{p}}_1+\alpha_2\nabla'^{\mathrm{T}}\{\boldsymbol{\delta}\}\dot{\tilde{p}}_2+\{\dot{\boldsymbol{F}}\}\right)\mathrm{d}\Theta=0 \tag{5.3a}$$

$$\int_{\Theta}[\boldsymbol{N}]^{\mathrm{T}}\left(\alpha_1\{\boldsymbol{\delta}\}^{\mathrm{T}}\nabla'\{\dot{\tilde{\boldsymbol{u}}}\}-a_{11}\dot{\tilde{p}}_1+a_{12}\dot{\tilde{p}}_2+\nabla^{\mathrm{T}}\left[\frac{[\boldsymbol{k}_1]}{\mu}\left(\{\nabla\tilde{p}_1\}+\rho_{\mathrm{f}}\{\boldsymbol{g}\}\right)\right]-\gamma(\tilde{p}_1-\tilde{p}_2)\right)\mathrm{d}\Theta=0 \tag{5.3b}$$

$$\int_{\Theta}[\boldsymbol{N}]^{\mathrm{T}}\left(\alpha_2\{\boldsymbol{\delta}\}^{\mathrm{T}}\nabla'\{\dot{\tilde{\boldsymbol{u}}}\}-a_{22}\dot{\tilde{p}}_2+a_{21}\dot{\tilde{p}}_1+\nabla^{\mathrm{T}}\left[\frac{[\boldsymbol{k}_2]}{\mu}\left(\{\nabla\tilde{p}_2\}+\rho_{\mathrm{f}}\{\boldsymbol{g}\}\right)\right]-\gamma(\tilde{p}_2-\tilde{p}_1)\right)\mathrm{d}\Theta=0 \tag{5.3c}$$

其中，$\tilde{\boldsymbol{u}}_d$、$\tilde{p}_1$ 和 $\tilde{p}_2$ 为近似解，$[\boldsymbol{N}]$ 为形状函数，Θ 为单元域。用单元形状函数将主变量的节点值表示为近似解：

$$\tilde{\boldsymbol{u}}_d\cong[\boldsymbol{N}]\{\boldsymbol{u}_d\} \tag{5.4a}$$

$$\tilde{p}_1\cong[\boldsymbol{N}]\{\boldsymbol{p}_1\} \tag{5.4b}$$

$$\tilde{p}_2\cong[\boldsymbol{N}]\{\boldsymbol{p}_2\} \tag{5.4c}$$

其中

$$\{\boldsymbol{u}_d\}=\{\boldsymbol{u}\}-2\dot{D}\{\boldsymbol{u}^{\mathrm{e}}\}/(1-D) \tag{5.4d}$$

其中，$\{\boldsymbol{u}\}$、$\{\boldsymbol{p}_1\}$ 和 $\{\boldsymbol{p}_2\}$ 分别为固体骨架位移、孔隙水压力和裂隙水压力的节点矢量。$\{\boldsymbol{u}^{\mathrm{e}}\}$ 是固体骨架弹性位移节点矢量。将方程（5.4）代入方程（5.3），并采用格林公式得出（Ma，2014）：

$$\begin{aligned}
&-\int_{\Theta}[\nabla'\boldsymbol{N}]^{\mathrm{T}}\left[\boldsymbol{C}^{\mathrm{eDp}}\right][\nabla'\boldsymbol{N}]\{\dot{\boldsymbol{u}}_d\}\mathrm{d}\Theta+\int_{\Gamma}[\boldsymbol{N}]^{\mathrm{T}}\left[\boldsymbol{C}^{\mathrm{eDp}}\right][\nabla'\boldsymbol{N}]\{\dot{\boldsymbol{u}}_d\}\mathrm{d}\Gamma\\
&-\int_{\Theta}\alpha_1[\nabla'\boldsymbol{N}]^{\mathrm{T}}\{\boldsymbol{\delta}\}[\boldsymbol{N}]\{\dot{\boldsymbol{p}}_1\}\mathrm{d}\Theta+\int_{\Gamma}\alpha_1[\boldsymbol{N}]^{\mathrm{T}}\{\boldsymbol{\delta}\}[\boldsymbol{N}]\{\dot{\boldsymbol{p}}_1\}\mathrm{d}\Gamma\\
&-\int_{\Theta}\alpha_2[\nabla'\boldsymbol{N}]^{\mathrm{T}}\{\boldsymbol{\delta}\}[\boldsymbol{N}]\{\dot{\boldsymbol{p}}_2\}\mathrm{d}\Theta\\
&+\int_{\Gamma}\alpha_2[\boldsymbol{N}]^{\mathrm{T}}\{\boldsymbol{\delta}\}[\boldsymbol{N}]\{\dot{\boldsymbol{p}}_2\}\mathrm{d}\Gamma+\int_{\Theta}[\boldsymbol{N}]^{\mathrm{T}}\{\dot{\boldsymbol{F}}\}\mathrm{d}\Theta\\
&=0
\end{aligned} \tag{5.5a}$$

$$
\begin{aligned}
&\int_{\Theta}\alpha_1[\boldsymbol{N}]^{\mathrm{T}}\{\boldsymbol{\delta}\}^{\mathrm{T}}[\nabla'\boldsymbol{N}]\{\dot{\boldsymbol{u}}\}\mathrm{d}\Theta-\int_{\Theta}a_{11}[\boldsymbol{N}]^{\mathrm{T}}[\boldsymbol{N}]\{\dot{\boldsymbol{p}}_1\}\mathrm{d}\Theta+\int_{\Theta}a_{12}[\boldsymbol{N}]^{\mathrm{T}}[\boldsymbol{N}]\{\dot{\boldsymbol{p}}_2\}\mathrm{d}\Theta\\
&-\int_{\Theta}[\nabla\boldsymbol{N}]^{\mathrm{T}}\frac{[\boldsymbol{k}_1]}{\mu}[\nabla\boldsymbol{N}]\{\boldsymbol{p}_1\}\mathrm{d}\Theta+\int_{\Gamma}[\boldsymbol{N}]^{\mathrm{T}}\frac{[\boldsymbol{k}_1]}{\mu}[\nabla\boldsymbol{N}]\{\boldsymbol{p}_1\}\mathrm{d}\Gamma\\
&-\int_{\Theta}\gamma[\boldsymbol{N}]^{\mathrm{T}}[\boldsymbol{N}]\{\boldsymbol{p}_1\}\mathrm{d}\Theta+\int_{\Theta}\gamma[\boldsymbol{N}]^{\mathrm{T}}[\boldsymbol{N}]\{\boldsymbol{p}_2\}\mathrm{d}\Theta\\
=&\,0
\end{aligned}
\tag{5.5b}
$$

$$
\begin{aligned}
&\int_{\Theta}\alpha_2[\boldsymbol{N}]^{\mathrm{T}}\{\boldsymbol{\delta}\}^{\mathrm{T}}[\nabla'\boldsymbol{N}]\{\dot{\boldsymbol{u}}\}\mathrm{d}\Theta-\int_{\Theta}a_{22}[\boldsymbol{N}]^{\mathrm{T}}[\boldsymbol{N}]\{\dot{\boldsymbol{p}}_2\}\mathrm{d}\Theta+\int_{\Theta}a_{21}[\boldsymbol{N}]^{\mathrm{T}}[\boldsymbol{N}]\{\dot{\boldsymbol{p}}_1\}\mathrm{d}\Theta\\
&-\int_{\Theta}[\nabla\boldsymbol{N}]^{\mathrm{T}}\frac{[\boldsymbol{k}_2]}{\mu}[\nabla\boldsymbol{N}]\{\boldsymbol{p}_2\}\mathrm{d}\Theta+\int_{\Gamma}[\boldsymbol{N}]^{\mathrm{T}}\frac{[\boldsymbol{k}_2]}{\mu}[\nabla\boldsymbol{N}]\{\boldsymbol{p}_2\}\mathrm{d}\Gamma\\
&-\int_{\Theta}\gamma[\boldsymbol{N}]^{\mathrm{T}}[\boldsymbol{N}]\{\boldsymbol{p}_2\}\mathrm{d}\Theta+\int_{\Theta}\gamma[\boldsymbol{N}]^{\mathrm{T}}[\boldsymbol{N}]\{\boldsymbol{p}_1\}\mathrm{d}\Theta\\
=&\,0
\end{aligned}
\tag{5.5c}
$$

其中，Γ 是计算域的边界。为简便起见，式（5.5）中忽略了内力。考虑边界条件，式（5.5）可以重新排列为（Ma，2014）

$$
\begin{aligned}
&\int_{\Theta}[\nabla'\boldsymbol{N}]^{\mathrm{T}}\left[\boldsymbol{C}^{\mathrm{eDp}}\right][\nabla'\boldsymbol{N}]\{\dot{\boldsymbol{u}}_d\}\mathrm{d}\Theta+\int_{\Theta}\alpha_1[\nabla'\boldsymbol{N}]^{\mathrm{T}}\{\boldsymbol{\delta}\}[\boldsymbol{N}]\{\dot{\boldsymbol{p}}_1\}\mathrm{d}\Theta\\
&+\int_{\Theta}\alpha_2[\nabla'\boldsymbol{N}]^{\mathrm{T}}\{\boldsymbol{\delta}\}[\boldsymbol{N}]\{\dot{\boldsymbol{p}}_2\}\mathrm{d}\Theta\\
=&\int_{\Gamma}[\boldsymbol{N}]^{\mathrm{T}}\{\dot{\boldsymbol{T}}\}\mathrm{d}\Gamma+\int_{\Theta}[\boldsymbol{N}]^{\mathrm{T}}\{\dot{\boldsymbol{F}}\}\mathrm{d}\Theta
\end{aligned}
\tag{5.6a}
$$

$$
\begin{aligned}
&\int_{\Theta}\alpha_1[\boldsymbol{N}]^{\mathrm{T}}\{\boldsymbol{\delta}\}^{\mathrm{T}}[\nabla'\boldsymbol{N}]\{\dot{\boldsymbol{u}}\}\mathrm{d}\Theta-\int_{\Theta}a_{11}[\boldsymbol{N}]^{\mathrm{T}}[\boldsymbol{N}]\{\dot{\boldsymbol{p}}_1\}\mathrm{d}\Theta+\int_{\Theta}a_{12}[\boldsymbol{N}]^{\mathrm{T}}[\boldsymbol{N}]\{\dot{\boldsymbol{p}}_2\}\mathrm{d}\Theta\\
&-\int_{\Theta}[\nabla\boldsymbol{N}]^{\mathrm{T}}\frac{[\boldsymbol{k}_1]}{\mu}[\nabla\boldsymbol{N}]\{\boldsymbol{p}_1\}\mathrm{d}\Theta-\int_{\Theta}\gamma[\boldsymbol{N}]^{\mathrm{T}}[\boldsymbol{N}]\{\boldsymbol{p}_1\}\mathrm{d}\Theta+\int_{\Theta}\gamma[\boldsymbol{N}]^{\mathrm{T}}[\boldsymbol{N}]\{\boldsymbol{p}_2\}\mathrm{d}\Theta\\
=&\int_{\Gamma}[\boldsymbol{N}]^{\mathrm{T}}\{\boldsymbol{q}_1\}\mathrm{d}\Gamma
\end{aligned}
\tag{5.6b}
$$

$$
\begin{aligned}
&\int_{\Theta}\alpha_2[\boldsymbol{N}]^{\mathrm{T}}\{\boldsymbol{\delta}\}^{\mathrm{T}}[\nabla'\boldsymbol{N}]\{\dot{\boldsymbol{u}}\}\mathrm{d}\Theta-\int_{\Theta}a_{22}[\boldsymbol{N}]^{\mathrm{T}}[\boldsymbol{N}]\{\dot{\boldsymbol{p}}_2\}\mathrm{d}\Theta+\int_{\Theta}a_{21}[\boldsymbol{N}]^{\mathrm{T}}[\boldsymbol{N}]\{\dot{\boldsymbol{p}}_1\}\mathrm{d}\Theta\\
&-\int_{\Theta}[\nabla\boldsymbol{N}]^{\mathrm{T}}\frac{[\boldsymbol{k}_2]}{\mu}[\nabla\boldsymbol{N}]\{\boldsymbol{p}_2\}\mathrm{d}\Theta-\int_{\Theta}\gamma[\boldsymbol{N}]^{\mathrm{T}}[\boldsymbol{N}]\{\boldsymbol{p}_2\}\mathrm{d}\Theta+\int_{\Theta}\gamma[\boldsymbol{N}]^{\mathrm{T}}[\boldsymbol{N}]\{\boldsymbol{p}_1\}\mathrm{d}\Theta\\
=&\int_{\Gamma}[\boldsymbol{N}]^{\mathrm{T}}\{\boldsymbol{q}_2\}\mathrm{d}\Gamma
\end{aligned}
\tag{5.6c}
$$

其中，$\{\dot{\boldsymbol{T}}\}$、$\{\boldsymbol{q}_1\}$ 和 $\{\boldsymbol{q}_2\}$ 分别是单元边界处节点牵引力、孔隙水流量和裂隙水流量的矢量。它们可以表示为

$$\{\dot{\boldsymbol{T}}\}=[\boldsymbol{C}^{\mathrm{eDp}}][\nabla'\boldsymbol{N}]\{\dot{\boldsymbol{u}}_d\}+\alpha_1\{\boldsymbol{\delta}\}[\boldsymbol{N}]\{\dot{\boldsymbol{p}}_1\}+\alpha_2\{\boldsymbol{\delta}\}[\boldsymbol{N}]\{\dot{\boldsymbol{p}}_2\} \tag{5.7a}$$

$$\{\boldsymbol{q}_1\}=-\frac{[\boldsymbol{k}_1]}{\mu}[\nabla\boldsymbol{N}]\{\boldsymbol{p}_1\} \tag{5.7b}$$

$$\{\boldsymbol{q}_2\}=-\frac{[\boldsymbol{k}_2]}{\mu}[\nabla\boldsymbol{N}]\{\boldsymbol{p}_2\} \tag{5.7c}$$

为简便起见，式（5.6）可以改写为

$$[\boldsymbol{K}]\{\dot{\boldsymbol{u}}_d\}+\alpha_1[\boldsymbol{C}]\{\dot{\boldsymbol{p}}_1\}+\alpha_2[\boldsymbol{C}]\{\dot{\boldsymbol{p}}_2\}=\{\dot{\boldsymbol{R}}_d\} \tag{5.8a}$$

$$\alpha_1[\boldsymbol{C}]^{\mathrm{T}}\{\dot{\boldsymbol{u}}\}-([\boldsymbol{H}_1]+\gamma[\boldsymbol{M}])\{\boldsymbol{p}_1\}-a_{11}[\boldsymbol{M}]\{\dot{\boldsymbol{p}}_1\}-a_{12}[\boldsymbol{M}]\{\dot{\boldsymbol{p}}_2\}+\gamma[\boldsymbol{M}]\{\boldsymbol{p}_2\}=\{\boldsymbol{Q}_1\} \tag{5.8b}$$

$$\alpha_2[\boldsymbol{C}]^{\mathrm{T}}\{\dot{\boldsymbol{u}}\}-([\boldsymbol{H}_2]+\gamma[\boldsymbol{M}])\{\boldsymbol{p}_2\}-a_{22}[\boldsymbol{M}]\{\dot{\boldsymbol{p}}_2\}-a_{21}[\boldsymbol{M}]\{\dot{\boldsymbol{p}}_1\}+\gamma[\boldsymbol{M}]\{\boldsymbol{p}_1\}=\{\boldsymbol{Q}_2\} \tag{5.8c}$$

其中，$[\boldsymbol{K}]$ 为单元刚度矩阵，$[\boldsymbol{C}]$ 为耦合矩阵，$[\boldsymbol{M}]$ 为质量矩阵，$[\boldsymbol{H}_1]$ 和 $[\boldsymbol{H}_2]$ 分别为孔隙结构和裂隙网络的渗透性对应的材料性质矩阵。$\{\boldsymbol{u}\}$ 为固体骨架节点位移矢量，$\{\boldsymbol{p}_1\}$ 和 $\{\boldsymbol{p}_2\}$ 分别为节点孔隙水压力矢量和裂隙水压力矢量。$\{\dot{\boldsymbol{R}}_d\}$ 是节点力的矢量。$\{\boldsymbol{Q}_1\}$ 和 $\{\boldsymbol{Q}_2\}$ 分别是节点孔隙水和裂隙水的通量矢量。上述矩阵可表示为（Ma，2014）

$$[\boldsymbol{K}]=\int_{\Theta}[\boldsymbol{B}_1]^{\mathrm{T}}[\boldsymbol{C}^{\mathrm{eDp}}][\boldsymbol{B}_1]\mathrm{d}\Theta \tag{5.9a}$$

$$[\boldsymbol{M}]=\int_{\Theta}[\boldsymbol{N}]^{\mathrm{T}}[\boldsymbol{N}]\mathrm{d}\Theta \tag{5.9b}$$

$$[\boldsymbol{C}]=\int_{\Theta}[\boldsymbol{B}_2]^{\mathrm{T}}[\boldsymbol{N}]\mathrm{d}\Theta \tag{5.9c}$$

$$[\boldsymbol{H}_1]=\int_{\Theta}[\boldsymbol{B}_3]^{\mathrm{T}}\frac{[\boldsymbol{k}_1]}{\mu}[\boldsymbol{B}_3]\mathrm{d}\Theta \tag{5.9d}$$

$$[\boldsymbol{H}_2]=\int_{\Theta}[\boldsymbol{B}_3]^{\mathrm{T}}\frac{[\boldsymbol{k}_2]}{\mu}[\boldsymbol{B}_3]\mathrm{d}\Theta \tag{5.9e}$$

式中，$[\boldsymbol{B}_1]$、$[\boldsymbol{B}_2]$ 和 $[\boldsymbol{B}_3]$ 分别为位移项、耦合项和孔隙压力项的形状函数的导数。对于平面应变问题，它们可以写成下面的形式：

$$[\boldsymbol{B}_1]=\begin{bmatrix}\dfrac{\partial \boldsymbol{N}_I}{\partial x_1} & 0 & \cdots\\ 0 & \dfrac{\partial \boldsymbol{N}_I}{\partial x_2} & \cdots\\ \dfrac{\partial \boldsymbol{N}_I}{\partial x_2} & \dfrac{\partial \boldsymbol{N}_I}{\partial x_1} & \cdots\end{bmatrix} \tag{5.10a}$$

$$[\boldsymbol{B}_2]^{\mathrm{T}} = \begin{bmatrix} \dfrac{\partial \boldsymbol{N}_I}{\partial x_1} & \dfrac{\partial \boldsymbol{N}_I}{\partial x_2} & \cdots \end{bmatrix} \tag{5.10b}$$

$$[\boldsymbol{B}_3] = \begin{bmatrix} \dfrac{\partial \boldsymbol{N}_I}{\partial x_1} & \cdots \\ \dfrac{\partial \boldsymbol{N}_I}{\partial x_2} & \cdots \end{bmatrix} \tag{5.10c}$$

其中，$I = 1,2,3\cdots$ 为有限元节点数。对于轴对称问题，可用柱坐标代替笛卡儿坐标，$[\boldsymbol{B}_2]$ 和 $[\boldsymbol{B}_3]$ 与平面应变问题相同，但 $[\boldsymbol{B}_1]$ 的形式为

$$[\boldsymbol{B}_1] = \begin{bmatrix} \dfrac{\partial \boldsymbol{N}_I}{\partial x_1} & 0 & \cdots \\ 0 & \dfrac{\partial \boldsymbol{N}_I}{\partial x_2} & \cdots \\ \dfrac{\boldsymbol{N}_I}{x_1} & 0 & \cdots \\ \dfrac{\partial \boldsymbol{N}_I}{\partial x_2} & \dfrac{\partial \boldsymbol{N}_I}{\partial x_1} & \cdots \end{bmatrix} \tag{5.10d}$$

节点力和节点流体通量矢量可表示为

$$\{\dot{\boldsymbol{R}}_d\} = \int_{\Theta} [\boldsymbol{N}]^{\mathrm{T}} \{\dot{\boldsymbol{F}}\} \mathrm{d}\Theta + \int_{\Gamma} [\boldsymbol{N}]^{\mathrm{T}} \{\dot{\boldsymbol{T}}\} \mathrm{d}\Gamma \tag{5.11a}$$

$$\{\boldsymbol{Q}_1\} = \int_{\Gamma} [\boldsymbol{N}]^{\mathrm{T}} \{\boldsymbol{q}_1\} \mathrm{d}\Gamma \tag{5.11b}$$

$$\{\boldsymbol{Q}_2\} = \int_{\Gamma} [\boldsymbol{N}]^{\mathrm{T}} \{\boldsymbol{q}_2\} \mathrm{d}\Gamma \tag{5.11c}$$

5.2.3 时间域离散化

利用有限差分技术，可对时间域进行离散化。具体来说，任意函数 y 在时间间隔 Δt 上的积分为（Ma，2014；Ma and Zhao，2018）

$$\int_{t}^{t+\Delta t} y(t)\mathrm{d}t = [(1-\beta)y_t + \beta y_{t+\Delta t}]\Delta t \tag{5.12a}$$

$$\Delta y = y_{t+\Delta t} - y_t \tag{5.12b}$$

式中，y_t 是 y 在时间 t 的值，β 表示应用于时间积分的近似类型。例如，$\beta = 0$ 用于正向插值，$\beta = 0.5$ 用于中心插值，$\beta = 1$ 用于反向插值。正如 Lewis 和 Schrefler（1998）所指出的，该解对于 $\beta < 0.5$ 是有条件稳定的，对于 $\beta > 0.5$ 是无条件稳定的。将

方程（5.12）应用于空间离散方程（5.8），控制方程可写成（Ma，2014；Ma and Zhao，2018）：

$$[\boldsymbol{K}]\{\Delta\boldsymbol{u}\}+\alpha_1[\boldsymbol{C}]\{\Delta\boldsymbol{p}_1\}+\alpha_2[\boldsymbol{C}]\{\Delta\boldsymbol{p}_2\}=\{\Delta\boldsymbol{R}_d\}+\frac{2\dot{D}}{1-D}[\boldsymbol{K}]\{\boldsymbol{u}^{\mathrm{e}}\}=\{\Delta\boldsymbol{R}\} \tag{5.13a}$$

$$\begin{aligned}&\alpha_1[\boldsymbol{C}]^{\mathrm{T}}\{\Delta\boldsymbol{u}\}-\left(a_{11}[\boldsymbol{M}]+\beta\Delta t\left([\boldsymbol{H}_1]+\gamma[\boldsymbol{M}]\right)\right)\{\Delta\boldsymbol{p}_1\}+\left(a_{12}[\boldsymbol{M}]+\beta\Delta t\gamma[\boldsymbol{M}]\right)\{\Delta\boldsymbol{p}_2\}\\&=\Delta t\left\{(1-\beta)\{\boldsymbol{Q}_1\}_t+\beta\{\boldsymbol{Q}_1\}_{t+\Delta t}+\left([\boldsymbol{H}_1]+\gamma[\boldsymbol{M}]\right)\{\boldsymbol{p}_1\}_t-\gamma[\boldsymbol{M}]\{\boldsymbol{p}_2\}_t\right\}\end{aligned} \tag{5.13b}$$

$$\begin{aligned}&\alpha_2[\boldsymbol{C}]^{\mathrm{T}}\{\Delta\boldsymbol{u}\}-\left(a_{22}[\boldsymbol{M}]+\beta\Delta t\left([\boldsymbol{H}_2]+\gamma[\boldsymbol{M}]\right)\right)\{\Delta\boldsymbol{p}_2\}+\left(a_{21}[\boldsymbol{M}]+\beta\Delta t\gamma[\boldsymbol{M}]\right)\{\Delta\boldsymbol{p}_1\}\\&=\Delta t\left\{(1-\beta)\{\boldsymbol{Q}_2\}_t+\beta\{\boldsymbol{Q}_2\}_{t+\Delta t}+\left([\boldsymbol{H}_2]+\gamma[\boldsymbol{M}]\right)\{\boldsymbol{p}_2\}_t-\gamma[\boldsymbol{M}]\{\boldsymbol{p}_1\}_t\right\}\end{aligned} \tag{5.13c}$$

方程（5.13）可以用紧凑的矩阵形式重新排列如下：

$$\begin{bmatrix}[\boldsymbol{K}] & \alpha_1[\boldsymbol{C}] & \alpha_2[\boldsymbol{C}]\\ \alpha_1[\boldsymbol{C}]^{\mathrm{T}} & -a_{11}[\boldsymbol{M}]-\beta\Delta t\left([\boldsymbol{H}_1]+\gamma[\boldsymbol{M}]\right) & a_{12}[\boldsymbol{M}]+\beta\Delta t\gamma[\boldsymbol{M}]\\ \alpha_2[\boldsymbol{C}]^{\mathrm{T}} & a_{21}[\boldsymbol{M}]+\beta\Delta t\gamma[\boldsymbol{M}] & -a_{22}[\boldsymbol{M}]-\beta\Delta t\left([\boldsymbol{H}_2]+\gamma[\boldsymbol{M}]\right)\end{bmatrix}\begin{Bmatrix}\{\Delta\boldsymbol{u}\}\\ \{\Delta\boldsymbol{p}_1\}\\ \{\Delta\boldsymbol{p}_2\}\end{Bmatrix}$$
$$=\begin{Bmatrix}\{\Delta\boldsymbol{R}\}\\ 0\\ 0\end{Bmatrix}+\Delta t\begin{Bmatrix}0\\ (1-\beta)\{\boldsymbol{Q}_1\}_t+\beta\{\boldsymbol{Q}_1\}_{t+\Delta t}\\ (1-\beta)\{\boldsymbol{Q}_2\}_t+\beta\{\boldsymbol{Q}_2\}_{t+\Delta t}\end{Bmatrix}+\Delta t\begin{Bmatrix}0\\ \left([\boldsymbol{H}_1]+\gamma[\boldsymbol{M}]\right)\{\boldsymbol{p}_1\}_t-\gamma[\boldsymbol{M}]\{\boldsymbol{p}_2\}_t\\ \left([\boldsymbol{H}_2]+\gamma[\boldsymbol{M}]\right)\{\boldsymbol{p}_2\}_t-\gamma[\boldsymbol{M}]\{\boldsymbol{p}_1\}_t\end{Bmatrix} \tag{5.14}$$

5.2.4 全局解

由于单元平衡方程是强非线性的，只能以增量的形式表示。因此，全局方程采用以下增量形式（Ma，2014；Ma and Zhao，2018）：

$$[\boldsymbol{K}_G]^i\{\Delta\boldsymbol{U}\}_G^i=\{\Delta\boldsymbol{R}_G\}^i \tag{5.15}$$

式中，$[\boldsymbol{K}_G]^i$ 是整体刚度矩阵，$\{\Delta\boldsymbol{U}\}_G^i$ 是节点位移增量和孔隙压力增量的矢量，$\{\Delta\boldsymbol{R}_G\}^i$ 是节点力增量和流体通量增量的矢量。由于本构关系是非线性的，故整体刚度矩阵不是常数，而取决于当前的应力状态、损伤和应变水平。因此，用增量位移来计算增量等效节点力通常会产生不平衡力，这一不平衡力在数值计算中通常作为误差的度量。

非线性连续介质问题的整体解法一般可分为两类：迭代法和增量法。迭代法使用不平衡力来计算下一个位移增量，并重复此过程，直到残余力小于容许误差限。文献中广泛使用的迭代法有 Newton-Raphson 法、修正 Newton-Raphson 法和初应力法。迭代法的主要优点是精度高，能自动满足平衡条件，对增量的灵敏度低。然而，迭代法的主要缺点是其无法估计加载路径误差。此外，对于强非线性方程组，它们可能会不收敛，并且计算成本很高（Abbo and Sloan，1996；Habte，2006）。其他研究还讨论了迭代法的其他优缺点（Sloan et al.，2001；Zhao et al.，2005；Potts and Zdravković，1999）。

增量法又称切线刚度法或变刚度法，是求解非线性有限元问题的最简单方法。增量格式不需要迭代，通过对非线性本构行为使用一系列分段线性近似，将控制微分方程视为一个常微分方程组。具体地说，这种方法假设方程（5.15）中的整体刚度矩阵增量在每个增量步上是恒定的，且可以通过当前应力状态计算。这种方法的主要优点是鲁棒性强，特别适用于高度非线性和复杂的本构方程。这种方法存在两个主要缺点：对增量的大小敏感，以及其应力具有漂移出屈服面的趋势（Potts and Zdravković，1999；Abbo and Sloan，1996）。尽管如此，通过采用基于误差估计的较小增量步长，可以获得满足精度要求的近似解（Sloan et al.，2001）。在本章中，全局解选择增量格式，局部解选择带有屈服面漂移修正的显式应力积分模式（见 5.3 节）。

5.3　弹塑性损伤模型的积分

5.3.1　概述

求解全局方程后，得到节点主变量，然后计算内部变量，如应力、应变、塑性硬化参数和损伤变量，必要时还可以计算渗透率等变量。求解全局方程[方程（5.15）]得到单元节点处的位移和流体压力，然后将节点位移转换为相应的应变[方程（2.14）]，再利用弹塑性损伤本构关系计算应力和损伤变量。由于弹塑性损伤本构方程是强非线性的，本章采用正向欧拉格式，以提高计算效率、精度和鲁棒性。通过引入自动子步和误差控制算法，提高了精度和效率。

5.3.2　弹塑性应力–应变关系

应力-应变关系可以表达为（Ma，2014；Ma and Zhao，2018）

$$\dot{\boldsymbol{\sigma}}' = \left[\boldsymbol{C}^{\mathrm{e}}(D)\right]\left(\dot{\boldsymbol{\varepsilon}}^{\mathrm{e}} - \frac{2\dot{D}}{1-D}\boldsymbol{\varepsilon}^{\mathrm{e}}\right) = \left[\boldsymbol{C}^{\mathrm{e}}(D)\right]\dot{\boldsymbol{\varepsilon}}_d^{\mathrm{e}} \tag{5.16}$$

$$\dot{\boldsymbol{\varepsilon}}^{\mathrm{p}} = \dot{\lambda}\frac{\partial g}{\partial \boldsymbol{\sigma}'} \tag{5.17}$$

损伤变量的计算公式如下：

$$\dot{D} = \dot{D}_D(\boldsymbol{\sigma}', D) \tag{5.18}$$

式中，$\boldsymbol{C}^{\mathrm{e}}(D)$ 为损伤变量的弹性刚度张量，$\dot{\lambda}$ 为塑性乘数，$\dot{D}_D$ 为损伤演化方程。考虑到：

$$\dot{\lambda} = \frac{\boldsymbol{n}^{\mathrm{T}}\left[\boldsymbol{C}^{e}(D)\right]\dot{\boldsymbol{\varepsilon}}_d}{h + \boldsymbol{n}^{\mathrm{T}}\left[\boldsymbol{C}^{e}(D)\right]\boldsymbol{m}} \tag{5.19a}$$

$$\dot{\lambda} = \frac{1}{h_b}\boldsymbol{n}^{\mathrm{T}}\dot{\bar{\boldsymbol{\sigma}}}' = \frac{1}{h}\boldsymbol{n}^{\mathrm{T}}\dot{\boldsymbol{\sigma}}' \tag{5.19b}$$

弹塑性应力-应变关系表示为（Ma et al.，2016）

$$\dot{\boldsymbol{\sigma}}' = \boldsymbol{C}^{\mathrm{eDp}}\dot{\boldsymbol{\varepsilon}}_d = \left(\left[\boldsymbol{C}^{\mathrm{e}}(D)\right] - \frac{\boldsymbol{C}^{\mathrm{e}}\boldsymbol{m}\boldsymbol{n}^{\mathrm{T}}\left[\boldsymbol{C}^{\mathrm{e}}(D)\right]}{h + \boldsymbol{n}^{\mathrm{T}}\left[\boldsymbol{C}^{\mathrm{e}}(D)\right]\boldsymbol{m}}\right)\dot{\boldsymbol{\varepsilon}}_d \tag{5.20}$$

将损伤演化规律与塑性流动规律相结合，求解损伤演化速率和塑性应变率。

$$\begin{cases} \dot{D} = \dot{D}_D(\boldsymbol{\sigma}', D) \\ \dot{\boldsymbol{\varepsilon}}^{\mathrm{p}} = \dot{\lambda}\dfrac{\partial g}{\partial \boldsymbol{\sigma}'} \end{cases} \tag{5.21}$$

对于弹塑性损伤模型，塑性与损伤的一致性条件以耦合形式表示如下（Ma et al.，2016）：

$$\begin{cases} \dot{f}_d = \dfrac{\partial f_d}{\partial Y}\dot{Y} + \dfrac{\partial f_d}{\partial D}\dot{D} = 0 \\ \dot{F} = \left[\dfrac{\partial F}{\partial \boldsymbol{\sigma}'}\right]^{\mathrm{T}}\left[\dot{\boldsymbol{\sigma}}'\right] + \dfrac{\partial F}{\partial \overline{p}_{\mathrm{c}}'}\left(\dfrac{\partial \overline{p}_{\mathrm{c}}'}{\partial \varepsilon_{\mathrm{v}}^{\mathrm{p}}} + \dfrac{\partial \overline{p}_{\mathrm{c}}'}{\partial D}\dfrac{\dot{D}}{\dot{\varepsilon}_{\mathrm{v}}^{\mathrm{p}}}\right)\dot{\varepsilon}_{\mathrm{v}}^{\mathrm{p}} = 0 \end{cases} \tag{5.22}$$

以下将讨论使用有限元程序，通过正向欧拉格式计算应力和损伤。

5.3.3 正向欧拉格式

在正向欧拉格式中，将外荷载分解为一系列增量，并利用在前一应力点得到的弹塑性矩阵，直接积分本构方程。这种方法是一阶算法，可以直接用于复杂的本构方程。基于当前有效应力状态 $\boldsymbol{\sigma}'_{\bar{t}}$ 和损伤变量 $D_{\bar{t}}$，下一增量步的应力和损伤 $\boldsymbol{\sigma}'_{\bar{t}+\Delta\bar{t}}$ 和 $D_{\bar{t}+\Delta\bar{t}}$ 可通过以下公式计算（Ma，2014）：

$$\begin{cases} \boldsymbol{\sigma}'_{\bar{t}+\Delta\bar{t}} = \boldsymbol{\sigma}'_{\bar{t}} + \Delta\boldsymbol{\sigma}' \\ D_{\bar{t}+\Delta\bar{t}} = D_{\bar{t}} + \Delta D \end{cases} \tag{5.23}$$

式中，$\Delta\bar{t}$ 是时间步长，ΔD 是损伤增量。有效应力增量 $\Delta\boldsymbol{\sigma}'$ 直接根据公式（5.20）计算：

$$\Delta\boldsymbol{\sigma}' = \boldsymbol{C}^{\mathrm{eDp}}\left(\Delta\boldsymbol{\varepsilon} - \frac{2\dot{D}}{1-D}\boldsymbol{\varepsilon}^{\mathrm{e}}\right) = \boldsymbol{C}^{\mathrm{eDp}}\Delta\boldsymbol{\varepsilon}_d \tag{5.24}$$

式中，$\Delta\boldsymbol{\varepsilon}$ 是应变增量。以耦合形式同时计算损伤增量 ΔD 和塑性应变率：

$$\begin{cases} \Delta D = \dot{D}_D(\boldsymbol{\sigma}'_{\bar{t}+\Delta\bar{t}} + \Delta\boldsymbol{\sigma}', D + \Delta D) \\ \dot{\varepsilon}^{\mathrm{p}} = \dot{\lambda}\dfrac{\partial g}{\partial \sigma'} \end{cases} \tag{5.25}$$

相应的塑性硬化参数通过以下公式计算：

$$\bar{p}'_{\mathrm{c},\bar{t}+\Delta\bar{t}} = \bar{p}'_{\mathrm{c},\bar{t}} \times \exp\left(\frac{\upsilon_{\bar{t}+\Delta\bar{t}}\Delta\varepsilon^{\mathrm{p}}_{\mathrm{p}}}{\lambda_D - \kappa_D}\right) \tag{5.26}$$

$$h = -\frac{\partial F}{\partial \bar{p}'_{\mathrm{c}}}\frac{\partial g}{\partial p'}\left(\frac{\partial \bar{p}'_{\mathrm{c}}}{\partial \varepsilon^{\mathrm{p}}_{\mathrm{v}}} + \frac{\partial \bar{p}'_{\mathrm{c}}}{\partial D}\frac{\dot{D}}{\dot{\varepsilon}^{\mathrm{p}}_{\mathrm{v}}}\right) \tag{5.27}$$

正向欧拉格式优点在于简单，其主要缺点是需要很小的增量才能获得较好的精度。此外，这种方法不能保证在每个增量结束时屈服函数和损伤函数满足一致性条件（Ma，2014）。

5.3.4　基于自动子步法的修正欧拉格式

与正向欧拉格式相比，采用基于自动子步法的修正欧拉格式，利用二阶项，通过控制计算应力增量和塑性硬化参数的误差，可以对附加应变增量自动定义子步，从而获得更加精确的解。本章所采用的格式一般包括以下步骤：基于给定的应变增量，就可以根据当前的应力状态，用正向欧拉格式得到一组应力增量和塑性硬化参数。然后使用欧拉正解更新当前应力状态、损伤和塑性硬化参数。此后，应用修正欧拉格式，基于更新后的应力状态、损伤及塑性硬化参数，计算出另一组应力增量、损伤及塑性硬化参数。将一阶精度欧拉正解与二阶精度修正欧拉解之差定义为给定步长的误差。如果误差大于特定用户公差，则通过使用主要误差项的表达式，将应变增量细分为一组较小的步长。如果在规定的公差范围内，应力状态和塑性硬化参数将根据修正欧拉格式进行更新。在这种方法中，每个子增量的大小取决于本构方程的非线性程度，并且在整个迭代过程中是自适应的（Ma，2014）。

下面是 Sloan 等（2001）提出的修正欧拉格式的自动子步法的处理过程，此处对其进行讨论。

考虑一个无单位时间子步 $\Delta\bar{T}_n$（$0<\Delta\bar{T}\leqslant 1$），下标 $n-1$ 和 n 分别表示在无单位时间 $\bar{T}_{n-1}$ 和 $\bar{T}_n=\bar{T}_{n-1}+\Delta\bar{T}_n$ 处计算的量。施加应变增量后，应力、损伤变量和塑性硬化参数可由下式估算：

$$\begin{cases}\boldsymbol{\sigma}'_n=\boldsymbol{\sigma}'_{n-1}+\dfrac{1}{2}(\Delta\boldsymbol{\sigma}'_1+\Delta\boldsymbol{\sigma}'_2)\\ \bar{p}'_{cn}=\bar{p}'_{c(n-1)}+\dfrac{1}{2}(\Delta\bar{p}'_{c1}+\Delta\bar{p}'_{c2})\\ D_n=D_{n-1}+\dfrac{1}{2}(\Delta D_1+\Delta D_2)\end{cases}\tag{5.28}$$

式中，$\Delta\boldsymbol{\sigma}'_i$、$\Delta\bar{p}'_{ci}$ 和 $\Delta D_i(i=1,\ 2)$ 的值通过正向欧拉格式计算。具体地说，$\Delta\boldsymbol{\sigma}'_1$ 和 $\Delta\bar{p}'_{c1}$ 是在应力状态 $\Delta\boldsymbol{\sigma}'_{n-1}$ 和塑性硬化参数 $\bar{p}'_{c(n-1)}$ 下使用 $\boldsymbol{C}_1^{\text{eDp}}$、$\Delta\lambda_1$、$h_1$、$\boldsymbol{n}_1$、$\boldsymbol{m}_1$ 和 ε_{v1}^{p} 的值来估算的。在应力状态 $\boldsymbol{\sigma}'_{n-1}+\Delta\boldsymbol{\sigma}'_1$ 和损伤状态 D_{n-1} 下计算损伤增量 ΔD_1。具体情况如下：

$$\begin{cases}\Delta\boldsymbol{\sigma}'_1=\boldsymbol{C}_1^{\text{eDp}}\Delta\boldsymbol{\varepsilon}_{dn}=\left[\boldsymbol{C}^{\text{eDp}}(\boldsymbol{\sigma}'_{n-1})\right]\Delta\boldsymbol{\varepsilon}_{dn}\\ \Delta\bar{p}'_{c1}=\bar{p}'_{c(n-1)}\times\exp\left(\dfrac{\upsilon\Delta\varepsilon_{v1}^{p}}{\lambda_{D_{n-1}}-\kappa_{D_{n-1}}}\right)-\bar{p}'_{c(n-1)}\\ \Delta D_1=f_D(\boldsymbol{\sigma}'_{n-1}+\Delta\boldsymbol{\sigma}'_1,D_{n-1})\end{cases}\tag{5.29}$$

相应地，$\Delta\boldsymbol{\sigma}'_2$ 和 $\Delta\bar{p}'_{c2}$ 是在应力状态 $\boldsymbol{\sigma}'_{n-1}+\Delta\boldsymbol{\sigma}'_1$ 和塑性硬化参数 $\bar{p}'_{c(n-1)}+\Delta\bar{p}'_{c1}$ 下使用 $\boldsymbol{C}_2^{\text{eDp}}$、$\Delta\lambda_2$、$h_2$、$\boldsymbol{n}_2$、$\boldsymbol{m}_2$ 和 ε_{v2}^{p} 的值进行估算的。在应力状态 $\boldsymbol{\sigma}'_{n-1}+\Delta\boldsymbol{\sigma}'_1+\Delta\boldsymbol{\sigma}'_2$ 和损伤状态 $D_{n-1}+\Delta D_1$ 下计算损伤增量 ΔD_2。

$$\begin{cases}\Delta\boldsymbol{\sigma}'_2=\boldsymbol{C}_2^{\text{eDp}}\Delta\boldsymbol{\varepsilon}_{dn}=\left[\boldsymbol{C}^{\text{eDp}}(\boldsymbol{\sigma}'_{n-1}+\Delta\boldsymbol{\sigma}'_1)\right]\Delta\boldsymbol{\varepsilon}_{dn}\\ \Delta\bar{p}'_{c2}=\left(\bar{p}'_{c(n-1)}+\Delta\bar{p}'_{c1}\right)\times\exp\left(\dfrac{\upsilon\Delta\varepsilon_{v2}^{p}}{\lambda_{(D_{n-1}+\Delta D_1)}-\kappa_{(D_{n-1}+\Delta D_1)}}\right)-\left(\bar{p}'_{c(n-1)}+\Delta\bar{p}'_{c1}\right)\\ \Delta D_2=f_D(\boldsymbol{\sigma}'_{n-1}+\Delta\boldsymbol{\sigma}'_1+\Delta\boldsymbol{\sigma}'_2,D_{n-1}+\Delta D_1)\end{cases}\tag{5.30}$$

塑性体积应变通过以下公式计算：

$$\begin{cases}\varepsilon_{v1}^{p}=\Delta\lambda_1\times m_{p1}=\dfrac{\boldsymbol{n}_1^{\text{T}}\left[\boldsymbol{C}^{\text{e}}(D_{n-1})\right]\Delta\boldsymbol{\varepsilon}_{dn}(D_{n-1})}{h_1+\boldsymbol{n}_1^{\text{T}}\left[\boldsymbol{C}^{\text{e}}(D_{n-1})\right]\boldsymbol{m}_1}\times m_{p1}\\ \varepsilon_{v2}^{p}=\Delta\lambda_2\times m_{p2}=\dfrac{\boldsymbol{n}_2^{\text{T}}\left[\boldsymbol{C}^{\text{e}}(D_{n-1}+\Delta D_1)\right]\Delta\boldsymbol{\varepsilon}_{dn}(D_{n-1}+\Delta D_1)}{h_2+\boldsymbol{n}_1^{\text{T}}\left[\boldsymbol{C}^{\text{e}}(D_{n-1}+\Delta D_1)\right]\boldsymbol{m}_1}\times m_{p2}\end{cases}\tag{5.31}$$

相应的应变计算公式为

$$\Delta \boldsymbol{\varepsilon}_{dn} = \Delta \overline{T}_n \Delta \boldsymbol{\varepsilon} - \frac{2\dot{D}}{1-D}\boldsymbol{\varepsilon}^{\mathrm{e}} \tag{5.32}$$

由于正向欧拉格式的局部误差在$O(\Delta \overline{T}^2)$阶，因此修正欧拉格式的局部误差为$O(\Delta \overline{T}^3)$。根据 Sloan 等（2001）的建议，$\boldsymbol{\sigma}'_n$、$\overline{p}'_{cn}$和D_n的误差可以由下式估算：

$$\begin{cases} E_n(\boldsymbol{\sigma}'_n) = \dfrac{1}{2}(\Delta \boldsymbol{\sigma}'_2 - \Delta \boldsymbol{\sigma}'_1) \\ E_n(\overline{p}'_{cn}) = \dfrac{1}{2}(\Delta \overline{p}'_{c2} - \Delta \overline{p}'_{c1}) \\ E_n(D_n) = \dfrac{1}{2}(\Delta D_2 - \Delta D_1) \end{cases} \tag{5.33}$$

用一种方便的形式便可得到修正欧拉解的相对误差（Ma，2014）：

$$R_n = \max\left(\frac{\left\|\Delta \boldsymbol{\sigma}'_2 - \Delta \boldsymbol{\sigma}'_1\right\|}{2\left\|\boldsymbol{\sigma}'_n\right\|}, \frac{\left\|\Delta \overline{p}'_{c2} - \Delta \overline{p}'_{c1}\right\|}{2\overline{p}'_{cn}}, \frac{\left\|\Delta D_2 - \Delta D_1\right\|}{2D_n} \right) \tag{5.34}$$

如此，我们可以通过限制局部误差，并用它来确定下一个子步$\Delta \overline{T}_{n+1}$的大小，提高近似解的精度。如果$R_n$小于容许公差STOL，则采用当前应变子增量。否则，将不采用当前应变子增量，并减小子步的长度，重复求解过程（Sloan et al.，2001）。最终，无论是否接受应变子增量，下一个无单位时间步均采用自动子步法。子步大小可通过如下关系确定：

$$\Delta \overline{T}_{n+1} = \tilde{q} \Delta \overline{T}_n \tag{5.35}$$

式中，$\tilde{q}$是一个正数，引入该参数是为了确保R_{n+1}满足以下约束：

$$R_{n+1} \leqslant \mathrm{STOL} \tag{5.36}$$

修正欧拉格式的局部误差精确到$O(\Delta \overline{T}^2)$，下一步增量的局部误差$\Delta \overline{T}_{n+1}$用方程（5.35）近似计算，那么

$$R_{n+1} \cong \tilde{q}^2 R_n \tag{5.37}$$

结合式（5.36）和式（5.37）可得出：

$$\tilde{q} \leqslant \sqrt{\frac{\mathrm{STOL}}{R_n}} \tag{5.38}$$

由于$\tilde{q}$是基于主导误差项的表达式来确定的，因此对于强非线性本构方程，这种近似计算可能变得不准确。建议采用保守手段，通过折减系数为 0.9 的$\tilde{q}$来尽量减少拒绝应变子增量的数量（Sloan et al.，2001）：

$$\tilde{q}=0.9\sqrt{\frac{\text{STOL}}{R_n}} \tag{5.39}$$

因此，连续子步大小通过以下公式计算：

$$\Delta\bar{T}_{n+1}=0.9\sqrt{\frac{\text{STOL}}{R_n}}\times\Delta\bar{T}_n \tag{5.40}$$

为了提高修正欧拉格式的效率，同时又满足局部误差容限，将 $\tilde{q}$ 限制在如下限制范围内：

$$0.1\leqslant\tilde{q}\leqslant 1.1 \tag{5.41}$$

同时，

$$0.1\Delta\bar{T}_{n-1}\leqslant\Delta\bar{T}_n\leqslant 1.1\Delta\bar{T}_{n-1} \tag{5.42}$$

一般来说，折减系数 0.9 的意义在于，它是一个安全系数，可以防止所选的子步长度不满足局部误差容限。Sloan 等（2001）指出，其他数字也可以达到同样的效果。此外，该计算方案采用了两个约束条件，即施加绝对最小步长和在失效子步长之后施加至少两个相同增量的步长。Sloan 等（2001）强调，第一个约束是当子增量包含梯度奇异时，提高鲁棒性；第二个约束用于确保在破坏后至少取两个相同大小的应变子增量，非常适用于应力-应变路径在曲率中有形状变化的情况。

综上所述，本章所采用的基于自动子步法的修正欧拉格式的关键步骤如下（Ma，2014）：

（1）首先，设置 $n=1$、$\bar{T}=0$、$\Delta\bar{T}_1=1$、$\boldsymbol{\sigma}'_n=\boldsymbol{\sigma}'_{\bar{t}}$、$\bar{p}'_{cn}=\bar{p}'_{c\bar{t}}$、$D_n=D_{\bar{t}}$ 和 $\Delta\boldsymbol{\varepsilon}_1=\Delta\boldsymbol{\varepsilon}$，这意味着在这种情况下不需要子增量。

（2）暂定应力、损伤变量和塑性硬化参数由式（5.28）计算。然后用式（5.34）计算局部误差。

（3）如果局部误差大于规定的公差，则拒绝该解决方案，并以减小的子步重复该过程，直到子增量满足公差要求。如果局部误差满足误差限值，则采用当前子增量，并更新步骤（2）中计算的应力、损伤变量和塑性硬化参数。

（4）不管关于子增量是被采用还是被拒绝，下一个子步骤使用式（5.40）和式（5.42）计算。

（5）当施加整个应变增量时，积分结束。这是通过 $\sum\Delta\bar{T}_i=\bar{T}=1$ 完成的，求解过程以 $\boldsymbol{\sigma}'_{\bar{t}+\Delta\bar{t}}=\boldsymbol{\sigma}'_n$、$\bar{p}'_{c(\bar{t}+\Delta\bar{t})}=\bar{p}'_{cn}$ 和 $D_{\bar{t}+\Delta\bar{t}}=D_n$ 终止，其中 n 是最后一个子增量。

5.3.5 屈服面漂移修正

典型的屈服面漂移修正方案包括：采用应力沿塑性流动方向返回、沿着总应变增量方向返回、累积有效应力返回、沿屈服面法线方向返回和基于一致性条件投影返回等方法修正应力（Potts and Gens，1985）。在这些方案中，前三种方法不涉及弹性应变的相关变化，它们只能给出近似的结果，这可能导致较大的误差。另外，沿屈服面法线方向的修正，以及考虑应力和弹性应变变化的一致性条件，在理论上是正确的。沿屈服面法线方向的修正假定塑性硬化参数不变，只修正应力（Ma，2014）。相反，一致性条件法考虑了应力和塑性硬化变量的变化（Habte，2006）。考虑到理论基础、精度和效率等方面，一致性条件法修正屈服面应力更为可靠。

对于边界面塑性模型，当前应力状态总是位于加载面上，与之对应的虚拟应力位于边界面上。基于应力状态的变化，新的应力点自动位于新的加载面上。虚拟应力的变化通过一个简单的映射规则来计算，该映射规则将应力点从加载面投影到边界面。但不同之处在于，边界面的变化仅受塑性硬化参数和损伤变量的控制，这意味着在应变子增量后，虚拟应力点可能不在新的边界面上。由于新的虚拟应力点可能不满足当前边界面上的条件，因此必须应用偏移校正将其调整回边界面（Ma，2014）。此外，这种校正还可以确保虚拟应力点不会投影到边界面之外，同时保证加载面不穿过边界面（Habte，2006）。使用一致性条件法，边界面塑性漂移修正方案图解如图 5.1 所示。

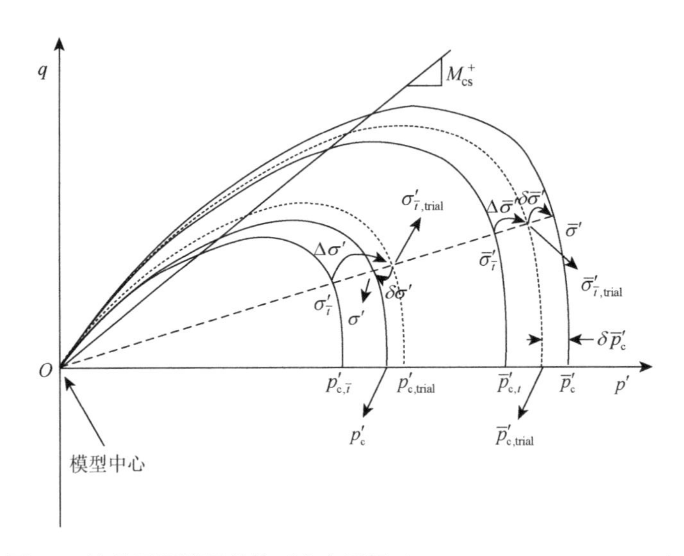

图 5.1　边界面塑性漂移修正方案图解（Habte，2006；Ma，2014）

如图 5.1 所示，当前应力状态可通过加载面上的 $\boldsymbol{\sigma}'_{\bar{t}}$ 和边界面上的 $\bar{\boldsymbol{\sigma}}'_{\bar{t}}$ 表示，两个面的对应尺寸分别为 $p'_{c,\bar{t}}$ 和 $\bar{p}'_{c,\bar{t}}$，在应变增量结束时计算试应力 $\boldsymbol{\sigma}'_{trial}$。相应的虚拟应力必须满足边界面塑性理论的基本假设[方程（5.19b）]，并且新边界面上的一致性条件 $F=0$ 必须由试塑性硬化参数 $\bar{p}'_{c,trial}$ 更新。为了简单起见，假定损伤变量保持不变。虽然应力状态和损伤状态相互作用，但假设损伤增量 ΔD 满足损伤的一致性条件，可以忽略应力-应变的微小变化对损伤的影响。回顾式（5.19b），试应力增量和试虚拟应力增量之间的关系如下（Ma，2014）：

$$\frac{\Delta\bar{\boldsymbol{\sigma}}'}{h_b}=\frac{\Delta\boldsymbol{\sigma}'}{h} \tag{5.43}$$

因此，试虚拟应力通过以下公式计算：

$$\bar{\boldsymbol{\sigma}}'_{\text{trial}}=\bar{\boldsymbol{\sigma}}'_{\bar{t}}+\Delta\bar{\boldsymbol{\sigma}}'=\bar{\boldsymbol{\sigma}}'_{\bar{t}}+\frac{h_b}{h}\Delta\boldsymbol{\sigma}' \tag{5.44}$$

重复进行屈服面漂移修正，直到满足如下条件：

$$\left|F\left(\bar{\boldsymbol{\sigma}}'_{\text{trial}},\bar{p}'_{\text{c,trial}}\right)\right|\leqslant \text{FTOL} \tag{5.45}$$

式中，FTOL 是屈服条件下的容许误差。漂移修正的主要目的是将修正的 $\delta\bar{\boldsymbol{\sigma}}'$ 和 $\delta\bar{p}'_{\text{c}}$ 用于试虚拟应力 $\bar{\boldsymbol{\sigma}}'_{\text{trial}}$ 和试塑性硬化参数 $\bar{p}'_{\text{c,trial}}$，以确保修正后的虚拟应力在边界面上满足一致性条件。

$$F\left(\bar{\boldsymbol{\sigma}}'_{\text{trial}}+\delta\bar{\boldsymbol{\sigma}}',\bar{p}'_{\text{c,trial}}+\delta\bar{p}'_{\text{c}}\right)=0 \tag{5.46}$$

忽略二阶项和高阶项，方程（5.46）的泰勒级数展开式可为（Ma，2014）

$$\begin{aligned}&F\left(\bar{\boldsymbol{\sigma}}'_{\text{trial}}+\delta\bar{\boldsymbol{\sigma}}',\bar{p}'_{\text{c,trial}}+\delta\bar{p}'_{\text{c}}\right)\\&=F\left(\bar{\boldsymbol{\sigma}}'_{\text{trial}},\bar{p}'_{\text{c,trial}}\right)+\left(\frac{\partial F}{\partial\bar{\boldsymbol{\sigma}}'}\right)^{\text{T}}\delta\bar{\boldsymbol{\sigma}}'+\frac{\partial F}{\partial\bar{p}'_{\text{c}}}\left(\frac{\partial\bar{p}'_{\text{c}}}{\partial\varepsilon_{\text{v}}^{\text{p}}}+\frac{\partial\bar{p}'_{\text{c}}}{\partial D}\frac{\delta D}{\delta\varepsilon_{\text{v}}^{\text{p}}}\right)\delta\varepsilon_{\text{v}}^{\text{p}}\\&=0\end{aligned} \tag{5.47}$$

根据边界面塑性理论的基本假设[方程（5.19b）]，虚拟应力点和实际应力点的修正关系为

$$\frac{\delta\bar{\boldsymbol{\sigma}}'}{h_b}=\frac{\delta\boldsymbol{\sigma}'}{h} \tag{5.48}$$

假设在修正过程中应变增量没有变化，意味着应力修正与弹性应变变化有关，弹性应变变化与塑性应变的反向变化相平衡。该假设与基于位移公式的有限元程序（Potts and Gens，1985）一致，即

$$\delta\boldsymbol{\varepsilon}^{\text{e}}=-\delta\boldsymbol{\varepsilon}^{\text{p}}=\left[\boldsymbol{C}^{e}(D)\right]^{-1}\delta\boldsymbol{\sigma}' \tag{5.49}$$

塑性应变增量由式（5.17）修正，

$$\delta\boldsymbol{\varepsilon}^{\text{p}}=\delta\dot{\lambda}\boldsymbol{m} \tag{5.50}$$

式中，$\delta\dot{\lambda}$ 是未知塑性乘数标量，$\boldsymbol{m}$ 是垂直于 $\boldsymbol{\sigma}'_{\text{trial}}$ 处塑性势的单位方向矩阵。结合式（5.49）和式（5.50）得出

$$\delta\boldsymbol{\sigma}'=-\delta\dot{\lambda}\left[\boldsymbol{C}^{\text{e}}(D)\right]\boldsymbol{m} \tag{5.51}$$

塑性硬化参数的修正值为（Ma，2014）

$$\delta\bar{p}'_{\text{c}}=\left(\frac{\partial\bar{p}'_{\text{c}}}{\partial\varepsilon_{\text{v}}^{\text{p}}}+\frac{\partial\bar{p}'_{\text{c}}}{\partial D}\frac{\delta D}{\delta\varepsilon_{\text{v}}^{\text{p}}}\right)\delta\varepsilon_{\text{v}}^{\text{p}} \tag{5.52}$$

其中，$\delta\varepsilon_{\mathrm{v}}^{\mathrm{p}}$ 是对塑性体积应变的修正，即

$$\delta\varepsilon_{\mathrm{v}}^{\mathrm{p}} = \delta\dot{\lambda} m_p \tag{5.53}$$

因此，可对塑性硬化参数进行修正如下：

$$\delta \overline{p}_{\mathrm{c}}' = \left(\frac{\partial \overline{p}_{\mathrm{c}}'}{\partial \varepsilon_{\mathrm{v}}^{\mathrm{p}}} + \frac{\delta D}{\delta \varepsilon_{\mathrm{v}}^{\mathrm{p}}}\right)\delta\dot{\lambda} m_p \tag{5.54}$$

将式（5.48）、式（5.51）和式（5.54）代入式（5.47）得出：

$$\begin{aligned} & F\left(\bar{\boldsymbol{\sigma}}_{\text{trial}}' + \delta\bar{\boldsymbol{\sigma}}', \overline{p}_{\mathrm{c,trial}}' + \delta \overline{p}_{\mathrm{c}}'\right) \\ &= F\left(\bar{\boldsymbol{\sigma}}_{\text{trial}}', \overline{p}_{\mathrm{c,trial}}'\right) - \delta\lambda\left(\frac{h_b}{h}\right)\left(\frac{\partial F}{\partial \bar{\boldsymbol{\sigma}}'}\right)^{\mathrm{T}}\left[\boldsymbol{C}^{\mathrm{e}}(D)\right]\boldsymbol{m} + \delta\dot{\lambda}\frac{\partial F}{\partial \overline{p}_{\mathrm{c}}'}\left(\frac{\partial \overline{p}_{\mathrm{c}}'}{\partial \varepsilon_{\mathrm{v}}^{\mathrm{p}}} + \frac{\partial \overline{p}_{\mathrm{c}}'}{\partial D}\frac{\delta D}{\delta \varepsilon_{\mathrm{v}}^{\mathrm{p}}}\right)m_p \\ &= 0 \end{aligned} \tag{5.55}$$

式（5.55）也可以简化为

$$\begin{aligned} & F\left(\bar{\boldsymbol{\sigma}}_{\text{trial}}' + \delta\bar{\boldsymbol{\sigma}}', \overline{p}_{\mathrm{c,trial}}' + \delta \overline{p}_{\mathrm{c}}'\right) \\ &= \frac{F\left(\bar{\boldsymbol{\sigma}}_{\text{trial}}', \overline{p}_{\mathrm{c,trial}}'\right)}{\left\|\partial F/\partial \bar{\boldsymbol{\sigma}}'\right\|} - \delta\lambda\left(\frac{h_b}{h}\right)\boldsymbol{n}^{\mathrm{T}}\left[\boldsymbol{C}^{\mathrm{e}}(D)\right]\boldsymbol{m} - \delta\dot{\lambda} h_b \\ &= 0 \end{aligned} \tag{5.56}$$

因此，未知塑性乘数可通过以下方式获得：

$$\delta\dot{\lambda} = \frac{1}{h + \boldsymbol{n}^{\mathrm{T}}\left[\boldsymbol{C}^{\mathrm{e}}(D)\right]\boldsymbol{m}}\left(\frac{h}{h_b}\right)\frac{F\left(\bar{\boldsymbol{\sigma}}_{\text{trial}}', \overline{p}_{\mathrm{c,trial}}'\right)}{\left\|\partial F/\partial \bar{\boldsymbol{\sigma}}'\right\|} \tag{5.57}$$

最后，更新后的应力和塑性硬化参数通过以下公式计算：

$$\begin{cases} \boldsymbol{\sigma}' = \boldsymbol{\sigma}_{\text{trial}}' + \delta\boldsymbol{\sigma}' \\ \overline{p}_{\mathrm{c}}' = \overline{p}_{\mathrm{c,trial}}' + \delta \overline{p}_{\mathrm{c}}' \end{cases} \tag{5.58}$$

当$\left|F\left(\bar{\boldsymbol{\sigma}}_{\text{trial}}' \quad \overline{p}_{\mathrm{c,trial}}'\right)\right| \leqslant \mathrm{FTOL}$，就可以停止上述修正。值得注意的是，在某些条件下，上述修正方案可能会给出不收敛的结果，这意味着修正后的应力可能比先前未修正的应力离屈服面更远（Ma，2014）。Sloan 等（2001）建议放弃一次迭代的一致性条件方案，代之以垂直于屈服面的修正方案。在这种情况下，通过保持塑性硬化参数不变（$\delta \overline{p}_{\mathrm{c}}' = 0$）并将应力修正垂直于屈服面，修正应力为（Ma，2014）

$$\delta\boldsymbol{\sigma}' = -\delta\dot{\lambda}\boldsymbol{n} \tag{5.59}$$

将式（5.48）和式（5.59）代入式（5.57）得到未知塑性乘数：

$$\delta\dot{\lambda} = \frac{1}{\boldsymbol{n}^{\mathrm{T}}\boldsymbol{n}}\left(\frac{h}{h_b}\right)\frac{F\left(\bar{\boldsymbol{\sigma}}_{\text{trial}}', \overline{p}_{\mathrm{c,trial}}'\right)}{\left\|\partial F/\partial \bar{\boldsymbol{\sigma}}'\right\|} \tag{5.60}$$

屈服面法向修正方案与一致性修正方案的区别在于前者保持塑性硬化参数不变（$\overline{p}_{\mathrm{c}}' = \overline{p}_{\mathrm{c,trial}}'$），仅通过方程（5.59）更新应力（$\boldsymbol{\sigma}' = \boldsymbol{\sigma}_{\text{trial}}' + \delta\boldsymbol{\sigma}'$）。

5.4 本 章 结 论

本章展示了利用有限元法和有限差分技术对多孔隙介质流固耦合控制方程进行近似求解的过程。流固耦合数值模型求解的主要技术内容为：对控制方程在空间域和时间域进行离散化，求解全局方程和局部方程，形成最终的数值解。对于本书提出的边界面损伤本构模型，建议采用显式格式算法进行求解，并给出了正向欧拉格式和基于自动子步法的修正欧拉格式；为了保证屈服面方程的一致性和数理方程的完整性，建议采用屈服面应力漂移显式修正技术，并给了误差判断方法和求解详细过程。

参 考 文 献

Abbo A J，Sloan S W，1996. An automatic load stepping algorithm with error control[J]. International Journal for Numerical Methods in Engineering，39（10）：1737-1759.

Gupta K K，Meek J L，1996. A brief history of the beginning of the finite element method[J]. International Journal for Numerical Methods in Engineering，39（22）：3761-3774.

Habte A M，2006. Numerical and constitutive modelling of monotonic and cyclic loading in variably saturated soils[D]. Sydney：Unversity of New South Wales.

Lewis R W，Schrefler B A，1998. The finite element method in the static and dynamic deformation and consolidation of porous media[M]. New York：John Wiley & Sons，Inc.

Ma J J，2014. Coupled flow deformation analysis of fractured porous media subject to elasto-plastic damage[D]. Sydney：The University of New South Wales.

Ma J J，2015. Review of permeability evolution model for fractured porous media[J]. Journal of Rock Mechanics and Geotechnical Engineering，7（3）：351-357.

Ma J J，2018. Wetting collapse analysis on partially saturated oil chalks by a modified cam clay model based on effective stress[J]. Journal of Petroleum Science and Engineering，167：44-53.

Ma J J，Zhao G F，2018. Borehole stability analysis in fractured porous media associated with elastoplastic damage response[J]. International Journal of Geomechanics，18（5）：04018022.

Ma J J，Zhao G F，Khalili N，2016. An elastoplastic damage model for fractured porous media[J]. Mechanics of Materials，100：41-54.

Potts D，Gens A，1985. A critical assessment of methods of correcting for drift from the yield surface in elasto-plastic finite element analysis[J]. International Journal for Numerical and Analytical Methods in Geomechanics，9（2）：149-159.

Potts D M，Zdravković L，1999. Finite element analysis in geotechnical engineering：Theory[M]. London：Thomas Telford Publishing.

Sloan S W，Abbo A J，Sheng D C，2001. Refined explicit integration of elastoplastic models with automatic error control[J]. Engineering Computations：International Journal for Computer-aided Engineering and Software，18：121-154.

Zhao J D，Sheng D C，Rouainia M，et al.，2005. Explicit stress integration of complex soil models[J]. International Journal for Numerical and Analytical Methods in Geomechanics，29：1209-1229.

第 6 章　流固耦合数值模型验证

6.1　概　　述

目前，可以进行流固耦合数值计算的软件和工具较多，例如 ANALYSIS、FLAC3D、GDEM、RFPA、ABAQUS、MIDAS 等，这些市场上应用较为广泛的软件工具对工程建设做出了卓越的贡献。特别是水电工程建设、隧道建设、深海资源开发等方面，涉及复杂的流固耦合过程，常规的计算手段和设计规范很难满足这些复杂工程的安全评估及设计需求。因此，流固耦合数值模型受到学术界和工业界的广泛关注。本章提出的考虑塑性损伤的流固耦合控制方程，基于连续介质力学框架，面向宏观各向同性介质。在本章中，流固耦合控制方程（数值模型）的有效性需要通过具体的案例进行验证，才能实现模型的应用推广。

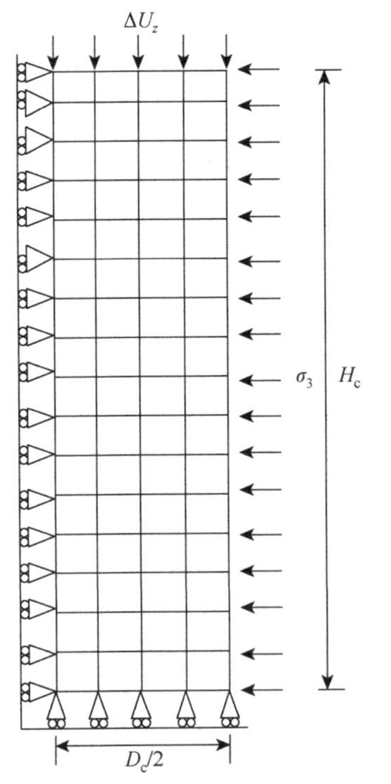

图 6.1　有限元网格及边界条件（Ma，2014）

针对一系列典型工程问题（例如，岩石三轴压力测试、井点降水问题、水力致裂问题等），通过对比试验数据和部分理论解，以及本章的数值模拟结果，验证了流固耦合数值模型的有效性。

6.2　数值积分方法的评价

本节对排水和不排水条件下不同围压的三轴压缩试验进行了模型预测和分析，通过对比基准解，评价了基于自动子步法的修正欧拉格式和漂移修正方案的精度和效率。本章采用轴对称网格建立计算模型，有限元网格和边界条件如图 6.1 所示。网格由 64 个四节点四边形单元组成，具有 2×2 个积分点。对于轴对称问题，可取试样的一半进行分析（Ma，2014）。

我们将应变增量极小的（10^{-7} 或 0.000001%）单个应力点的解设为基准参考解，应力用 $\boldsymbol{\sigma}'_{\text{ref}}$ 表示，损伤变量用 D_{ref} 表示，分别用 $\boldsymbol{\sigma}'_{\text{ref}}$ 和 $\boldsymbol{\sigma}'$、D_{ref} 和 D 的误差来评价欧拉格式的应力和损伤的精度（Ma，2014）。

$$\begin{cases} \boldsymbol{\sigma}'_{\text{error}} = \dfrac{\left\| \boldsymbol{\sigma}'_{\text{ref}} - \boldsymbol{\sigma}' \right\|}{\left\| \boldsymbol{\sigma}'_{\text{ref}} \right\|} \\ D_{\text{error}} = \dfrac{\left| D_{\text{ref}} - D \right|}{D_{\text{ref}}} \end{cases} \tag{6.1}$$

我们把屈服面规定的误差容限设定为 10^{-9}，一阶欧拉法和二阶修正欧拉法之间的应力误差容限设定为 10^{-6}，损伤误差容限设定为 10^{-6}。对于本节中考虑的所有情况，误差和公差是相同的（Ma，2014）。

6.2.1　三轴排水剪切试验

本节研究了低围压（5MPa）、中围压（60MPa）和高围压（150MPa）三种围压下的三轴排水剪切试验。材料参数为 $e_0 = 0.292$、$\nu = 0.15$、$\lambda = 0.18$ 和 $M_{\text{cs}} = 1.3$。定义边界面的参数分别为 $\overline{p}'_{\text{c}} = 300\ \text{MPa}$、$N = 1.6$、$R = 1.95$ 和 $k = 15$。假设低围压时 k_m 为 15，中、高围压时 k_m 为 0.01，损伤模型参数为 $m = 10$、$n = 8$、$k_\sigma = 0.15$、$k_Y = 0.0055$、$m_\sigma = 12$、$m_Y = 25$、$\sigma_{\text{eqd0}} = 1$ 和 $Y_{d0} = 0.001$。采用四种应变增量大小：$\Delta\varepsilon_1 = 1\times10^{-3}$、$\Delta\varepsilon_1 = 1\times10^{-4}$、$\Delta\varepsilon_1 = 1\times10^{-5}$ 和 $\Delta\varepsilon_1 = 1\times10^{-6}$，来检验每种欧拉格式的性能。

1. 低围压（5MPa）三轴排水剪切试验分析

图 6.2～图 6.4 显示了在低围压（5MPa）下，使用修正欧拉格式的数值模拟结果，该方案具有自动子步和漂移校正。这些图给出了 q-ε_1，ε_{v}-ε_1 和 D-ε_1 的计算结果，除了应变增量为 $\Delta\varepsilon_1 = 1\times10^{-3}$ 的情况外，其他模拟结果与参考解吻合得很好。由此可知，当应变增量 $\Delta\varepsilon_1$ 不大于 1×10^{-4} 时，模拟结果将非常接近参考解。从损伤演化图（图 6.4）可以看出，损伤并没有像预期的那样在弹性区域内演化，只是在峰值之后才开始。所有应变增量数值模拟结果均符合岩石在低围压下的主要特征，即随着损伤的进一步发展，岩石发生应变软化和脆性破坏。此外，相对于体积变化和应力-应变响应，损伤演化对应变增量的大小更为敏感（Ma，2014）。

2. 中围压（60MPa）三轴排水剪切试验分析

图 6.5～图 6.7 表明，中围压（60MPa）下岩石的数值模拟结果与适用于所有应变率的参考解吻合较好。与低围压情况类似，与应力-应变响应相比，损伤演化对应变增量的大小更为敏感，低应变率下的结果更为准确。所有应变增量

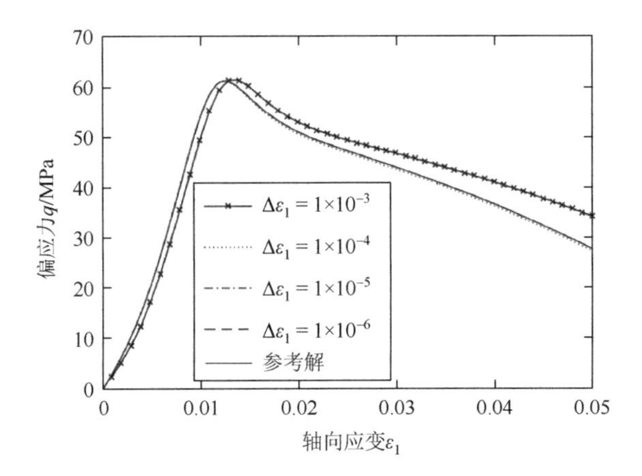

图 6.2　低围压（5MPa）排水下 q - ε_1 响应曲线（Ma，2014）

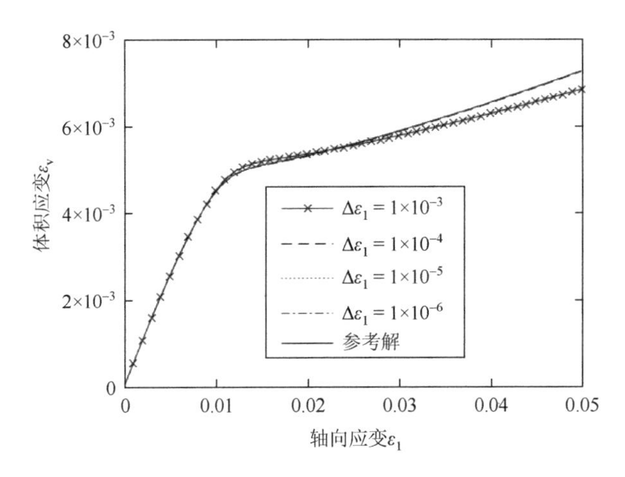

图 6.3　低围压（5MPa）排水下 ε_v - ε_1 响应曲线（Ma，2014）

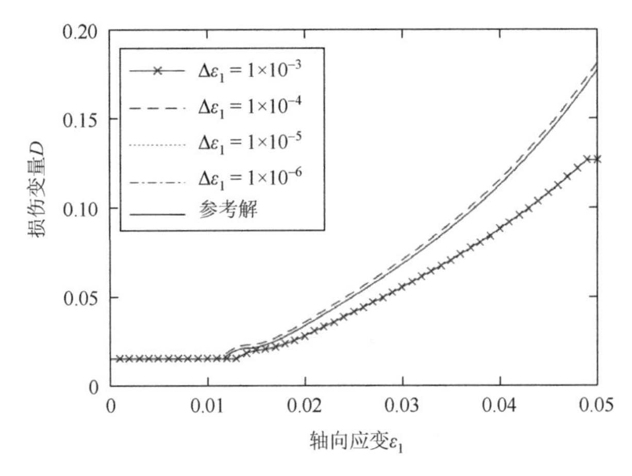

图 6.4　低围压（5MPa）排水下 D - ε_1 响应曲线（Ma，2014）

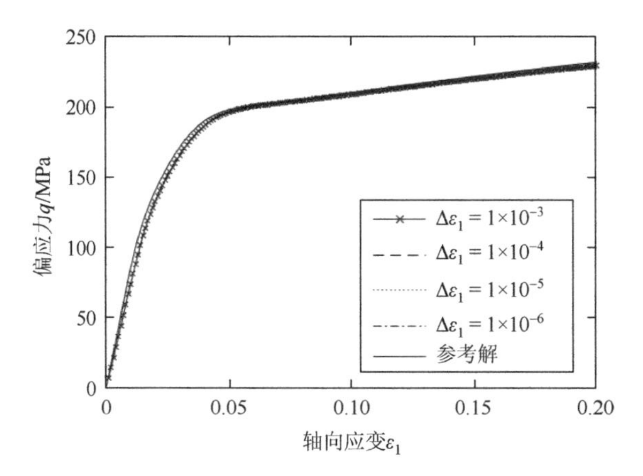

图 6.5　中围压（60MPa）排水下 q-ε_1 响应曲线（Ma，2014）

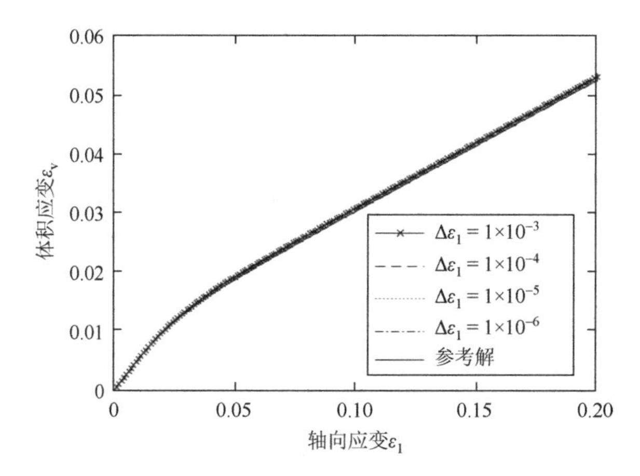

图 6.6　中围压（60MPa）排水下 ε_v-ε_1 响应曲线（Ma，2014）

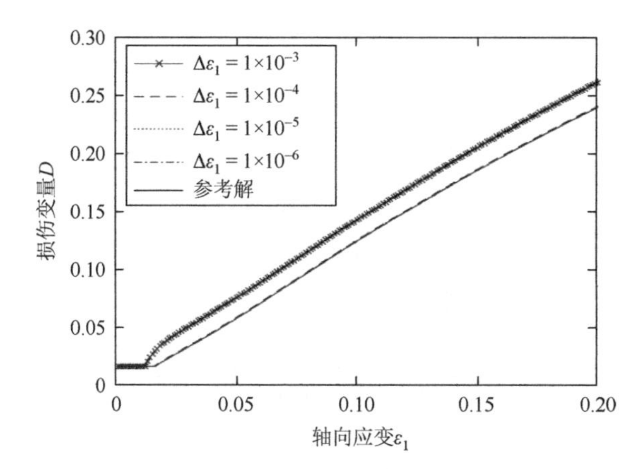

图 6.7　中围压（60MPa）排水下 D-ε_1 响应曲线（Ma，2014）

下的数值模拟结果都符合岩石介质三轴压缩试验的主要特征，例如，当塑性和损伤相互作用时，发生应变硬化而不是软化，更具延性而不是脆性。与低围压情况相比，中围压情况对应变增量大小的敏感性较低，数值解累积的舍入误差较低（Ma，2014）。

3. 高围压（150MPa）三轴排水剪切试验分析

高围压（150MPa）下岩石三轴排水剪切试验的数值模拟结果如图 6.8～图 6.10 所示。对模拟结果和参考解的检验再次表明，数值模拟结果对所有工况均具有良好的精度。与低围压的情况类似，由于求解器累积的舍入误差比中围压的情况高，应力-应变响应对应变增量大小敏感，但如果施加的应变增量不超过 $\Delta\varepsilon_1 = 1\times10^{-4}$，则不太敏感（Ma，2014）。

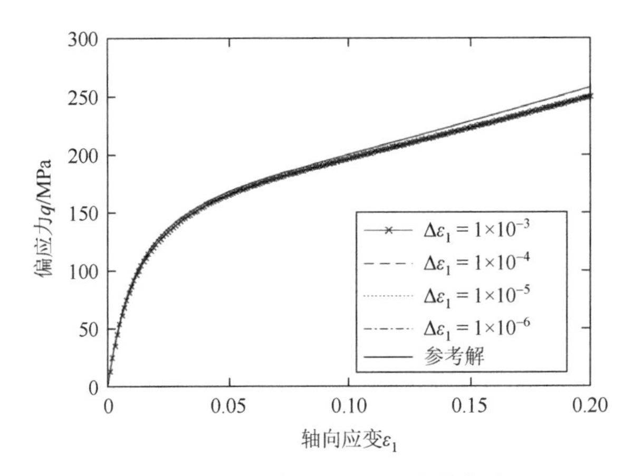

图 6.8　高围压（150MPa）排水下 q - ε_1 响应曲线（Ma，2014）

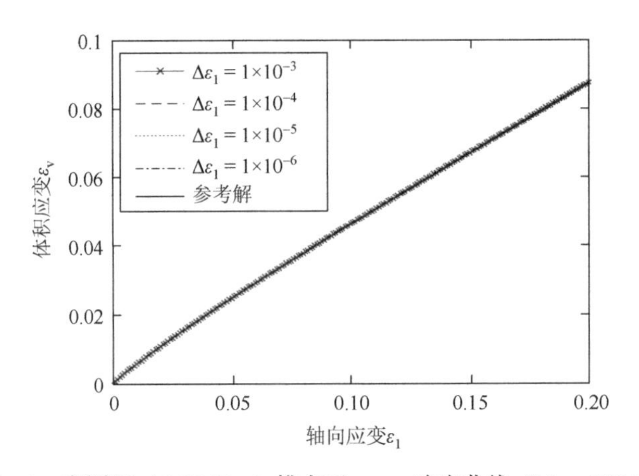

图 6.9　高围压（150MPa）排水下 ε_v - ε_1 响应曲线（Ma，2014）

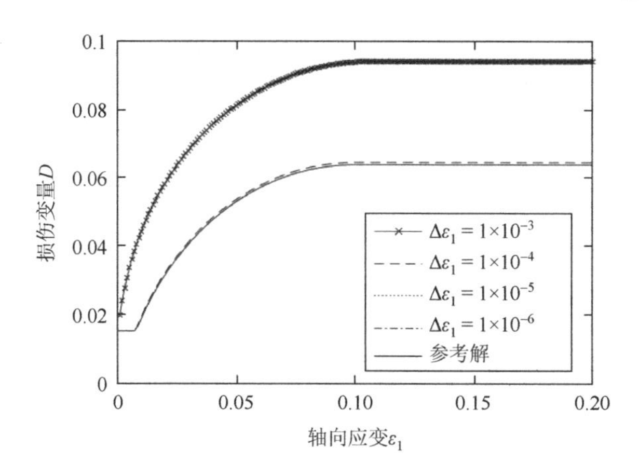

图 6.10　高围压（150MPa）排水下 D-ε_1 响应曲线（Ma，2014）

6.2.2　三轴不排水剪切试验

对于低、中、高围压下的岩石材料，在不排水荷载作用下，本节对第 5 章所提出的欧拉格式的性能也进行了评估。除边界条件由排水变为不排水外，分析中采用的模型参数与排水加载时相同。采用三种应变增量 $\Delta\varepsilon_1=1\times10^{-3}$、$\Delta\varepsilon_1=1\times10^{-4}$ 和 $\Delta\varepsilon_1=1\times10^{-5}$ 来检验数值格式的性能。在忽略固体骨架和流体压缩性的情况下，孔隙水压力与裂隙水压力基本相同。因此，该分析仅测量孔隙水压力的性能，这也表明两个孔隙系统重叠且流-固相互耦合。低围压下材料的预期主要特征是：塑性软化和有效应力随孔隙水压力的减小而增大。孔隙水压力为负或减小的主要原因是砂岩样品有膨胀的倾向。而高围压约束下的试样则出现塑性硬化，有效应力随孔隙水压力的增大而减小。对于中围压试样，岩石材料的性能取决于应力状态，将表现出由脆性向延性的转变（Ma，2014）。

1. 低围压（5MPa）的三轴不排水剪切试验分析

图 6.11～图 6.14 显示了低围压（5MPa）下三轴不排水剪切试验的数值模拟结果，包括 q-ε_1、q-p'、p_w-ε_1 和 D-ε_1 的响应曲线。可见，除了应变增量为 $\Delta\varepsilon_1=1\times10^{-3}$ 的情况外，其他加载步长结果均与参考解非常吻合。从损伤演化图（图 6.14）可以看出，由于正孔压的产生降低了有效围压，损伤发生在峰值前，之后轴向应变为 0.08，几乎可以忽略不计。在轴向应变为 0.08 时，随着孔隙水压力的减小，平均有效应力继续增大（图 6.12）。与 6.2.1 节类似，损伤响应对应变增量尺寸的敏感性高于应力-应变响应。在这种情况下，损伤、应力和孔隙水压力都受到较大应变增量的影响。这说明在不排水荷载作用下，损伤演化对材料的力学

性能起主导作用。然而，对于应变增量高达 $\Delta\varepsilon_1 = 1\times10^{-4}$ 的情况，可以获得具有适当精度的解（Ma，2014）。

2. 中围压（60MPa）三轴不排水剪切试验分析

图 6.15～图 6.18 表明，中围压（60MPa）下，岩石的数值模拟结果与适用于所有应变率的参考解吻合良好。具体而言，对于所有应变增量，模型模拟结果符合常规岩石在不排水剪切荷载作用下的主要特征，例如应变硬化而非软化，与孔隙水压力增加相关的有效应力降低，塑性和损伤的相互作用使材料具有更大的延性而非脆性。与低围压情况相比，中围压情况对应变增量大小的敏感性较低，说明该情况下求解器累积的舍入误差较小（Ma，2014）。

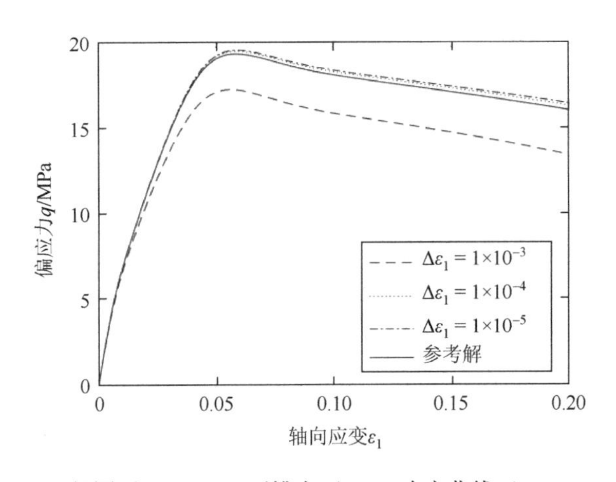

图 6.11　低围压（5MPa）不排水下 $q-\varepsilon_1$ 响应曲线（Ma，2014）

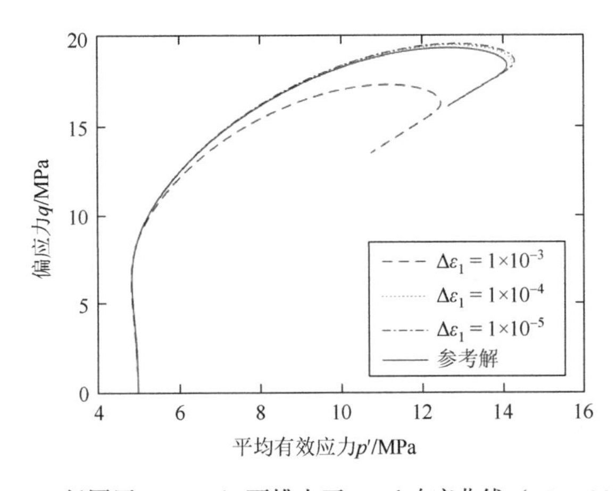

图 6.12　低围压（5MPa）不排水下 $q-p'$ 响应曲线（Ma，2014）

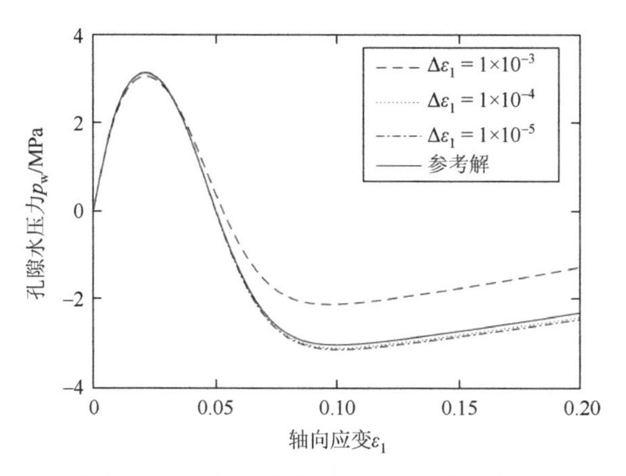

图 6.13　低围压（5MPa）不排水下 p_w - ε_1 响应曲线（Ma，2014）

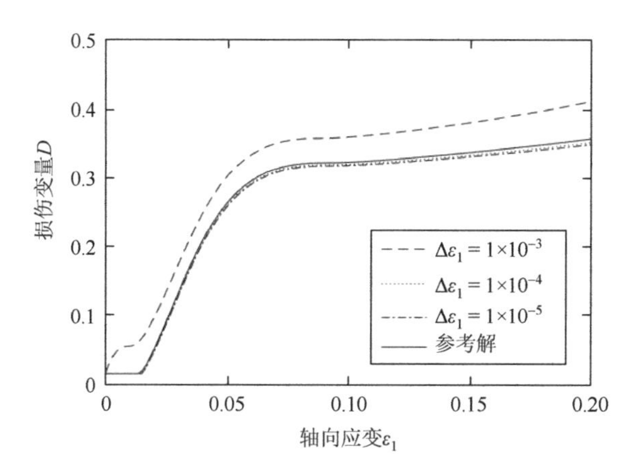

图 6.14　低围压（5MPa）不排水下 D - ε_1 响应曲线（Ma，2014）

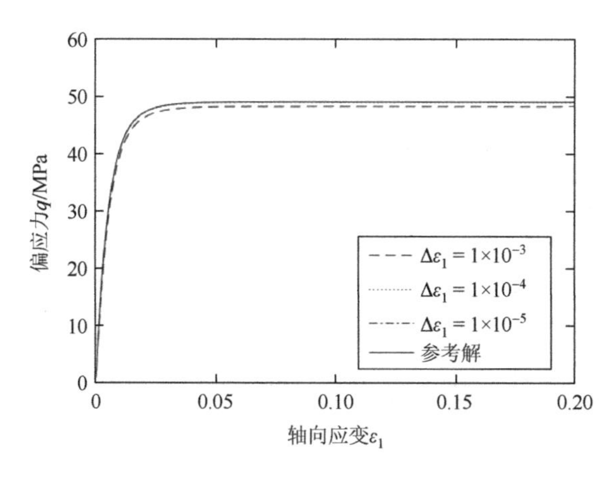

图 6.15　中围压（60MPa）不排水下 q - ε_1 响应曲线（Ma，2014）

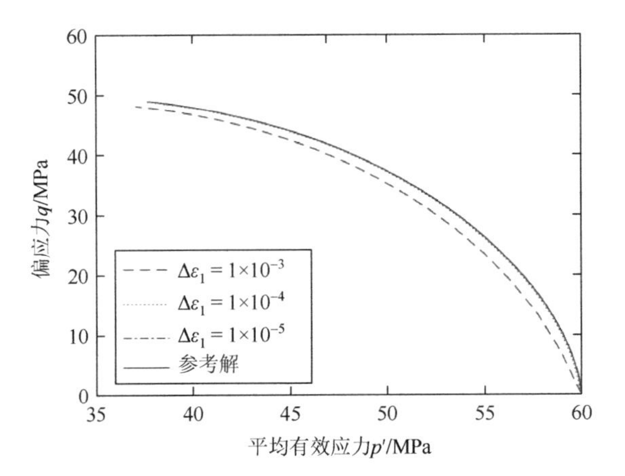

图 6.16　中围压（60MPa）不排水下 q - p' 响应曲线（Ma，2014）

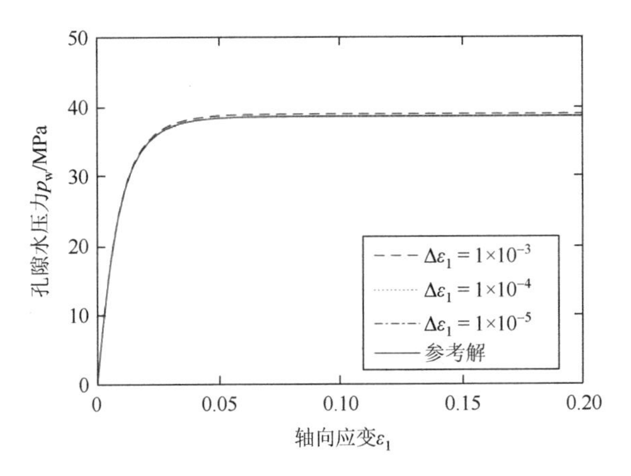

图 6.17　中围压（60MPa）不排水下 p_w - ε_1 响应曲线（Ma，2014）

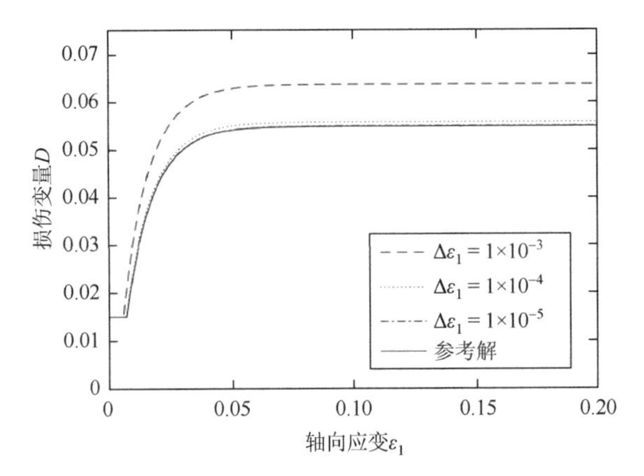

图 6.18　中围压（60MPa）不排水下 D - ε_1 响应曲线（Ma，2014）

3. 高围压（150MPa）的三轴不排水剪切试验分析

高围压（150MPa）的三轴不排水剪切试验数值模拟结果如图6.19～图6.22所示，针对模拟结果的检验再次表明，除了应变增量为1×10^{-3}的损伤演化外，其他情况下的模拟结果都具有良好的精度。与中围压（60MPa）的情况相似，在高围压下，有效应力随孔隙水压力的增加而减小，存在塑性硬化而不是软化。与损伤演化相比，由于求解器累积的舍入误差较小，应力响应和孔隙水压力响应对应变增量大小的敏感性较低（Ma，2014）。

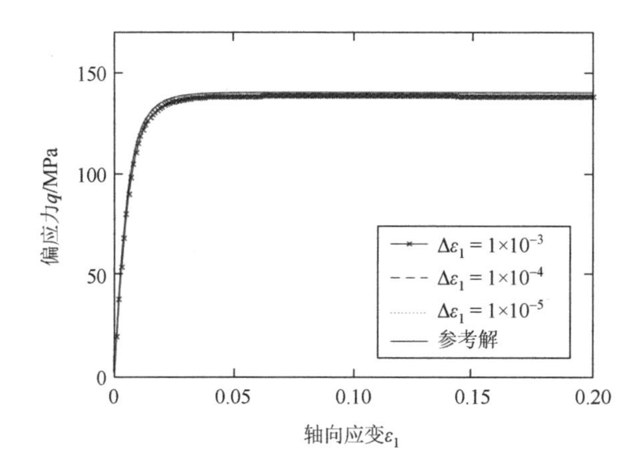

图6.19 高围压（150MPa）不排水下q-ε_1响应曲线（Ma，2014）

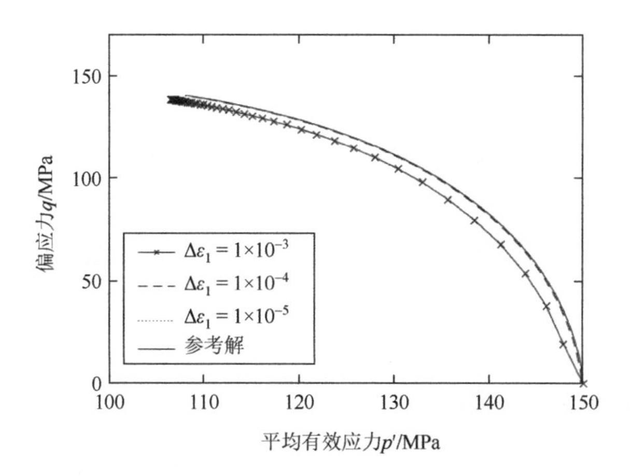

图6.20 高围压（150MPa）不排水下q-p'响应曲线（Ma，2014）

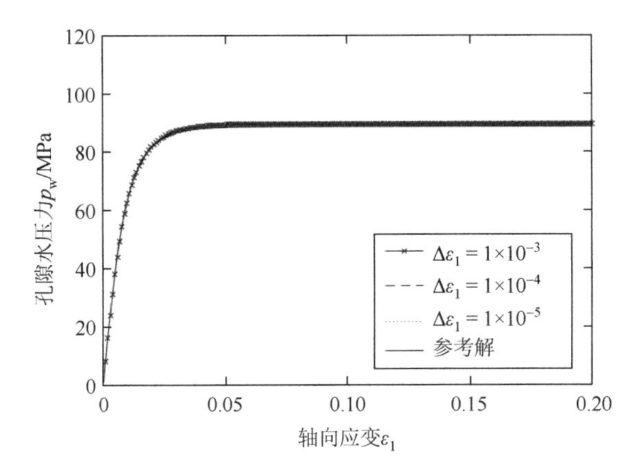

图 6.21　高围压（150MPa）不排水下 p_w - ε_1 响应曲线（Ma，2014）

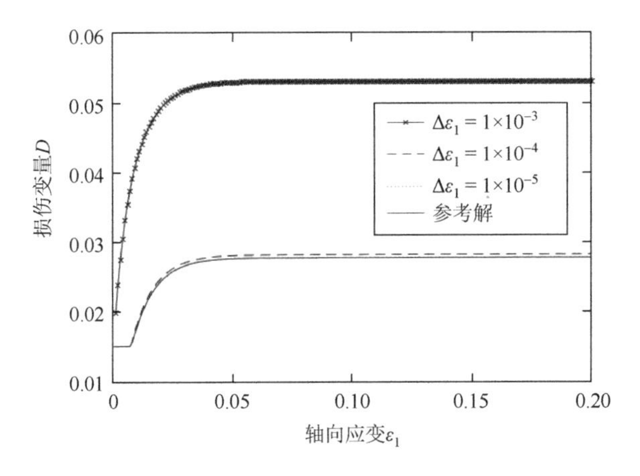

图 6.22　高围压（150MPa）不排水下 D - ε_1 响应曲线（Ma，2014）

6.3　流固耦合数值模型验证案例

为了验证流固耦合数值模型，本节对几个典型流固耦合问题进行了模拟和验证。

6.3.1　井点降水问题分析

1. 刚性含水层抽水问题

Kazemi（1969）模拟了单位厚度岩层的水位下降情况，排水井的半径为

$r_w = 0.1125\text{m}$，以 $Q = 90.5\text{STB}$[①]/d 的恒定抽水速率持续抽水，水井穿透轴对称承压刚性含水层。有限元网格和边界条件如图 6.23 所示。物理参数包括地层压缩系数 $c = 0$、流体压缩系数 $c_f = 1.45\times10^{-6}\text{kPa}^{-1}$、流体动态黏度 $\mu = 1\times10^{-6}\text{kPa}\cdot\text{s}$、孔隙结构平均本征渗透率 $k_1 = 3.55\times10^{-17}\text{m}^2$、裂隙网络平均本征渗透率 $k_2 = 7.2\times10^{-14}\text{m}^2$、孔隙结构孔隙率 $\varphi_1 = 0.04986$、裂隙网络孔隙率 $\varphi_2 = 0.001243$、渗流交换参数 $\gamma = 5.44\times10^{-5}\text{m}^2/(\text{kN}\cdot\text{s})$、孔隙结构平均储集率 $S_{11} = 7.23\times10^{-8}\text{kPa}^{-1}$、裂隙网络的平均储集率 $S_{22} = 1.8\times10^{-9}\text{kPa}^{-1}$，基质耦合因子 $S_{12} = 0$。本章的数值模拟结果与 Kazemi（1969）的结果对比如图 6.24 所示，可以看出本章的数值模拟结果与 Kazemi（1969）的结果存在良好的一致性。

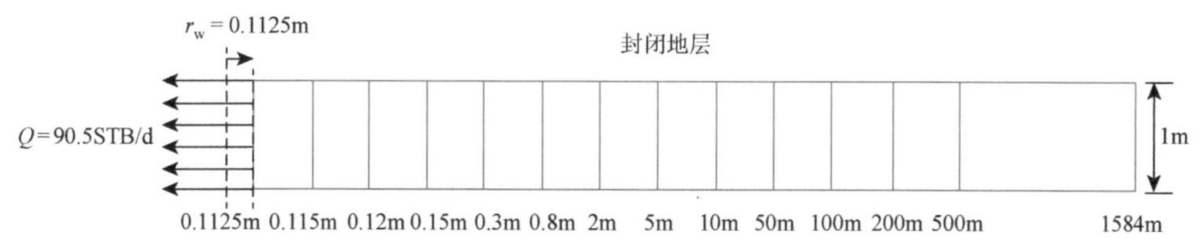

图 6.23　井点降水问题计算模型和边界条件（Ma et al.，2016a）

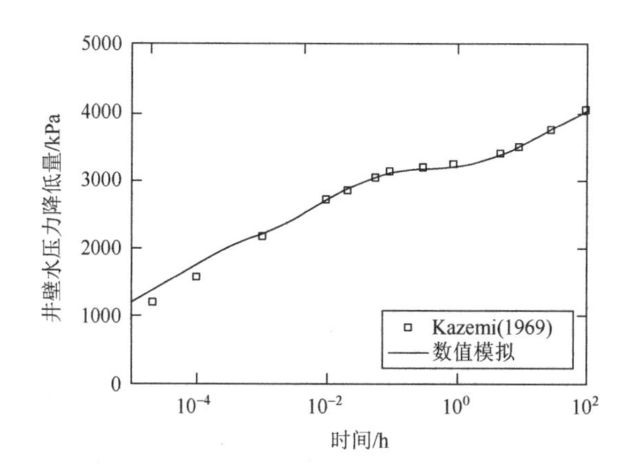

图 6.24　数值模拟与 Kazemi（1969）结果的比较（Ma et al.，2016a）

2. 现场抽水试验

Bourdet 和 Gringarten（1980）研究了刚性封闭自然裂隙油藏的井壁水压力降低量随时间的响应，本节针对该问题采用了四节点轴对称单元，模拟储层的单位厚度。有限元网格和边界示意图与图 6.23 所示情况相似，不同之处为井半径 $r_w = 0.12\text{m}$、恒定泵排量 $Q = 15.9\text{m}^3/(\text{d}\cdot\text{m})$、水平网格点坐标（0.12、0.125、

① STB 是石油体积单位，$1\text{STB} = 0.159\text{m}^3$。

0.13、0.15、0.2、0.5、1、2、5、10、20、50、100、200、500)。分析所用的材料参数为孔隙结构的平均渗透率 $\rho_{\rm f}gk_1/\mu=5.2\times10^{-7}\,{\rm m/h}$、裂隙网络的平均渗透率 $\rho_{\rm f}gk_2/\mu=5.2\times10^{-4}\,{\rm m/h}$、渗流参数 $\rho_{\rm f}g\gamma=1.7\times10^{-3}\,{\rm m}^{-1}\cdot{\rm h}$、孔隙结构的平均储存能力 $\rho_{\rm f}g\tilde{c}_{11}=6\times10^{-3}\,{\rm m}^{-1}$、裂隙网络的平均储存能力 $\rho_{\rm f}g\tilde{c}_{22}=4.5\times10^{-3}\,{\rm m}^{-1}$ 和固体骨架耦合系数 $\tilde{c}_{12}=0$ (Khalili-Naghadeh，1991)。如图 6.25 所示，数值模拟结果与现场监测结果匹配较好。

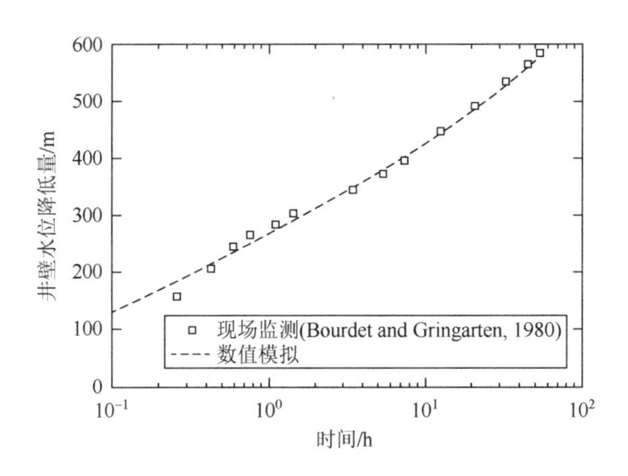

图 6.25　数值模拟与现场监测的对比 (Ma et al.，2016a)

3. 可变形多孔隙介质流固耦合分析

本节重新考虑了 Kazemi (1969) 研究的经典刚性双重孔隙流动问题 (刚性含水层抽水问题一节)。在本节中，考虑固体骨架的弹塑性损伤效应，对地层赋予了不同程度的固体骨架变形能力。分析中使用的材料参数为 $\nu=0.25$、$\lambda=0.015$、$\kappa=0.031$ 和 $M_{\rm cs}=1.7$。定义边界面的参数取为 $N=1.9$、$R=2.45$、$k=10$ 和 $k_m=1$。损伤模型 (基于损伤应变能释放率) 参数设为 $m=10$、$k_Y=0.001$、$m_Y=15$ 和 $Y_{d0}=0.001$。假设 $\alpha_1=0.99$ 和 $\alpha_2=0.01$，初始应力状态为 $E=1{\rm GPa}$ 时，$p'=3.53\times10^3\,{\rm kPa}$ ($\overline{p}'_{\rm c}=6.3\times10^3\,{\rm kPa}$)；当 $E=10{\rm GPa}$ 时，$p'=3.53\times10^4\,{\rm kPa}$ ($\overline{p}'_{\rm c}=6.3\times10^4\,{\rm kPa}$)；当 $E=100{\rm GPa}$ 时，$p'=3.53\times10^5\,{\rm kPa}$ ($\overline{p}'_{\rm c}=6.3\times10^5\,{\rm kPa}$)。采用 Kazemi (1969) 的材料参数，并基于图 6.23 中的有限网格和单元，模拟了可变形多孔隙介质的压力响应。

图 6.26～图 6.28 分别为 $E=100{\rm GPa}$、$E=10{\rm GPa}$、$E=1{\rm GPa}$ 的井壁水压力降低量随时间变化的数值模拟结果，同时，我们还绘制了刚性、弹性和弹塑性损伤下的压力响应图，讨论塑性损伤对渗流问题的影响。图 6.26～图 6.28 表明，对于所有研究工况，可变形多孔隙介质的压力响应可分为三个时期：早期、中期和后期；这与 Khalili-Naghadeh (1991) 的分析一致。可变形地层的压力响应与刚性地

层的压力响应基本一致，只是孔隙水压力在下降之前有所上升（早期）；后期孔隙水压力降低量随压缩系数的降低而增大。在响应中期，水开始从孔隙结构渗流到裂隙网络中，塑性损伤稍微推迟了这一过程。这一现象可以解释为：在响应早期，水的流动主要是由于裂隙网络中的水压力降低导致的，此时裂隙网络的平均有效应力随之增加，从而导致多孔隙介质的体积呈现收缩趋势。由于较低的渗透性和压缩性使介质保持不排水状态，这种体积收缩趋势进一步导致多孔隙介质水压力的增加。对于可变形的地质构造，平均有效应力的增加可能产生塑性体积变形累积和损伤演化。塑性损伤可导致某些裂隙的闭合和孔隙的坍塌，从而延缓水从孔隙结构向裂隙网络渗流的过渡过程。在响应后期，孔隙和裂隙之间水的交换使孔隙结构和裂隙网络中的水压力逐步达到平衡（Ma，2014；Ma et al.，2016a；Ma and Zhao，2018）。

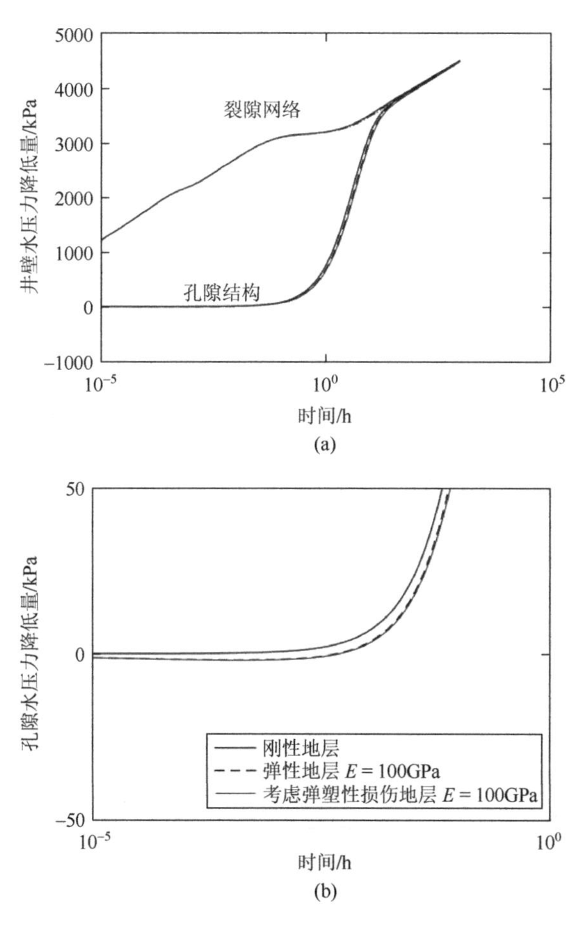

图 6.26　$E = 100$GPa 时基体变形（弹塑性损伤）对井壁压力响应的影响（Ma et al.，2016a）

（a）裂隙网络和孔隙结构；（b）孔隙结构响应（放大）

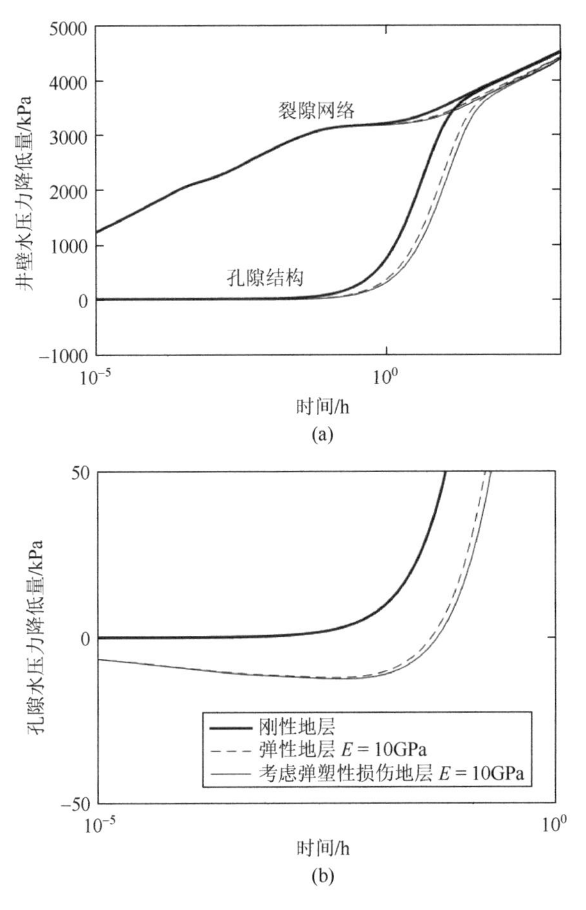

图 6.27　$E = 10$GPa 时基体变形（弹塑性损伤）对井壁压力响应的影响（Ma et al.，2016a）

（a）裂隙网络和孔隙结构；（b）孔隙结构响应（放大）

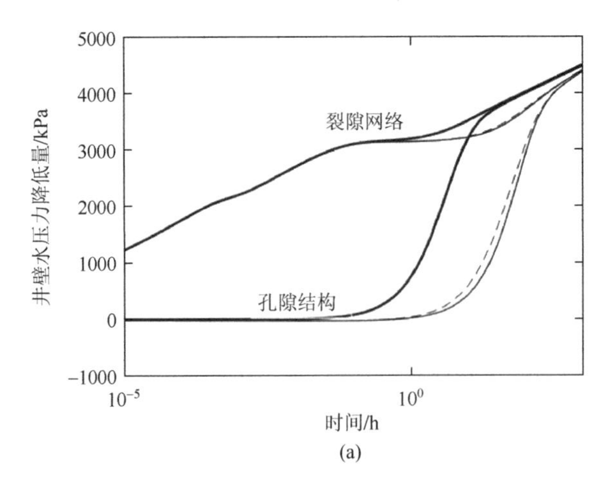

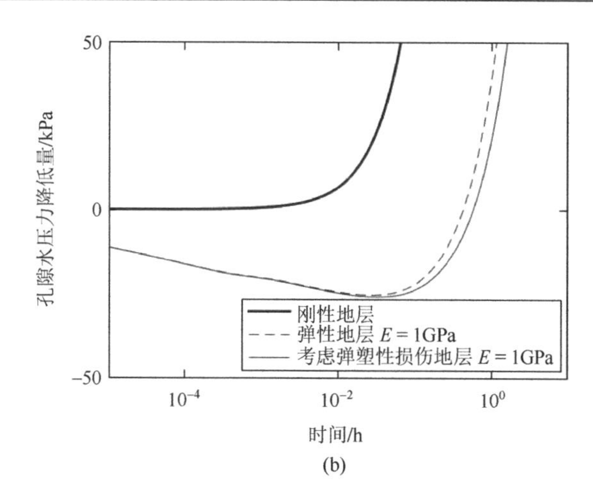

(b)

图 6.28　$E = 1$GPa 时基体变形（弹塑性损伤）对井壁压力响应的影响（Ma et al.，2016a）

（a）裂隙网络和孔隙结构；（b）孔隙结构响应（放大）

6.3.2　井点一维注水问题

本节模拟了轴对称结构承压含水层一维注水试验。有限元网格、边界条件和材料参数与刚性含水层抽水问题的情况相同，只是边界条件由抽水改为注水。图 6.29～图 6.31 中展示的数值模拟结果表明，注水试验的压力响应也可分为三个时期，与可变形多孔隙介质的压力响应相似。其主要区别在于，塑性损伤在中后期响应中起着更重要的作用，压缩性越高，塑性损伤的影响越大。这可以解释为，在响应早期，主要的流体流动发生在裂隙网络中；随着裂隙网络中流体压力的升高，平均有效应力降低，从而使地层体积趋于膨胀。由于孔隙结构的低压缩性和低渗透性，地层膨胀的趋势降低了孔隙结构中的流体压力。因此，注水导致了损伤演化（图 6.32），特别是新微裂纹的形成（图 6.33），增加了多孔隙介质的渗透率。在响应中期，流体开始从裂隙网络向孔隙结构渗流，由于孔隙结构与裂隙网络的压差值较小，考虑塑性损伤时，这一过程需要较长的时间。在响应后期，孔隙结构和裂隙网络中的流体压力达到同一水平，压缩性越高，流体压力上升越慢。在此情况下，裂隙网络中的流体压力在中间时间响应的前半段达到峰值，但流体进入孔隙结构后呈现下降。对于刚性地层，塑性损伤对流体流动问题的影响很小，这是因为在这种情况下损伤值比较小（图 6.32 和图 6.33）（Ma，2014）。

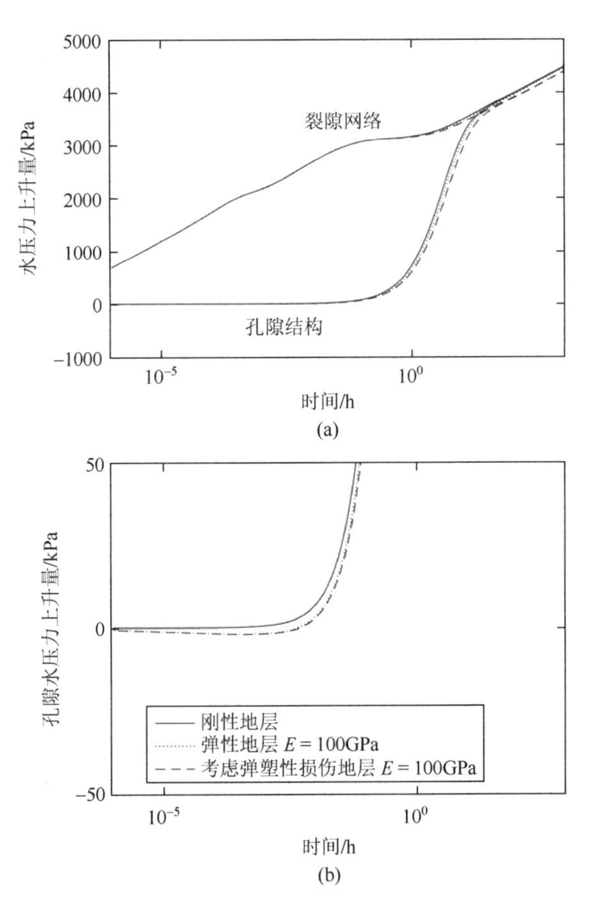

图 6.29　$E = 100$GPa 时，基体变形（弹塑性损伤）对压力响应（$r = 0.12$m）的影响（Ma et al., 2016a）

（a）裂隙网络和孔隙结构；（b）孔隙结构响应（放大）

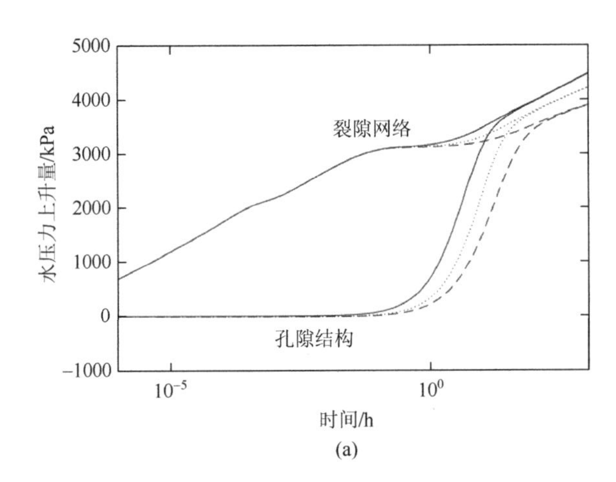

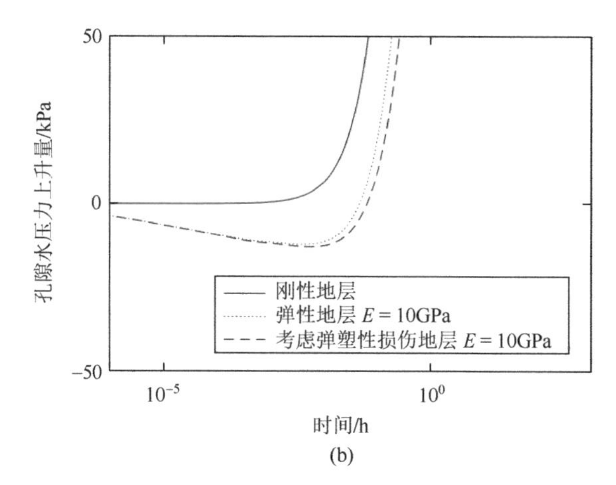

图 6.30　$E = 10$GPa 时，基体变形（弹塑性损伤）对压力响应（$r = 0.12$m）的影响（Ma et al.，2016a）

（a）裂隙网络和孔隙结构；（b）孔隙结构响应（放大）

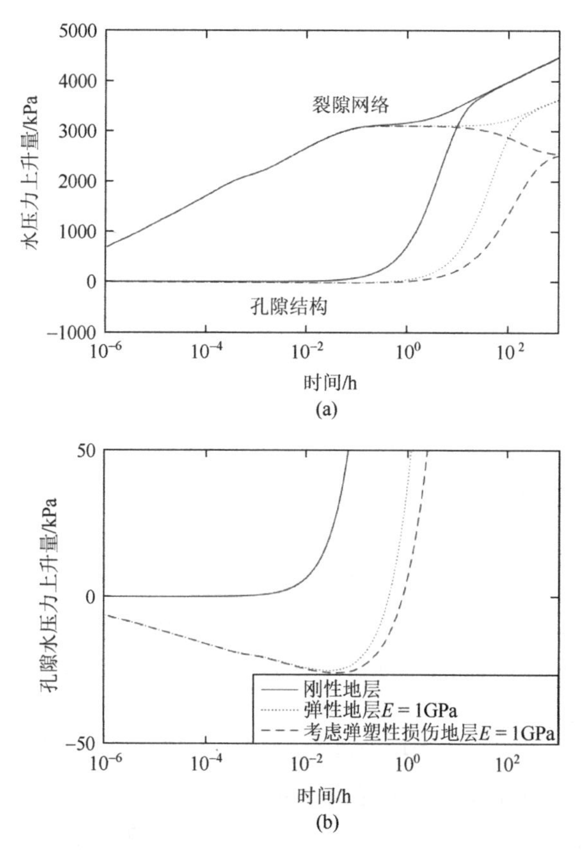

图 6.31　当 $E = 1$GPa 时，基体变形（弹塑性损伤）对压力响应（$r = 0.12$m）的影响（Ma et al.，2016a）

（a）裂隙网络和孔隙结构；（b）孔隙结构响应（放大）

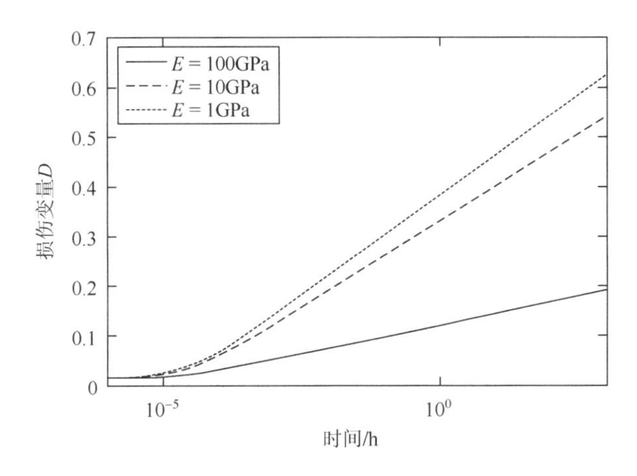

图 6.32 损伤变量（$r=0.12$m）与时间的关系（Ma et al.，2016a）

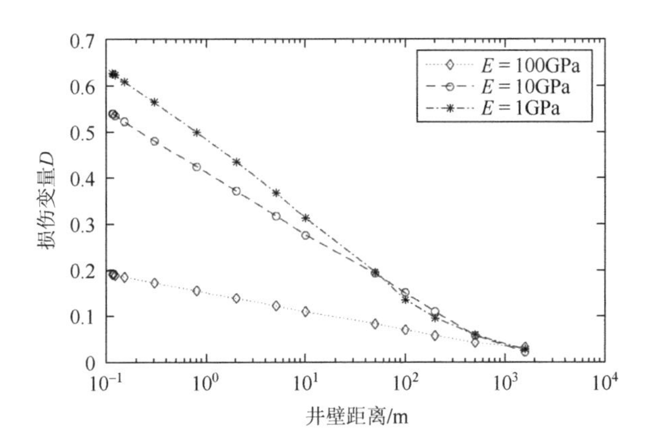

图 6.33 损伤分布图（Ma et al.，2016a）

6.3.3 水力致裂问题

水力致裂是石油工业提高油气产量的一项重要技术。这项技术包括向井筒的隔离区注入流体，以引发和扩展拉伸裂缝，并用流体泵送砂粒以防止水压下降后裂缝闭合（Johnson and Cleary，1991；Papanastasiou，1997）。在本节中，基于流固耦合数值模型，研究了经典平面应变水力致裂问题。基本假设如下：①裂纹平均分布于均质材料中；②如果单元内损伤的平均值达到临界值，则视为单元内裂纹地层的平均值；③单元的损伤值可以增长到上限值 0.8（即大范围的破裂或者断裂），损伤值的增长也代表了水力裂纹的扩大；④为了描述预先存在的裂纹，取规定注入区裂隙单元损伤初始值为 D_f，基于 Papanastasiou（1997）的实验报告，损伤初始值可以估计为 $D_{\mathrm{i}}=0.015$，需要注意的是，考虑到拉裂，边界面起源向后延伸到单轴抗拉强度（σ_T），以计算岩石的抗拉强度（Ma，2014，2018；Ma et al.，2016a，2016b）。

Papanastasiou（1997）基于黏聚带的本构模型研究了一种简单的经典平面应变断裂问题。参数为井筒恒定流速 $Q=1\times10^{-4}\text{m}^3/(\text{s}\cdot\text{m})$、流体动态黏度 $\mu=5\times10^{-8}\text{MPa}\cdot\text{s}$、流体压缩系数 $c_\text{f}=1.4\times10^{-6}\text{kPa}^{-1}$、岩石黏聚力 $c_\text{r}=5.77\text{MPa}$、岩石单轴抗拉强度 $\sigma_T=3\text{MPa}$、杨氏模量 $E=25\text{GPa}$、泊松比 $\nu=0.2$、地应力 $\sigma_1=50\text{MPa}$ 和 $\sigma_2=25\text{MPa}$。在本节中，我们还指定了以下模型参数：孔隙结构平均本征渗透率 $k_1=1.7\times10^{-18}\text{m}^2$、裂隙网络平均本征渗透率 $k_2=3.2\times10^{-13}\text{m}^2$、孔隙结构孔隙率 $\varphi_1=0.004$、裂隙网络孔隙率 $\varphi_2=0.001$、渗流交换参数 $\gamma=5.4\times10^{-14}\text{m}^2/(\text{kN}\cdot\text{s})$、$a_{11}=1.5\times10^{-7}\text{kPa}^{-1}$、$a_{22}=2\times10^{-9}\text{kPa}^{-1}$、$a_{12}=a_{21}=8\times10^{-10}\text{kPa}^{-1}$、$\alpha_1=0.99$ 和 $\alpha_2=0.01$。本节采用的塑性损伤模型（基于拉伸强度）的材料参数为 $\lambda=0.015$、$\kappa=0.04$、$M_\text{cs}=1.7$、$N=1.9$、$R=2.45$、$k=10$、$k_m=1$、$\overline{p}'_\text{c}=150\text{MPa}$、$n=8$、$k_\sigma=0.15$、$m_\sigma=12$ 和 $\sigma_\text{eqd0}=1$。有限元网格及边界条件如图6.34所示；在分析一个 $4\text{m}\times4\text{m}$ 的承压含水层时，除注入层外，所有边界都是不透水的。

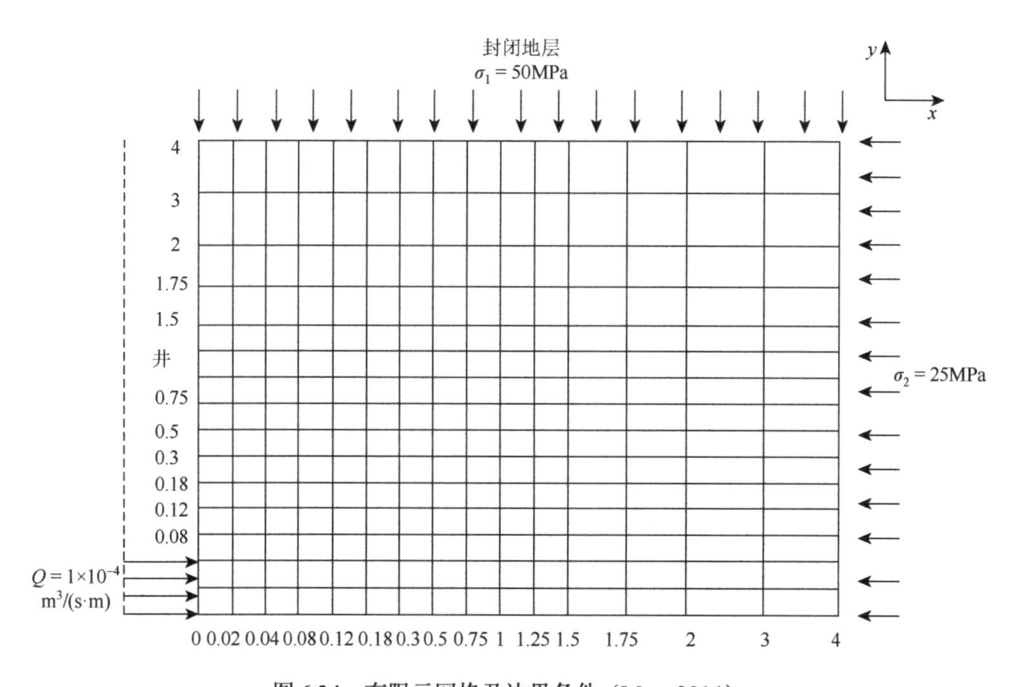

图6.34　有限元网格及边界条件（Ma，2014）

图6.35显示了井壁水压力随时间的变化，图6.36展示了裂缝长度随时间的变化。与Papanastasiou（1997）的模拟相比，由于对整个单元的损伤进行了平均，

本章给出了略低的峰值水压力值和稍短的裂缝长度。如图 6.35 所示，在第一个扩展阶段（前两秒），两个研究中的压力相对接近：沿裂纹扩展方向，压力先上升到峰值，然后下降。同时，二者得到的裂缝长度也非常接近（图 6.36）。然后，随着裂纹的进一步发展，压力逐渐下降。与 Papanastasiou（1997）相比，在这一时期，本章得到的压力更高（降低得更慢），裂缝长度更短。试验完成后，损伤云图如图 6.37 所示，由于涉及损伤涂抹平均过程，水力致裂模拟呈现了更宽、更短的裂纹区域。因此，与断裂力学模型相比，连续损伤模型可能产生较宽、较短的断裂区域，而不是较窄、较长的断裂区域（Ma，2014；Ma et al.，2016a；Ma and Zhao，2018）。

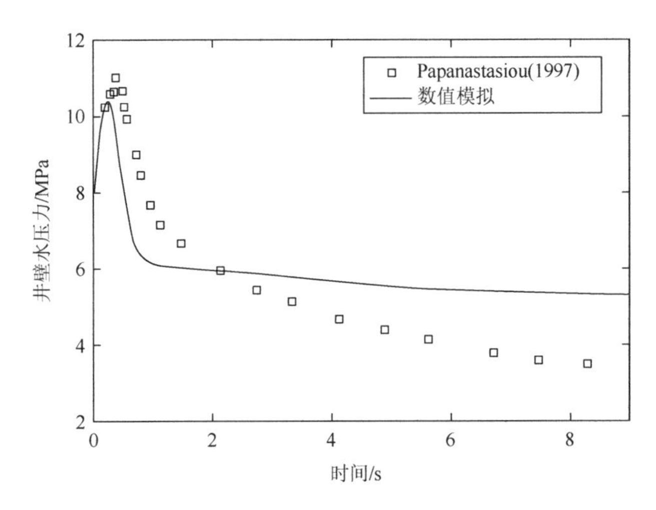

图 6.35 井壁水压力与时间的关系

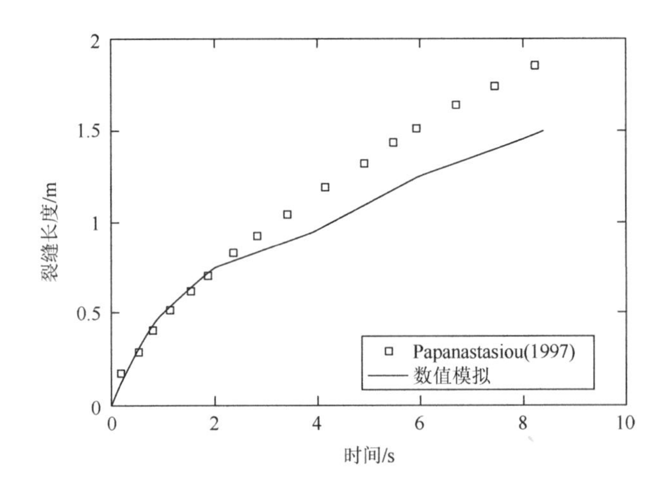

图 6.36 裂缝长度-时间曲线（Ma，2014）

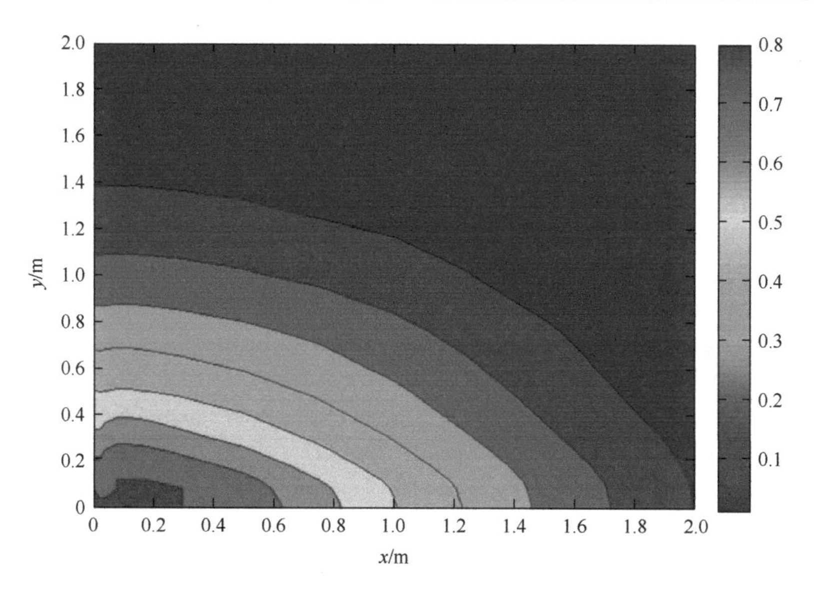

图 6.37 水力致裂后损伤云图（Ma，2014）（后附彩图）

6.4 本章结论

基于参考解、解析解、数值解和部分实验数据，本章验证了所提出的流固耦合数值模型的有效性。本章通过三轴排水剪切试验和三轴不排水剪切试验的有限元模拟，验证了非线性弹塑性损伤模型数值积分格式的精度和效率，特别注意的是，由于采用了显式积分算法，数值模型的精度需要满足一定的加载步长限制，才能和参考解吻合。

在流固耦合数值模型的验证部分，本章分析了一些的工程案例，包括刚性地层的井点降水试验、可变形地层（具有不同刚度）的井点降水和注水试验，验证了所构建的流固耦合数值模型的有效性。本章还将注水试验扩展到了二维水力致裂分析，即基于现有的有限元解，研究了水力致裂过程中水压演化过程和损伤分布规律。值得注意的是，本章采用了连续介质损伤力学，因此水力致裂导致的损伤均有一定的涂抹平均效应，预测的裂纹比断裂力学模型稍宽偏短，水力降也更加平缓。

参考文献

Barenblatt G I，1962. The mathematical theory of equilibrium cracks in brittle fracture[J]. Advances in Applied Mechanics，7：55-129.

Bourdet D，Gringarten A C，1980. Determination of fissure volume and block size in fractured reservoirs by type-curve analysis[C]//SPE Annual Technical Conference and Exhibition，Dallas.

Johnson E，Cleary M P，1991. Implications of recent laboratory experimental results for hydraulic fractures[C]//Low Permeability Reservoirs Symposium，Denver.

Kazemi H，1969. Pressure transient analysis of naturally fractured reservoirs with pressure transient analysis of naturally fractured reservoirs with uniform fracture distribution[J]. Society of Petroleum Engineers of AIME，9（4）：451-462.

Khalili-Naghadeh N，1991. Numerical modelling of flow through fractured media[D]. Sydney：University of New South Wales.

Ma J J，2014. Coupled flow deformation analysis of fractured porous media subject to elasto-plastic damage[D]. Sydney：The University of New South Wales.

Ma J J，2018. Wetting collapse analysis on partially saturated oil chalks by a modified cam clay model based on effective stress[J]. Journal of Petroleum Science and Engineering，167：44-53.

Ma J J，Zhao G F，2018. Borehole stability analysis in fractured porous media associated with elastoplastic damage response[J]. International Journal of Geomechanics，18：04018022.

Ma J J，Zhao G F，Khalili N，2016a. A fully coupled flow deformation model for elasto-plastic damage analysis in saturated fractured porous media[J]. International Journal of Plasticity，76：29-50.

Ma J J，Zhao G F，Khalili N，2016b. An elastoplastic damage model for fractured porous media[J]. Mechanics of Materials，100：41-54.

Papanastasiou P，1997. The influence of plasticity in hydraulic fracturing[J]. International Journal of Fracture，84：61-79.

第 7 章　流固耦合数值模型的应用

7.1　概　　述

在深海隧道、川藏铁路隧道、油气资源开采、非常规能源开采等工程建设中，开挖面或者井壁的稳定性，关系到整个工程项目的安全和生产效率。由于实际工程问题较为复杂，一般将研究对象简化为一维问题或者平面问题（或者轴对称问题）来求解。典型做法是分析研究对象的几何特征和边界特征，选取代表性界面或者区域建立数值模型，划分合适的网格，设定合理的边界条件，进行流固耦合数值分析。目前典型的工程应用包括一维固结问题、水力致裂问题和井壁稳定问题。其中，一维固结问题是岩土力学中最经典的问题，应用最为广泛。例如，在软基处理时，通过堆载预压或者联合其他方法（如真空预压），对多孔隙介质施加外荷载，并根据太沙基固结理论预测固结度，评价固结压力和水压消散情况，提升地基密实度和承载力。对于双重孔隙介质，考虑到岩石等材料的塑性变形损伤、渗透率变化、固体骨架软化等效应，一维固结理论是否还适用于基础固结分析，仍然是一个值得探讨的问题。此外，在井壁稳定性分析中，一般都是假设井壁周围存在一个塑性区域，通过塑性变形判别井壁稳定程度，忽略了损伤演化导致的岩壁劣化，将会导致采油井安全评估问题。类似的问题还有很多，但是目前主流软件一般基于弹塑性模型或者非线弹性模型，通过提高安全系数来模拟最不利工况，具有一定的经验性和模糊性，特别是参数设置等方面，需要很有经验的工程师才能得到符合实际的模拟结果。

本书第 6 章验证了塑性损伤模型的数值实现方法和流固耦合数值模型，针对前述问题，本章将对具体的工程问题进行深入的应用研究探讨。7.2 节重点分析了单孔隙介质和双重孔隙介质在一维固结过程中的孔隙水压力响应特征和时间参数；通过展示渗透率、孔隙水压力、固体骨架变形和强度软化等，解释一维固结过程中发生的复杂流固耦合过程；另外，研究了典型的井壁稳定问题，对比分析了弹性模型和塑性损伤模型在井壁稳定性预测方面的差异，指出了传统弹性介质理论的缺陷，对城市隧道建设及基坑开挖支护具有参考意义。7.3 节进一步求解了轴对称问题，即径向水力致裂，对该问题进行了参数分析，特别是地层刚度对裂纹扩展和水压升降的影响，并对模型的适应性和传统弹性介质模型的使用范围进行了详细探讨。本章展示的流固耦合应用举例分析，可以直接用于工程实际建设，只要模型的参数合适，计算效率、精度和稳定性均可满足实际建设需求。

7.2 一维固结问题

7.2.1 单孔隙介质固结问题分析

基于流固耦合数值模型，本节研究了一维固结问题（孔隙率为φ），单孔隙介质网格及边界条件如图 7.1 所示（高度为h，归一化渗透率为$\rho_f gk/\mu$，$z=0$处边界压力为q，$z=-h$处为无变形无渗流边界）。在单孔隙介质中，假设孔隙结构和裂隙网络的物理关系如下：$\varphi_1=\varphi_2=\varphi/2$、$c=2c_p(1-\varphi/2)$、$\alpha_1=\alpha_2=0.5$、$k_1=k_2=k/2$。因此，在双重孔隙流固耦合数值模型中，可以认为两种介质的物理参数完全相同，该介质也通常被称为等效单孔隙介质。因此，对于等效单孔隙介质，两种介质间的流体交换参数（γ）与压力无关。模型的参数基于 Khalili-Naghadeh（1991）的研究成果：流体压缩系数$c_f=0$、杨氏模量$E=10\text{MPa}$、泊松比$\nu=0.25$、归一化渗透率$\rho_f gk/\mu=10\text{m/d}$。

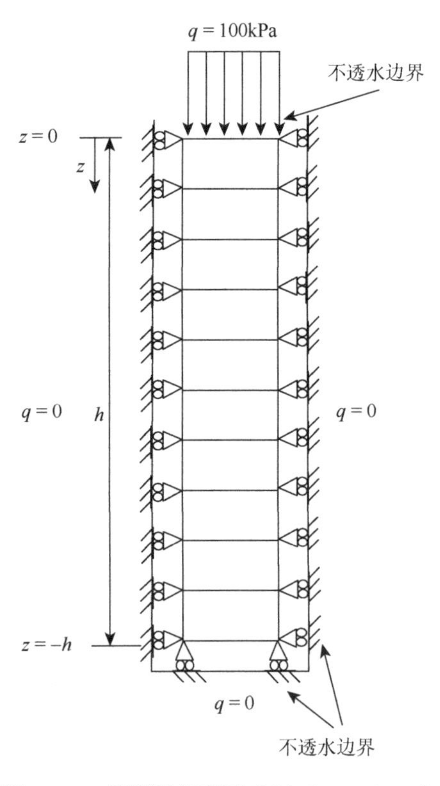

图 7.1 一维固结问题示意图（Ma，2014）

单孔隙介质平均固结度$[U_{\text{avg}}=u(h,t)/u(h,\infty)]$-时间参数$[T_{\text{v}}=kt/(\mu ch^2)]$关系如图 7.2 所示，数值模拟结果与太沙基解析解吻合较好。进一步分析可见，在固结早期 $T_{\text{v}}=2\times10^{-2}$，存在一定的误差，该误差可能是有限差分时间步导致的，但是影响范围和延时较小（Ma，2014；Ma and Zhao，2018）。

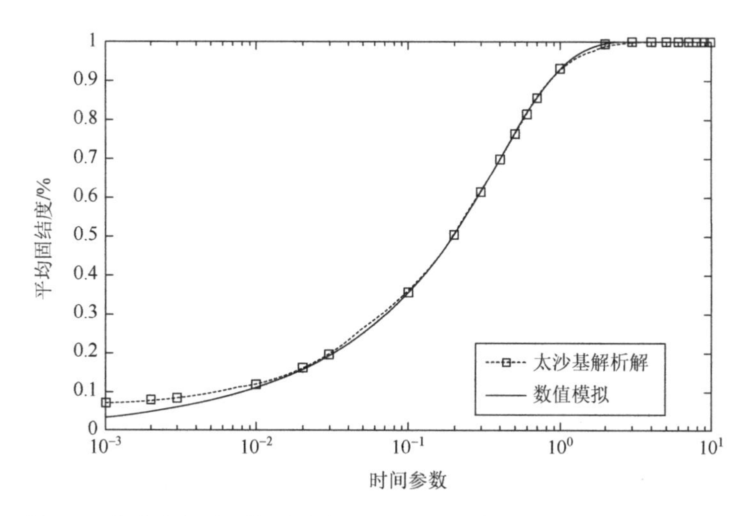

图 7.2　单孔隙介质平均固结度-时间参数关系（Ma and Zhao，2018）

7.2.2　双重孔隙介质固结问题分析

本节对 7.2.1 节中的单孔隙介质固结问题进行了扩展，增加了模型分析参数如下：$k_2/k_1=1000$、$(k_1+k_2)=k$、$\varphi_1=\varphi_2=\varphi/2$ 和 $\alpha_1/\alpha_2=99$。因此，双重孔隙介质固结问题的时间参数可重新定义为 $T_{\text{v}}=(k_1+k_2)t/(\mu ch^2)$。弹塑性损伤模型（Ma，2014；Ma et al.，2016）被引入考虑介质的弹塑性变形和损伤演化，模型参数见表 7.1，针对流固耦合问题，假设有效应力参数：$\alpha_1=0.99$、$\alpha_2=0.01$；初始固结应力假设为 $\overline{p}'_{\text{c}}=6.3\times10^4\,\text{kPa}$。

表 7.1　弹塑性损伤模型参数

弹塑性模型参数	$\lambda=0.015$	$M_{\text{cs}}=1.7$	$N=1.9$	$R=2.45$	$k=10$	$k_m=1$
损伤模型参数	$\nu=0.25$	$\kappa=0.031$	$n=8$	$k_\omega=0.12$	$m_\omega=15$	$\omega_o=1$

双重孔隙介质平均固结度-时间参数关系如图 7.3 所示，对比单孔隙介质和双重孔隙介质的预测结果可以发现，双重孔隙介质固结曲线比单孔隙介质有所延迟，和文献（Khalili-Naghadeh，1991；Khalili et al.，1999）的结果吻合较好。固结延

迟现象可通过观察孔隙水压力分布来解释，例如，当 $T_v = 0.5$ 时，水压力空间分布特征如图 7.4 所示。由于裂隙网络的渗透率较大，裂隙水压力消散的速度较快，相反，孔隙结构中的水压力耗散较慢（$k_2 / k_1 = 1000$）。因此，孔隙结构中的水压力长时间保持较高的水平，故而有效应力长期保持较低的水平，导致固结延迟（Khalili-Naghadeh，1991）。

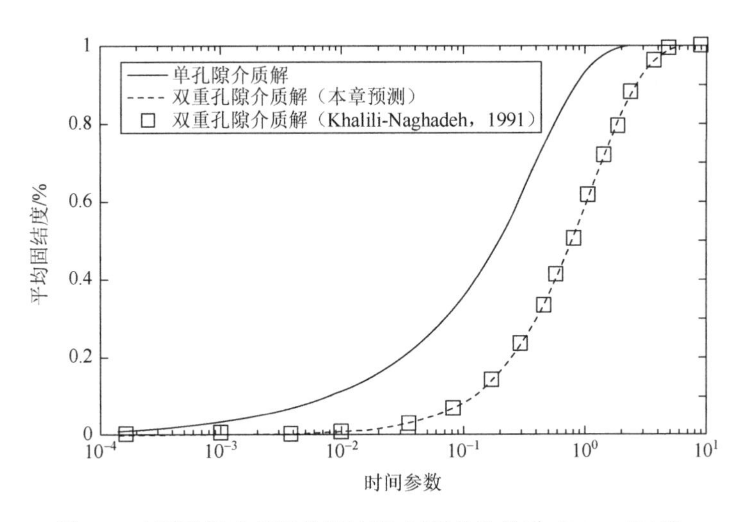

图 7.3　双重孔隙介质平均固结度-时间参数关系（Ma，2014）

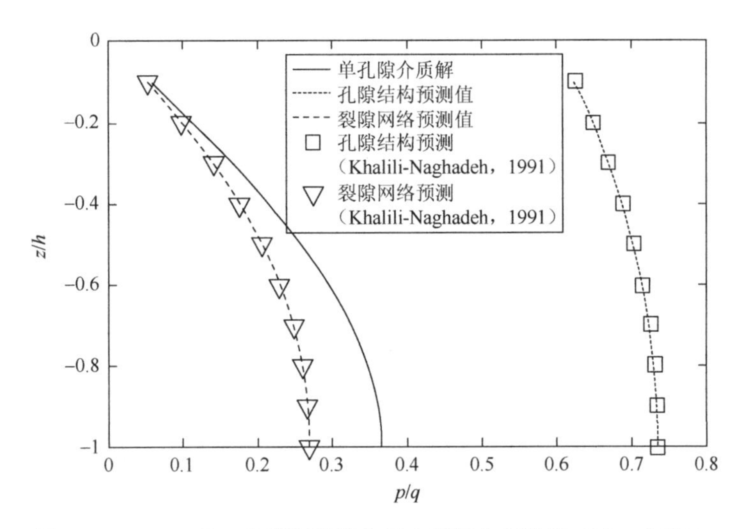

图 7.4　$T_v = 0.5$ 时，孔隙和裂隙水压力空间分布特征（Ma，2014）

为了研究塑性损伤对固结的影响，考虑塑性损伤的流固耦合数值模拟结果与弹性解进行了对比；固结曲线如图 7.5 所示，弹塑性损伤模型给出的固结曲线比弹性解有一定的提前。这是由于损伤的发展提升了裂隙网络的平均本征渗透率，如图7.6所示，孔隙结构的平均本征渗透率（k_1）随着有效应力的增加逐渐降低；然而裂隙网络的平均本征渗透率（k_2）随着损伤的发展迅速上升。另外一个佐证就是孔隙结构和裂隙网络中水压力空间分布特征，如图7.7和图7.8所示，弹塑性损伤模型预测的水压力消散更快，导致固结曲线有所提前（Ma and Zhao，2018）。

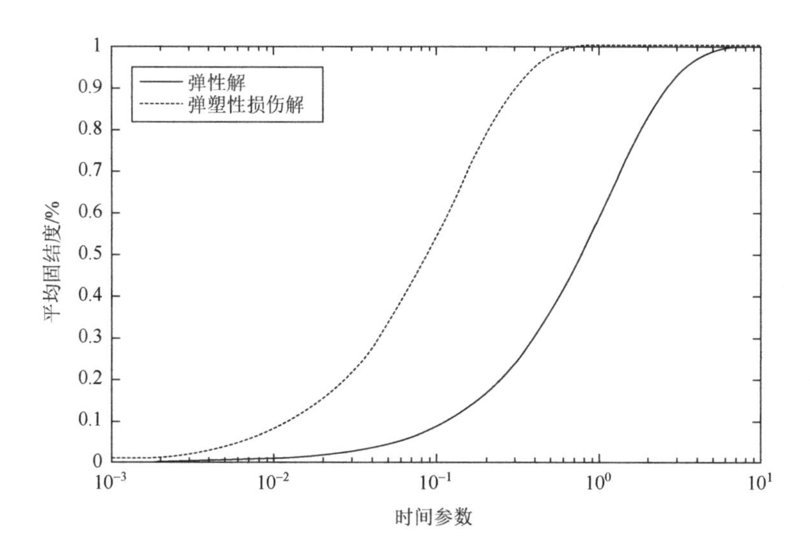

图7.5　固结曲线对比（Ma and Zhao，2018）

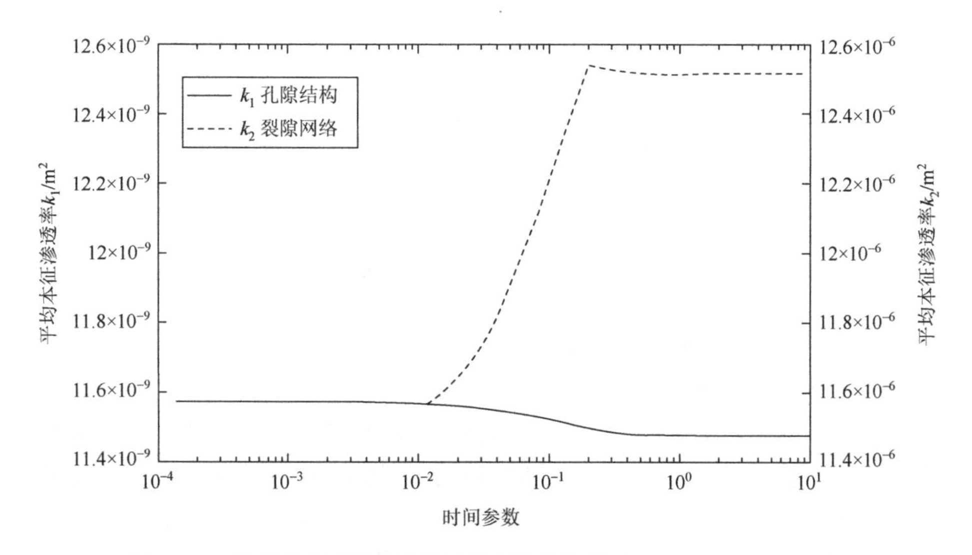

图7.6　一维固结中两种介质的渗透率演化过程（Ma and Zhao，2018）

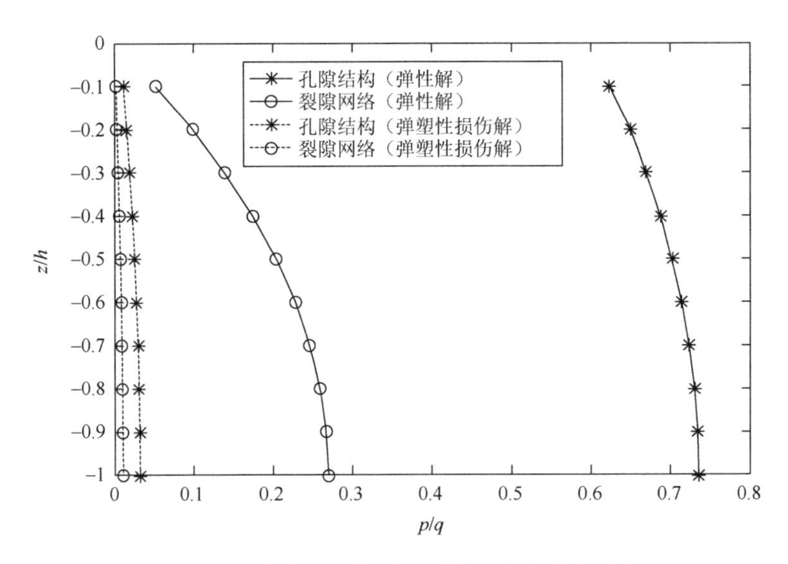

图 7.7　$T_V = 0.5$ 时，水压力空间分布特征（弹性解与弹塑性损伤解的对比）（Ma and Zhao，2018）

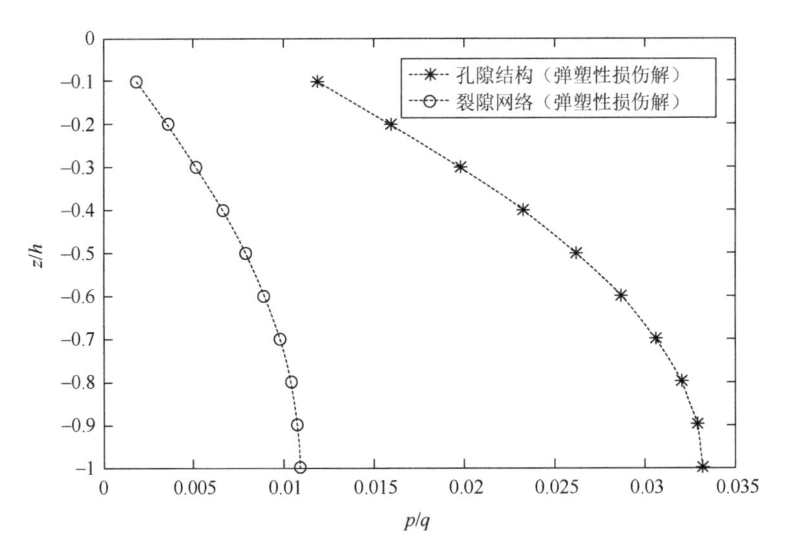

图 7.8　$T_V = 0.5$ 时，水压力空间分布特征（Ma and Zhao，2018）

为了进一步说明塑性损伤对固结度的影响规律，我们分析了介质的体积模量随时间参数的变化，如图 7.9 所示。弹塑性损伤模型预测了损伤演化过程中微裂纹扩展情况，与材料的强度关联起来，反映了材料的软化过程。弹塑性损伤模型的预测结果更加符合实际情况，即考虑弹塑性损伤导致的材料软化及微裂纹发展引起的材料渗透率变化，二者在实际工程中是耦合发展的（Ma and Zhao，2018），因此本书提出的流固耦合数值模型具有广泛的实用性。

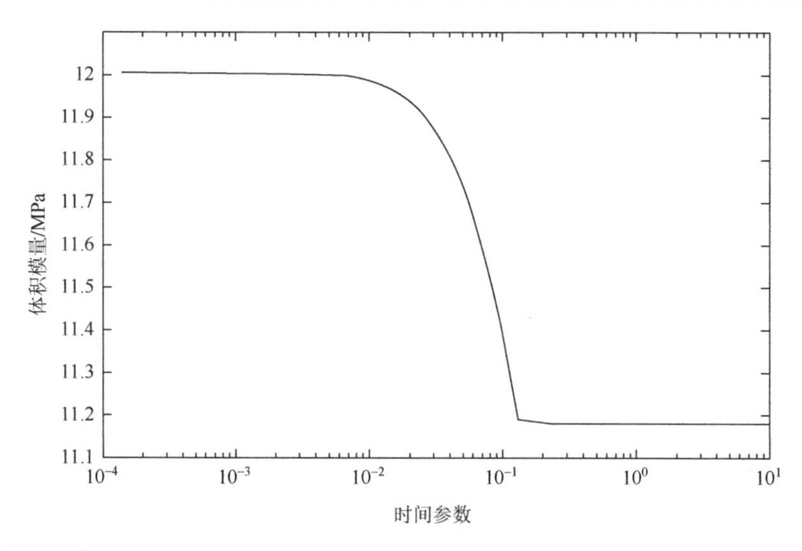

图 7.9　弹塑性损伤模型预测的体积模量与时间参数的关系（Ma and Zhao，2018）

7.3　井壁稳定性分析

7.3.1　弹性介质

Gelet 等（2012）研究了直径为$r_{\mathrm{r}}=0.1\mathrm{m}$的井壁稳定问题，如图 7.10（a）所示，垂直井筒穿过弹性多孔隙介质，储层位于 1000m 深，沿垂直梯度受到地应力和水压力的影响。假设储层的垂直变形受到上盖刚性岩层的约束，井壁的泥浆压力为$p_{\mathrm{m}}=12\mathrm{MPa}$。考虑到多孔隙介质的材料性质是各向同性的，且加载条件对井筒轴线具有对称性，可以将该问题理想化为轴对称问题。因此，模拟油藏的单位厚度（$h=1\mathrm{m}$），将计算区域外半径设置为 800m 来描述远场边界。有限元网格和边界如图 7.10（b）所示，水平网格点的坐标为 0.1、0.101、0.102、0.105、0.110、0.115、0.120、0.125、0.13、0.14、0.15、0.2、0.5、1、2、5、10、20、50、100、200、500、800。本章中采用的材料参数如表 7.2 所示。有效应力（径向和环向）的分布如图 7.11 所示，双重孔隙中的水压力分布如图 7.12 所示。对比数值模拟结果与 Gelet 等（2012）的解析解表明，数值模拟结果与解析解（相关系数）吻合较好。需要注意的是，单孔隙模型产生的流体压力响应既不能代表孔隙结构中的流体压力，也不能代表裂隙网络中的流体压力（Ma and Zhao，2018）。这种想象可以解释如下：由于孔隙结构的渗透率较低，流体耗散较慢，而裂隙网络渗透率较高，导致流体耗散较快（Zimmerman and Bodvarsson 1996；Singh et al.，2015，2016）。

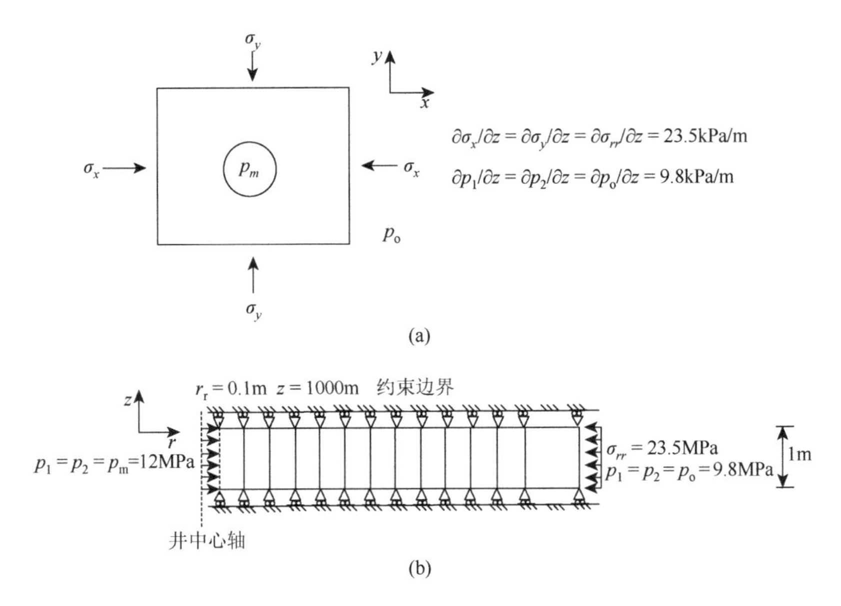

图 7.10　井壁稳定问题

（a）受地应力作用的垂直井眼平面示意图；（b）轴对称问题的有限元网格和边界条件（未按比例绘制）（Ma and Zhao，2018）

表 7.2　模型参数表-井壁稳定性分析

材料参数	Nair 等（2004）/ Gelet 等（2012）	Kazemi（1969）	Johnson 和 Cleary（1991）
杨氏模量（E）	9.5GPa	1 020 100GPa	0.025GPa
泊松比（ν）	0.25	0.25	0.5
拉伸强度（σ_T）	—	—	4MPa
孔隙储藏系数（a_{11}）	—	$7.23\times10^{-9}\text{MPa}^{-1}$	$7\times10^{-12}\text{MPa}^{-1}$
裂隙储藏系数（a_{22}）	—	$1.8\times10^{-10}\text{MPa}^{-1}$	$1.4\times10^{-13}\text{MPa}^{-1}$
耦合系数（a_{12}=a_{21}）	—	—	0
有效应力系数（α_1）	—	—	0.99
有效应力系数（α_2）	—	—	0.01
固体骨架的排水线弹性压缩系数（c_s）	0.036 4	—	—
c_p 与 c 的比值	0.9	—	—
流体压缩系数（c_f）	$2.3\times10^{-4}\text{MPa}^{-1}$	$1.45\times10^{-9}\text{MPa}^{-1}$	$1.4\times10^{-9}\text{MPa}^{-1}$
流体黏度（μ）	10^{-9}MPa·s	10^{-9}MPa·s	10^{-4}MPa·s
孔隙结构孔隙率（φ_1）	0.15	0.04985	0.005
裂隙网络孔隙率（φ_2）	0.015	0.001 243	0.001

续表

材料参数	Nair 等（2004）/ Gelet 等（2012）	Kazemi（1969）	Johnson 和 Cleary（1991）
孔隙结构平均本征渗透率（k_1）	$5\times10^{-20}\text{m}^2$	$3.55\times10^{-17}\text{m}^2$	$1\times10^{-20}\text{m}^2$
裂隙网络平均本征渗透率（k_2）	$5\times10^{-19}\text{m}^2$	$7.2\times10^{-14}\text{m}^2$	$3\times10^{-13}\text{m}^2$
流体交换参数（γ）	$6.05\times10^{-13}\text{m}^2/(\text{kN·s})$	$5.44\times10^{-5}\text{m}^2/(\text{kN·s})$	$5.4\times10^{-17}\text{m}^2/(\text{kN·s})$

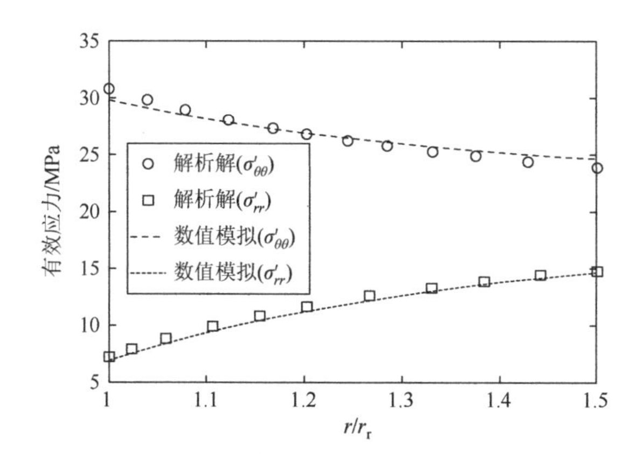

图 7.11　$t=80\text{s}$ 时，双重孔隙体系有效应力（径向和环向）分布图（Ma and Zhao，2018）

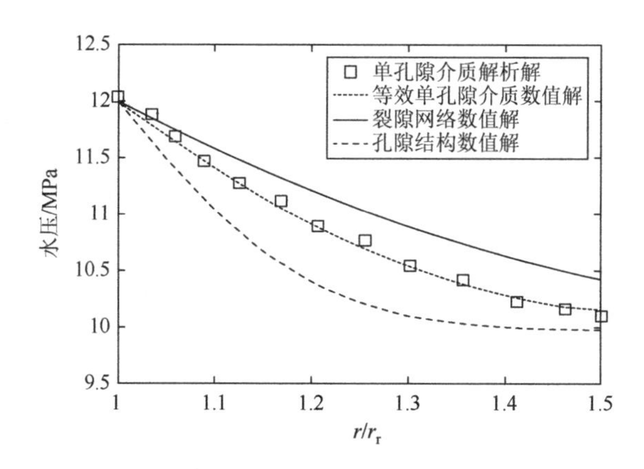

图 7.12　$t=80\text{s}$ 时，双重孔隙体系水压力分布图（Ma and Zhao，2018）

7.3.2　弹塑性双重孔隙介质

本节采用 Kazemi（1969）的经典双重孔隙地质构造，考虑了弹塑性损伤对储层变形的影响，并对地层进行了不同程度的压缩，模型参数（Ma et al.，2016）如表 7.1 所示。为简单起见，采用 Kazemi（1969）提供的材料参数，列于表 7.2。本章采用如图 7.10 所示的有限元网格和边界条件，但不加泥浆护壁。

图 7.13 展示了双重孔隙介质中水压力分布和有效应力（径向和环向）的数值结果。可见，井壁附近孔隙水压力高于裂隙水压力，且随着径向距离的增大，压差逐渐减小。这种差异在径向距离约为 1.5 时消失，表明孔隙结构和裂隙网络中的水压力通过两个重叠流域之间的流体交换接近相等水平（Ma et al.，2016）。此外，地层的可压缩性越高，井眼附近的水压力就越高，这可能是流固耦合中孔隙结构和裂隙网络空间被压缩导致的。正如预期的那样，流体扩散导致的有效应力增加可能导致岩层呈现体积收缩的趋势，地质构造的变形程度越高，裂隙网络越容易闭合，孔隙结构越容易坍塌，从而降低水力传导能力，延缓扩散过程（Ma and Zhao，2018）。

为了研究塑性损伤对井壁稳定性的影响，图 7.13 比较了弹性模型和弹塑性损伤模型在双重孔隙体系下的水压力响应。在 $E=100\text{GPa}$ [图 7.13（c）]的硬地层中，弹塑性损伤模型产生的压力响应与弹性分析得到的压力响应几乎相同，只有微小的差异。然而，观察地层（ $E=10\text{GPa}$ 和 $E=20\text{GPa}$ ）的压力响应[图 7.13（a）和（b）]可以发现，塑性损伤导致两个相互作用流动区域的水压力值都较低。相应地，在更易变形的地层中，弹塑性损伤模型在井壁附近产生的有效应力（径向和环向）高于弹性分析的有效应力（图 7.14）。这种现象可以通过塑性损伤对流动变形响应的影响来解释。由于损伤的发展（地质地层的开裂），与弹性地质地层相比，渗透率提高，导致流体压力迅速消散。因此，弹塑性损伤模型得到的有效应力也大于弹性解（Ma and Zhao，2018）。对比不同变形程度地层的数值结果可以发现，变形程度越高的双重孔隙体系，在井壁附近形成的损伤越大。因此，弹性模型和弹塑性损伤模型给出的解在流体压力和有效应力方面有更大的差距（图 7.13 和图 7.14）。这表明，弹性分析通常对有效应力估计不足，而对流体压力响应估计过高，这可能保守评估井眼的稳定性（Ma and Zhao，2018）。

图 7.15 和图 7.16 分别绘制了双重孔隙体系（ $E=20\text{GPa}$ ）在三个代表性时刻的水压力、有效应力、总应力和损伤曲线。从图 7.15（a）可以看出，井壁附近的水压力随着时间的增加而减小，从早期（ $t=6\text{s}$ ）到中期（ $t=80\text{s}$ ），再到后期（ $t=800\text{s}$ ）。同时，孔隙水压力和裂隙水压力也随着流体耗散而增大。这可以解释为，早期区域流体在裂缝网络中流动，平均有效应力随着裂隙水压力的减小而增大，地层趋于收缩，压实作用导致孔隙结构渗透率降低。因此，孔隙水压力在距离井壁较短的距离内，由于渗透率较低且有体积收缩的趋势，而上升至峰值。这反过来又降低了孔壁附近的有效应力，如果孔隙水压力上升到一定程度，可能导致拉裂[图 7.15（b）]。在中间阶段，流体开始从孔隙结构向裂隙网络渗漏，孔隙结构和裂隙网络中的流体压力逐渐接近，直至接近同一水平（Ma and Zhao，2018）。同时，在双重孔隙体系中，有效应力随流体压力的减小而增大。但是，总应力在三个代表性时刻的分布规律略有变化，如图 7.15（c）所示。

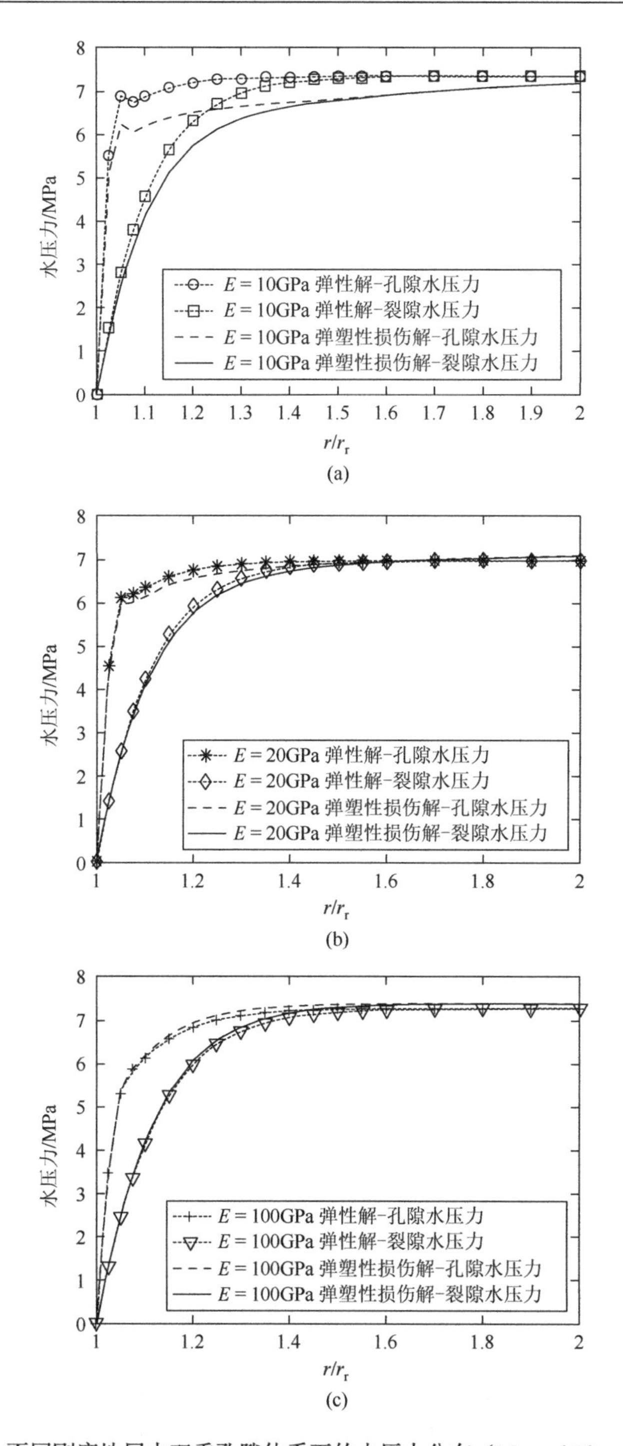

图 7.13　不同刚度地层中双重孔隙体系下的水压力分布（Ma and Zhao，2018）

（a）$E = 10\text{GPa}$；（b）$E = 20\text{GPa}$；（c）$E = 100\text{GPa}$

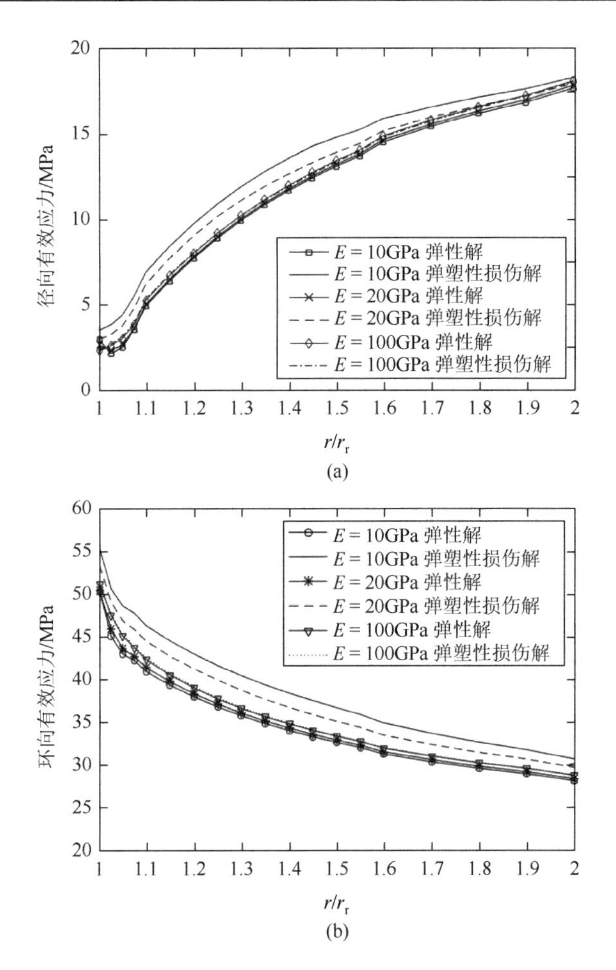

图 7.14　$t = 80s$ 时不同刚度储层的径向和环向有效应力分布图（Ma and Zhao，2018）

（a）径向有效应力分布图；（b）环向有效应力分布图

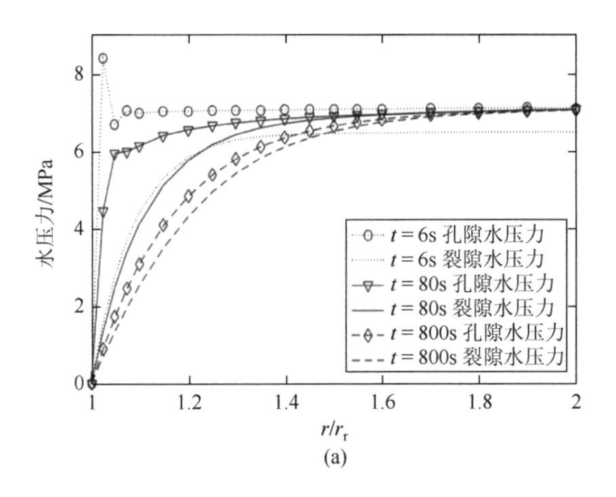

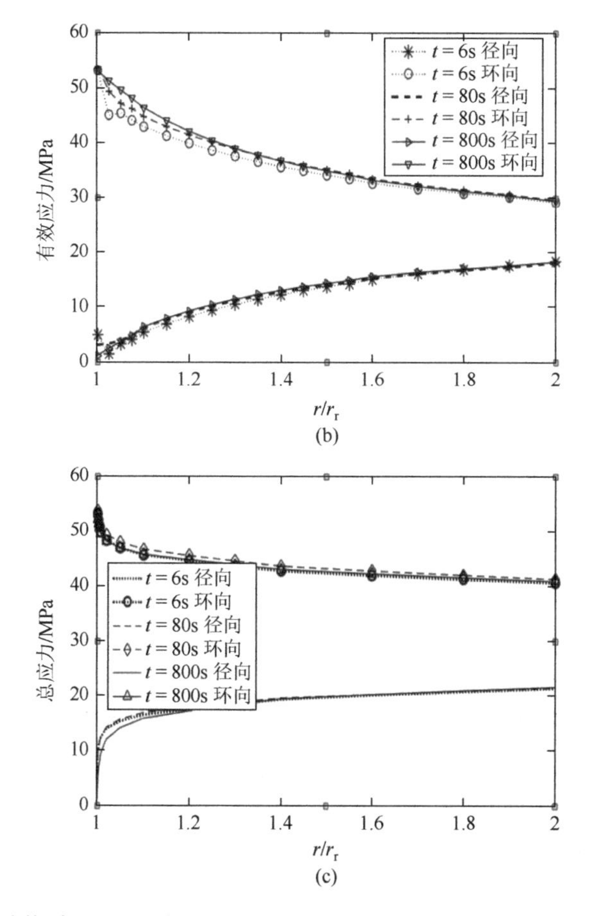

图 7.15　双重孔隙体系（$E = 20$GPa）在三个代表性时刻的空间剖面（Ma and Zhao，2018）

（a）水压力；（b）有效应力；（c）总应力

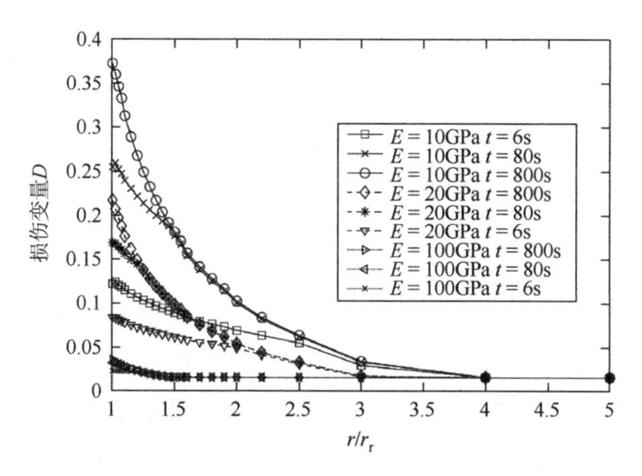

图 7.16　不同刚度地层双重孔隙体系在三个代表性时刻的损伤空间分布图（Ma and Zhao，2018）

图 7.16 比较了地层在不同压缩程度情况下的三个代表性时刻的损伤剖面。显然，在同一水平的远场地应力和流体压力作用下，变形性较强的地层会产生更大的损伤。损伤的空间分布也表明，井壁潜在失稳区域为距离井壁较近的环向区域，损伤值为 0.2～0.4。因此，由于塑性损伤值较低，对刚性地层的影响较小。通过 3 个代表性时刻的损伤曲线对比可知，随着时间的推移，井壁附近的损伤逐渐增加，这与双重孔隙体系中流体的消散直接相关（Ma and Zhao，2018）。

7.4　径向水力致裂研究

在有限元法中，与损伤演化相关的断裂扩展问题可以通过一些基本假设来实现，通过计算损伤值不小于某一具体阈值（ D_f ）的单元分布，可以估算出断裂宽度和断裂形态（Dragon and Mróz，1979；Lemaitre，1984；Voyiadjis and Kattan，2005；Ma et al.，2016）；具体假设可参考第 6 章水力致裂部分的假设。

7.4.1　径向水力致裂试验

基于麻省理工学院 Disash 实验设备，Johnson 和 Cleary（1991）研究了弹性介质中径向水力致裂问题，揭示了井壁水压力响应和裂缝扩展与时间的关系。实验过程如下：将一个橡胶圆筒压在刚性有机玻璃块上，然后通过有机玻璃块中心的井筒向两者之间的界面注入流体。在注入过程中，会形成一个圆形的流体水坑，类似于地下水力致裂裂纹的生长过程。有限元网格和边界条件如图 7.17 所示；除注入区外，所有边界均不透水，井筒水平方向位置固定。材料特性参数有：流体动态黏度 $\mu=1\times10^{-4}\,\mathrm{MPa\cdot s}$ 、流体压缩系数 $c_{\mathrm{f}}=1.4\times10^{-9}\,\mathrm{MPa}^{-1}$ 、橡胶拉伸强度 $\sigma_T=4\mathrm{MPa}$ 、杨氏模量 $E=25\mathrm{MPa}$ 、泊松比 $\nu=0.5$ 、围压应力 $\sigma_1=0.35\mathrm{MPa}$ 。孔隙结构平均本征渗透率 $k_1=1\times10^{-20}\,\mathrm{m}^2$ 、裂隙网络平均本征渗透率 $k_2=3\times10^{-13}\,\mathrm{m}^2$ 、渗流交换参数 $\gamma=5.4\times10^{-17}\,\mathrm{m}^2/(\mathrm{kN\cdot s})$ 、孔隙结构孔隙率 $\varphi_1=0.005$ 、裂隙网络孔隙率 $\varphi_2=0.001$ 、 $a_{11}=7\times10^{-12}\,\mathrm{MPa}^{-1}$ 、 $a_{22}=1.4\times10^{-13}\,\mathrm{MPa}^{-1}$ 、 $a_{12}=a_{21}=0$ 、 $\alpha_1=0.99$ 和 $\alpha_2=0.01$ 。弹塑性损伤模型（基于广义拉伸强度张量）的材料参数为 $\lambda=0.025$ 、 $\kappa=0.05$ 、 $M_{\mathrm{cs}}=1.45$ 、 $N=1.7$ 、 $R=2.35$ 、 $k=5$ 、 $k_m=1$ 、 $\overline{p}'_{\mathrm{c}}=100\mathrm{MPa}$ 、 $n=8$ 、 $k_\sigma=0.55$ 、 $m_\sigma=15$ 和 $\sigma_{\mathrm{eqd0}}=1$ 。

井壁水压力响应与时间关系如图 7.18 所示，数值模拟结果与实验数据吻合较好，说明数值模型很好地模拟了水力致裂过程中井壁水压力响应的主要特征。在前两秒，断裂扩展时压力增大，峰值后逐渐减小（Ma，2014）。

无量纲半径是裂缝半径（ r ）与井筒半径（ r_{w} ）之比，无量纲时间定义为特征时间 t^* 上的时间比（ t/t^* ）， t^* 表示可为（Johnson and Cleary，1991）

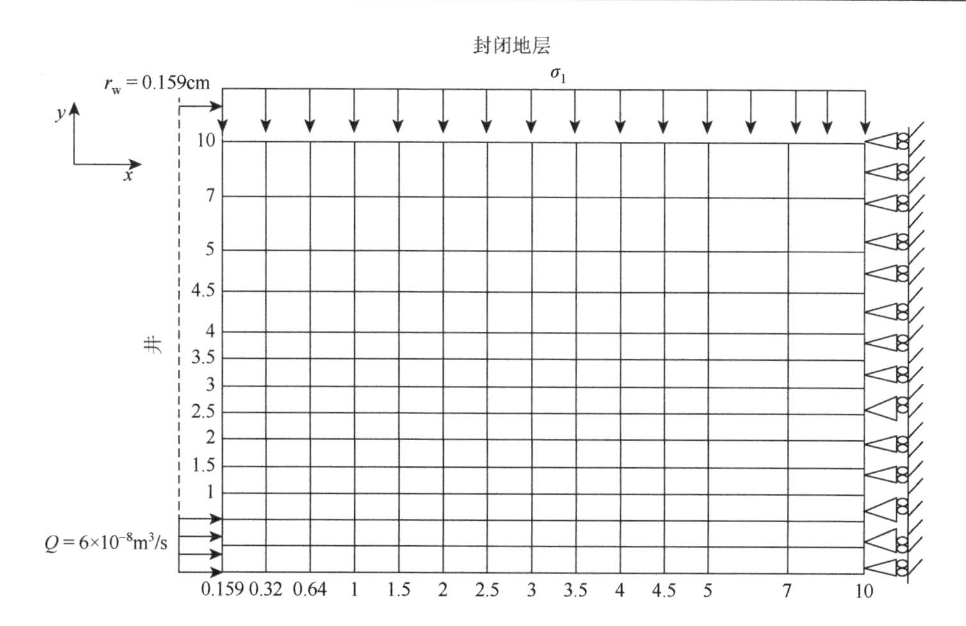

图 7.17　径向水力致裂问题的有限元网格和边界条件示意图（Ma，2014）

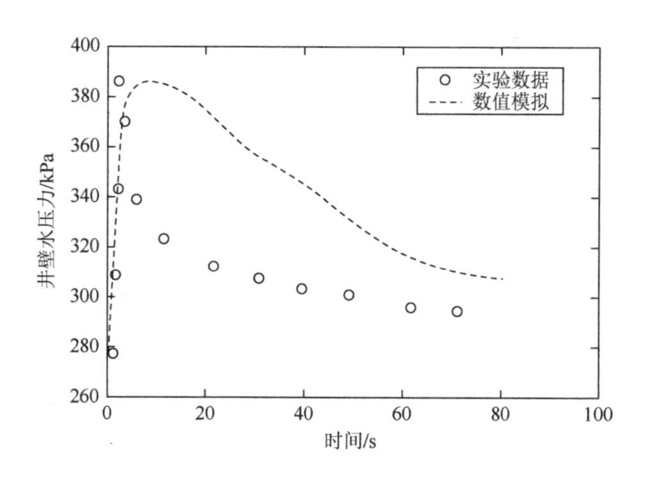

图 7.18　井壁水压力与时间的关系

$$t^* = \left(\frac{r_w^3}{Q}\right)^{3/4}\left(\frac{12\mu}{E/4(1-\nu^2)}\right)^{1/4} \tag{7.1}$$

无量纲半径与无量纲时间的关系如图 7.19 所示，数值模拟结果与实验数据吻合较好。与实验数据相比，在最后一个扩展阶段，数值模拟的井壁水压力更高，断裂半径更短。当流体平均分布于整个区域的裂隙中时，流体的压力增加，导致平均有效应力减小。如果局部应力满足损伤演化法则，则断裂扩展会贯穿整个单元。

因此，对均质材料采用连续损伤模型可以得到一个弥散损伤区（相当于断裂带，图 7.20），而不是一个沿特定方向的单一断裂（Ma，2014；Ma and Zhao，2018）。

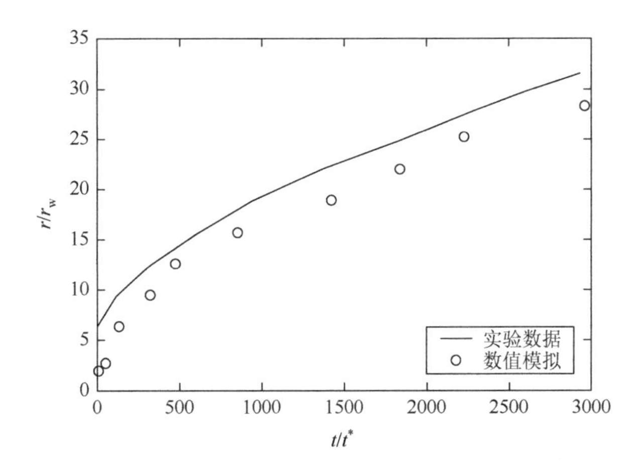

图 7.19　无量纲半径与无量纲时间的关系（Ma，2014）

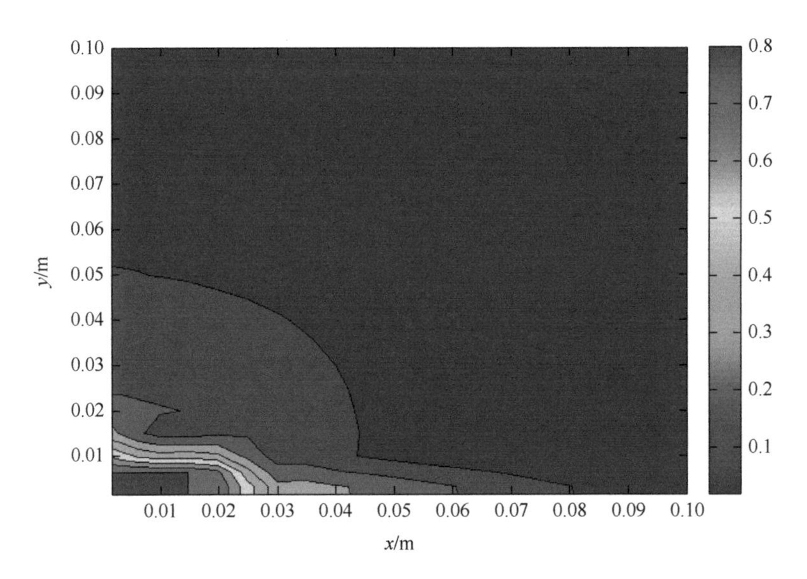

图 7.20　损伤分布云图（Ma，2014）（后附彩图）

7.4.2　径向水力致裂应用分析

基于 Johnson 和 Cleary（1991）的径向水力致裂试验，本节模拟了不同地层注水过程中井壁水压力响应和裂纹（有限元中的损伤区）扩展特征，材料参数如表 7.2 所示，弹塑性损伤模型参数如表 7.3 所示，示意图如图 7.21 所示。

表 7.3　弹塑性损伤模型参数-注水试验

模型参数	数值
λ	0.025
M_{cs}	1.45
N	1.7
R	2.35
χ	5
χ_m	1
ν	0.5
ϑ	0.005
n	8
χ_ω	0.55
m_ω	15
ω_o	1

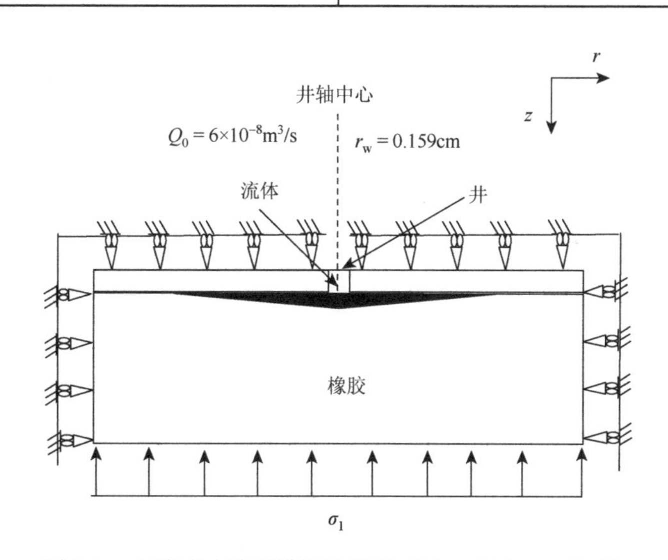

图 7.21　径向水力致裂模拟示意图（Ma and Zhao，2018）

基于 Johnson 和 Cleary（1991）的径向水力致裂试验，本节重点研究裂隙网络平均本征渗透率（k_2）[比孔隙结构平均本征渗透率（k_1）大得多]和注入速率（Q）对井壁稳定性的影响。图 7.22 描绘了不同裂隙网络平均本征渗透率情况下井壁水压力和损伤区半径扩展特征：$k_2 = k_0$、$k_2 = 2k_0$、$k_2 = 1.5k_0$、$k_2 = 0.75k_0$ 和 $k_2 = 0.5k_0$（k_0 为径向水力致裂试验中初始裂缝渗透率）。数值模拟结果表明，随着裂隙网络平均本征渗透率的降低，井壁峰值压力和峰后残余阶段压力均显著增大；然而，损伤区半径的增加并不显著。此外，对于裂隙网络平均本征渗透率较高的情况，峰值压力出现在较短的损伤区半径处。这说明，在相同注入速率下，裂隙网络平均本征渗透率较低的地层在注入过程中可能产生较高的井壁水压力，这是由于低渗透率可能会延迟流体耗散过程，导致较高的流体压力峰值。针对不同渗透率地层，损伤区半径变化不明显，说明除裂隙网络平均本征渗透率以外，注入速率可能是损伤区扩展的主要因素（Ma and Zhao，2018）。

图 7.23 对比了不同注入速率下井壁水压力随损伤区半径的变化：$Q_2=Q_0$、$Q_2=0.5Q_0$、$Q_2=0.75Q_0$、$Q_2=1.5Q_0$和$Q_2=2Q_0$（Q_0=初始注入速率）。数值计算结果表明，随着注入量的增加，井壁损伤区半径、井壁峰值压力和残余压力均显著

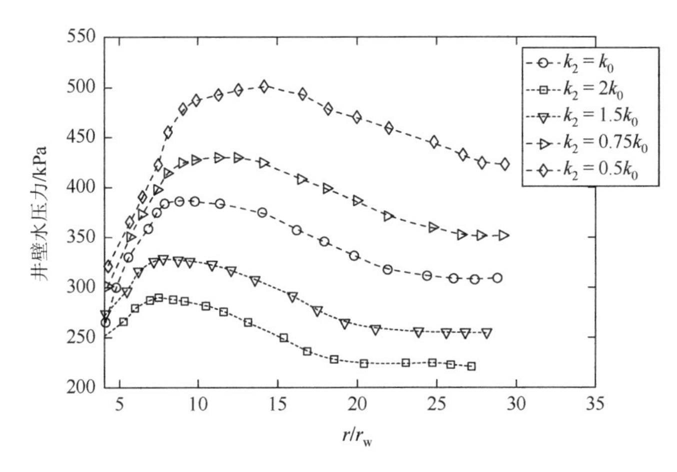

图 7.22　不同裂隙网络平均本征渗透率地层井壁水压力与无量纲损伤区半径的关系（Ma and Zhao，2018）

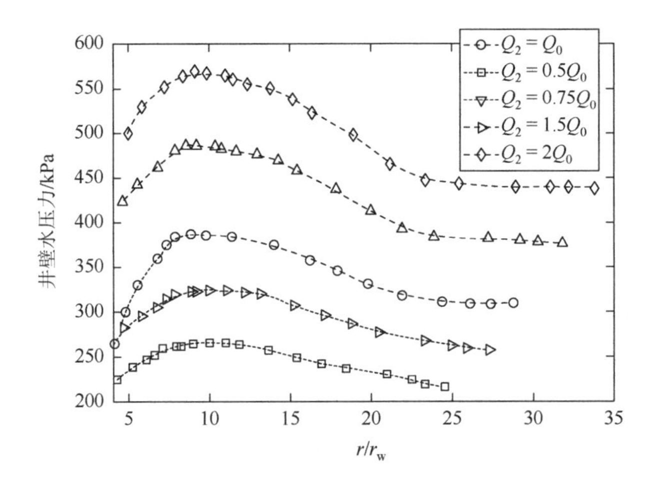

图 7.23　不同注入速率下井壁水压力与无量纲损伤区半径的关系（Ma and Zhao，2018）

增大。然而，在所有情况下，井壁水压力峰值都出现在特定的损伤区半径 $r = r_w$ 处。这表明，对于给定的地层，注入速率可能不会影响井壁水压力峰值对应的损伤区半径，但对损伤区扩展和井壁水压力峰值的影响比较大（Ma and Zhao，2018）。

7.5　优化及应用

基于本章研究成果，可开展以下优化工作，提升理论研究的适用性，例如，

（1）弹塑性损伤模型参数敏感性分析。这种分析需要大量的实验数据来研究特定加载条件下每个模型参数对模型预测精度的影响。

（2）在不同围压下的排水和不排水循环试验研究，为进一步建立弹塑性损伤模型提供足够的实验数据。例如，可以通过使用特定的仪器来记录循环荷载作用下的声发射，来捕捉损伤演化过程。

（3）弹塑性损伤模型应用分析，例如，油藏流动变形、二氧化碳捕获和储存、石油工程、边坡、钻孔和路堤的稳定性分析，以及采矿工程等野外岩土工程问题。

基于目前的研究成果，可以进一步开展工程应用，例如，

（1）将双重孔隙介质中饱和单相流扩展为非饱和/多相流问题。这种扩展可以基于 Khalili 等（2008）的研究成果进行，考虑孔隙结构和裂隙网络中不同相的相互作用，以及流体黏滞效应。在油藏工程中，要精确模拟流体的变形响应，必须考虑温度的影响。因此，可以进一步建立多相不变饱和多孔隙介质热塑性损伤的热-水-力学模型。

（2）多孔隙介质的动态分析。在多相多孔隙介质中，通过考虑惯性效应对变形和流动方程的影响，并考虑材料阻尼，可以建立多孔隙介质动本构模型。动力分析将在地震工程、二氧化碳封存、断裂地层高循环荷载下的铁路、地下洞室和其他涉及动力荷载的岩土工程问题中具有重要的应用。

（3）局部化和各向异性损伤。与各向异性损伤相关的应变局部化发生在应力达到峰值点之前，在一些实验室观测中，形成了变形带。将应变局部化和各向异性损伤相结合，可以改进现有模型，以适应损伤各向异性特征。

7.6　本 章 结 论

基于考虑弹塑性损伤响应双重孔隙介质流固耦合数值模型，预测和分析了多孔隙介质在不同工况下的弹塑性损伤演化及流固耦合基本特征。

在一维固结情况下，由于考虑了地层损伤效应，数值模型预测的固结时间比弹性模型要短。井壁稳定性数值模拟结果表明，在相同的加载条件下，地层变形

越大，井壁附近的损伤越大；这进一步表明纯弹性模型对有效应力的估计偏低，而对流体压力响应的估计偏高。在水力致裂的情况下，连续损伤模型预测了一个较宽而又较短的涂抹损伤区，而非单条狭长的裂纹。此外，对于一个特定的地质地层，较低的裂隙网络平均本征渗透率会导致较高的井壁压力；而且随着注入量的增加，损伤区半径、井壁峰值压力和残余压力均显著增大。这表明，基于适当的弹塑性损伤模型和渗透率演化方程，有限元法仍然是可靠的，可被用来解决井壁稳定性问题。

参考文献

Dragon A，Mróz Z，1979. A continuum model for plastic-brittle behaviour of rock and concrete[J]. International Journal of Engineering Science，17（2）：121-137.

Gelet R，Loret B，Khalili N，2012. Borehole stability analysis in a thermoporoelastic dual-porosity medium[D]. International Journal of Rock Mechanics and Mining Sciences，50：65-76.

Johnson E，Cleary M P，1991. Implications of recent laboratory experimental result for hydraulic fractures[C]//Low Permeability Reservoirs Symposium，Denver.

Kazemi H，1969. Pressure transient analysis of naturally fractured reservoirs with uniform fracture distribution[J]. Society of Petroleum Engineers Journal，9（4）：451-462.

Khalili N，Habte M A，Zargarbashi S，2008. A fully coupled flow deformation model for cyclic analysis of unsaturated soils including hydraulic and mechanical hystereses[J]. Computers and Geotechnics，35（6）：872-889.

Khalili N，Valliappan S，1996. Unified theory of flow and deformation in double porous media[J]. European Journal of Mechanics-A/Solids，15（2）：321-336.

Khalili N，Valliappan S，Wan C F，1999. Consolidation of fissured clays[J]. Geotechnique，49（1）：75-89.

Khalili-Naghadeh N，1991. Numerical modelling of flow through fractured media[D]. Sydney：University of New South Wales.

Lemaitre J，1984. How to use damage mechanics[J]. Nuclear Engineering and Design，80（2）：233-245.

Ma J J，2014. Coupled flow deformation analysis of fractured porous media subject to elasto-plastic damage[D]. Sydney：The University of New South Wales.

Ma J J，Zhao G F，2018. Borehole stability analysis in fractured porous media associated with elastoplastic damage response[J]. International Journal of Geomechanics，18（5）：04018022.

Ma J J，Zhao G F，Khalili N，2016. A fully coupled flow deformation model for elasto-plastic damage analysis in saturated fractured porous media[J]. International Journal of Plasticity，76：29-50.

Singh K K，Singh D N，Gamage R P，2016. Effect of sample size on the fluid flow through a single fractured granitoid[J]. Journal of Rock Mechanics and Geotechnical Engineering，8（3）：329-340.

Singh K K，Singh D N，Ranjith P G，2015. Laboratory simulation of flow through single fractured granite[J]. Rock Mechanics and Rock Engineering，48：987-1000.

Voyiadjis G Z，Kattan P I，2005. Damage mechanics[M]. Berlin：Springer.

Zimmerman R W，Bodvarsson G S，1996. Hydraulic conductivity of rock fractures[J]. Transport in Porous Media，23：1-30.

彩　图

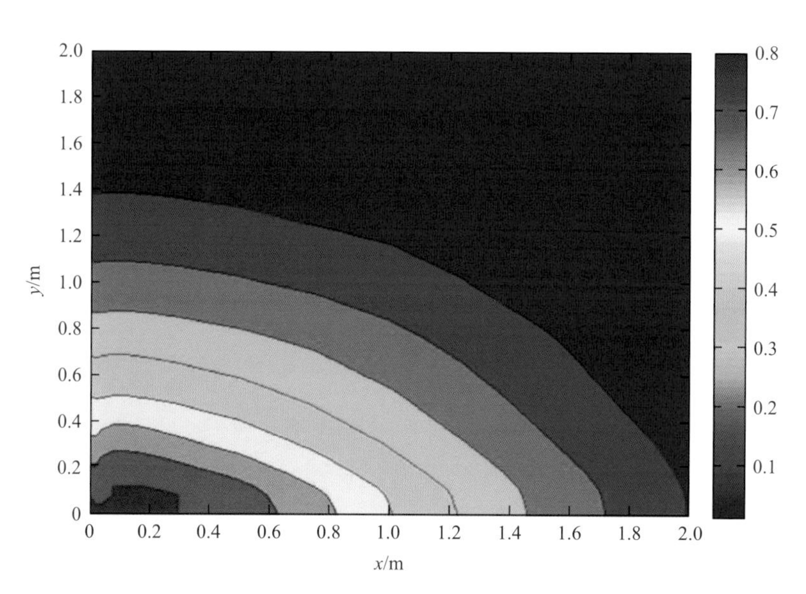

图 6.37　水力致裂后损伤云图（Ma，2014）

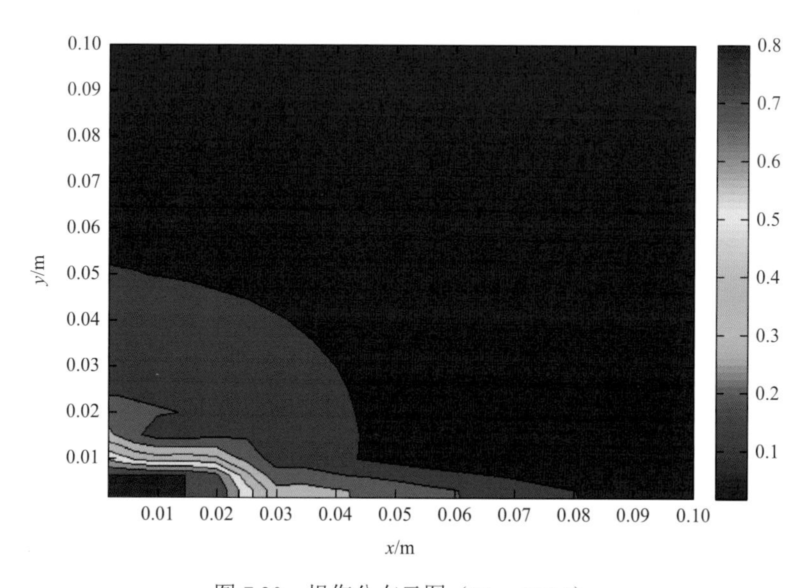

图 7.20　损伤分布云图（Ma，2014）